KB072316

미래는
절반만
열려있다

미래는"
절반만
열려있다

과학적 예측기법이 의사결정과정에 주는 시사점

| 이우진 지음 |

휴앤스토리

| 차례 |

내일 비가 올 확률이 50%라고 하면, 온다는 것인지 안 온다는 것인지 알 수 없다고 불만을 쏟아 놓는다. 그래서 강수확률예보에는 50%를 좀처럼 볼 수 없다. 실제로는 그런 경우가 있음에도 불구하고 말이다. 아니, 이것이 오히려 예보의 핵심에 가깝다고 볼 수 있다.

태극의 음양처럼 미래도 한쪽은 열려 있고 다른 한쪽은 닫혀 있다. 맑은 시내처럼 바닥이 훤히 들여다보이는 곳에서는 예보란 존재하지 않는다. 이미 그것은 화석처럼 굳어 있는 팩트에 가깝다. 그리고 누구나 답을 쉽게 알 수 있다. 회색빛처럼 혼탁한 곳에 비로소 예보는 성립하고 가치가 있다. 그렇지만 맞는다는 보장이 없다.

전쟁 영화에서 안개가 자욱한 날씨를 배경으로 적진 깊숙이 기습을 감행하기로 결심한 해군 제독의 심각한 표정이라든지, 여야 대표가 개표를 앞두고 총선 결과를 점쳐 보는 순간, 새로 찍은 필름의 시사회를 마치고 독자의 반응을 기다리는 영화감독의 심정, 거대 시설물에 대한 경쟁 입찰에서 개찰을 앞두고 있는 사업가의 입장, 이것들은 한결같이 미래의 불확실성과 위험과 이를 예단하기 어려운 상황에서 비롯한 불안과 고뇌의 모습들이다.

우리 주변에서 수시로 일어나는 선택과 결정의 순간에는 직접 간접으로 예측판단이 작용한다. 이 책의 일관된 주제는 마치 서커스 줄 위를 걷는 마술사처럼 양날의 칼 위에 서 있는 미래와 이를 바라보는 눈의 명암에 관한 것이다. 반상 위에 하나둘 번갈아 쌓이는 흑백의 다툼이나, 폭풍의 한가운데서 맞닿은 북극의 찬 공기와 열대의 뜨거운 공기의 대결이나, 성장과 분배의 가치가 충돌하는 곳에서 일어나는 미래와 불확실성에 관한 것이다.

매일 저녁 뉴스 시간에 일기예보가 기다려지는 이유는 내일은 오늘과 다른 날씨가 나타날지도 모른다는 기대감이나 초조함 때문이다. 날씨는 변화무쌍하다. 구름은 쉴 새 없이 모양이 달라진다. 태풍도 매번 다른 길로 이동하고 우리나라에 다가오는 경로도 다양하다.

학창 시절 뉴턴 역학을 배우면서 기본원리에서 도출되는 갖가지 수학적 추론과정과 물리적 의미를 신비롭게 바라본 적이 많았다. 은연중에 현상계에 대한 기계론적 환상을 가지게 되었고, 우연히 수학과 친구의 도움으로 대기의 흐름에 관한 유체방정식을 컴퓨터로 풀이하는 과정에 참여하게 되었다. 현재의 대기 상태에서 다음 날의 대기 상태를 컴퓨터로 예측할 수 있다는 것에 지적 충격과 함께 대단한 흥미를 느꼈다.

그로부터 오랜 기간을 컴퓨터를 이용한 예측기법에 몰두하였다. 관측 자료를 많이 모아 컴퓨터에 넣고 예측 프로그램을 고쳐 나간다면 더욱 정확하게 미래를 예측할 수 있다는 믿음은 결코 무너지지 않을 듯 보였다. 나아가 자연현상뿐 아니라 사회현상도 결정론적 원리를 수학적으로 표현하고 이를 컴퓨터로 풀이해 가면 더 많이 이해하고 예측할 수 있다는 주장이나 이론을 감성적으로 받아들였다.

책을 시작하며

하지만 현장에서 직접 일기예보를 생산하면서부터, 종전의 기대감은 산산조각이 나 버렸다. 교과서에 나오는 대기과학 이론들은 현실에서 종종 한계를 드러냈다. 특히 수학적 방정식에서 연역한 이론적 규칙들은 이미 일어난 현상을 설명하는 데에는 효과적일지 모르나, 막상 복잡한 현상계의 특징을 예측하는 데 응용하기란 쉽지 않았다. 현상을 이해하기 위해서는 추상적이고 단순한 이론의 안내를 받아야 하지만, 예측하기 위해서는 다시 구체적이고 복잡한 현실세계로 돌아와야 하기 때문이다.

한편 컴퓨터에서 계산한 미래의 대기 흐름들은 현실과 어긋나기 일쑤였다. 매년 몇 번씩 오보로 방송과 신문지면에서 혼쭐이 나고, 몇 년에 한 번씩은 예기치 못한 대형 기상재해를 맞으면서, 결정론적 세계에 대한 장밋빛 믿음은 점차 회의적으로 변해 갔다. 대신 유기체에 비유한 시스템 접근방법에 대한 공감은 커져만 갔다.

특히 여름철 집중호우는 이런 회의론을 더욱 부추겼다. 1980년대 말의 어느 여름, 큰비가 와서 저지대가 침수되고 많은 인명 피해가 났다. 당시 기상청장은 집중호우 예보에 대한 실패로 곤욕을 치른 후 방송과의 한 인터뷰에서 '하늘이 하는 일을 인간이 어떻게 알겠느냐'고 심경을 털어놓았다. 예보가 어렵다는 점에는 수긍하면서도, 마음 한편으로는 첨단과학의 시대에 아직도 이런 얘기를 들어야 하는 것이 이해하기 어려웠다. 하지만 일기예보에 대한 경험이 쌓인 지금, 그 선배의 말에 수긍이 간다. 내 사고의 코페르니쿠스적 전환인 셈이다. 결정론적 믿음에서 출발해서 이제 다시 절반은 회의론으로 돌아섰기 때문이다.

일기예보 말고도 예보를 서비스하는 분야는 많다. 자연현상으로는 미세먼지, 오존, 황사나 화산재, 해상 오염물질, 지진 해일을 들 수 있다. 사회현상으로는 경제전망, 증권 시세, 인구동향, 전염병 확진이 대표적인 사례다. 사적인 영역까지 살펴본다면, 예보의 영역은 더욱 넓어진다. 대부분의 기업 경영전략도 미래 환경 변화를 전망하는 데서부터 출발한다.

개인의 의사결정도 다양한 대안 선택 결과를 예상한 후 이루어진다. 다양한 예보 분야 중에서 일기예보만큼 빠르게 발전한 분야가 없다는 데는 미래학자들도 대부분 동의한다. 일기예보 과학은 양차 세계대전을 거치면서 빠르게 발전해 왔다. 잦은 예보 실패를 통해 꾸준하게 학습하는 체계, 변화하는 현상계에 탄력적으로 적응하는 모델과 방법론, 국제적으로 표준화된 업무협력 인프라를 갖춘 것이 발전 요인으로 꼽힌다.

그간의 발전에도 불구하고 일기예보에는 아직도 많은 한계가 있다. 집중호우나 강한 소나기 예보는 여전히 시점과 강도에 대한 불확실성이 높다. 황사, 우박, 회오리바람, 어는 비처럼 운동의 메커니즘에 대한 이해조차 부족한 현상도 많다. 평범한 날씨라고 해서 예보가 완벽한 것도 아니다. 기온이 예보값에서 몇 도 어긋나는 지역도 있고 국지적으로 안개가 진하게 끼어 '맑음' 예보를 무색하게 하기도 한다. 예보의 정확도와 가치는 우리가 보는 잣대와 기준에 따라 달라진다. 통상적인 잣대를 들이대면 예보가 많이 발전했다고 볼 수 있으나, 개별적으로 깊이 파고들면 도처에 허점도 많다.

현장에서 진행하는 일기예보 판단과정은 과학 이론만으로 설명하기 어려운 다양한 요소들이 한데 얽혀 독특한 사회환경 안에서 일어난다. 예보전문가는 슈퍼컴퓨터, 기상위성, 레이더, 고속 통신망 같은 첨단 장비를 활용하여 다양한 관측 자료와 계산 자료를 해석한다. 예보 팀은 팀장과 함께 여러 명의 전문가들이 공동으로 분석에 참여한다. 병원에서 진료하는 의료전문가집단과 유사하다.

그런가 하면 예보 상황실은 전방 전투상황실에 비유할 수 있다. 한여름 여기저기 게릴라형 국지 폭우가 쏟아지거나, 우박을 동반한 소나기구름이 여기저기 버섯처럼 생겨났다 사라지면 방대한 고급정보를 미처 판독하기도 전에 위험지역을 식별하고 특보를 발령해야만 한다. 원자력 발전소에서 핵연료 봉이 냉각상태에서 벗어나지 않도록 감시하고 잠재된 위험을 관리하거나, 공항관제센터에서 수초마다 한 대씩 뜨고 내리는 항공기들을 감시하고 통제하는 업무와 다를 바 없다. 국지적으로 발생하는 돌발 기상현상에 효과적으로 대응하기 위해서는 분산 네트워크에 묶여 있는 다양한 기기와 전문가 간에 상황을 신속하게 공유해야 한다.

한편 일기예보는 언론을 포함하여 다양한 전달매체를 통해 최종 수요자에게 전달된다. 예보는 불가피하게 불확실성을 내포하고 있고, 전달과정에서 예보의 본래 의도는 변질되기도 한다. 또한 종전에 경험한 예보의 품질이 현재 예보의 신뢰도에 영향을 미치기도 한다.

기상현상으로 나타나는 자연도 하나의 시스템으로 볼 수 있겠지만, 이 자연을 이해하여 정리한 이론도 과학적 지식시스템으로 볼 수 있을 것이다. 작업 현장에서 여러 전문가들이 첨단기기와 컴퓨터 시뮬레이션의 도움으로 분석하고 토론하여 일기예보를 산출하는 과정도 지식경영의 과정이자 정보시스템으로 볼 수 있다. 나아가 일기예보가 언론 매체와 유관기관을 통해서 국민에게 전달되는 과정도 사회시스템으로 볼 수 있다. 일기예보도 이렇게 얽히고설킨 여러 시스템의 위계 안에서 진행하기 때문에, 예보 기법을 고치거나 예보 서비스의 품질을 향상하고자 한다면 시스템의 여러 요소들을 복합적으로 고려해야만 한다.

예보분야에 대한 실전 경험을 통해 아는 것보다는 모르는 것이 더욱 늘어나게 되었고, 최근에는 다음 몇 가지 질문을 탐구하는 데 몇 년을 보냈다. 변화가 심한 세상에서 예보의 역할은 무엇인가? 자연현상은 사회현상보다 단순한가? 예보는 왜 자주 빗나가는가? 일기예보가 다른 분야보다 빠르게 발전할 수 있었던 이유는 무엇인가? 예보에 필연적으로 따르기 마련인 불확실성을 어떻게 다룰 것인가? 첨단기계문명의 시대에 컴퓨터의 계산결과를 어디까지 믿어야 하고 어떻게 활용해야 하는가? 정보처리 도구들을 어떻게 다룰 것인가? 자동화의 한계는 무엇인가? 여러 전문가들의 집단 지성을 예보에 어떻게 활용할 것인가? 여럿이 함께 판단할 때 나타나는 장단점은 무엇인가? 극단적인 스트레스 근무환경에서 예측 판단하는 방식은 무엇이고, 어떻게 정보와 시간의 제약조건에 대응할 것인가? 기계와 전문가들이 분산된 협업예보 환경에서 어떻게 하면 상황을 신속하게 공유하고 인지능력을 강화할 수 있는가? 고객의 관점에서 예보는 어떻게 활용해야 효용이 커지는가? 예보의 한계와 불확실성은 어떻게 다루어야 하는가? 일기예보의 방법론과 경험을 다른 분야에 적용한다면 어떤 효과를 볼 수 있는가?

아직도 그 해답은 찾지 못했지만, 그 질문에 대해 답변을 구하는 과정에서 떠오른 생각들을 정리해 보고자 하였다. 다음 장부터 위의 질문을 하나하나 짚어 보기로 한다. 이 질문의 해답을 구하는 과정은 길고 생각의 시간은 짧다. 어떤 질문은 얕고 투명한 시내처럼 바닥을 살

책을 시작하며

짝 보여 주기도 하고, 어떤 질문은 푸른 바다처럼 좀처럼 그 깊이조차 알 수 없을지도 모른다.

하지만 시간이 흐를수록 더욱 뚜렷해지는 메시지가 있다. 예보의 절반은 나의 마음을 다스리는 데 있다는 점이다. 골프를 치는 선수의 마음처럼 자연을 대하는 예보담당자의 마음도 예보에 중요한 영향을 미친다. 골프 선수의 역량도 마음자세나 심리상태에 따라 크게 달라지듯이, 예보 담당자의 지력과 경험에도 불구하고 마음가짐이 중요하다. 물론 마음자세만 갖추면 예보를 잘하게 된다는 뜻은 아니다.

전문지식과 경험이 우수한 예보를 내기 위해 훨씬 중요한 조건이다. 하지만 글로벌화로 개방된 정보환경과 투명한 경쟁사회에서는 대부분의 인프라나 기초정보들은 누구나 공통적으로 갖추고 있다. 따라서 남보다 더 품질이 우수한 예보를 내려면 불과 몇 퍼센트에 불과한 정확도 차이로 우열이 갈리고, 각 개인의 생각과 태도가 갖는 중요성도 그만큼 높아진다. 아무쪼록 열린 탐구의 긴 여정을 항해하는 나그네들에게 이 책이 잠시 거쳐 가는 하나의 객사(客舍)가 되었으면 좋겠다.

2016년 01월
이 우 진

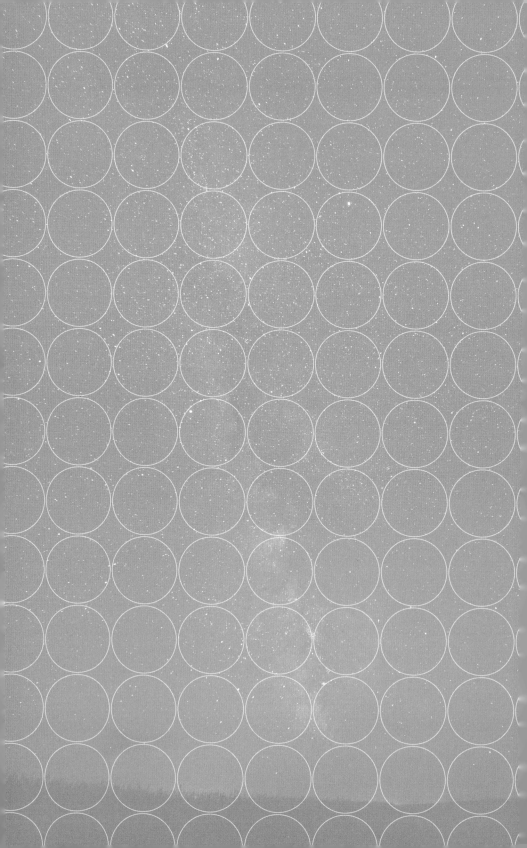

Chapter 01

변화와 불확실성

"인간 두뇌의 근원적인 목적은 미래를 만들어 가는 데 있다.
인간은 본질적으로 예측하는 기계다."

– 덴넷 다니엘

변화와 적응 ”

변화가 정상

　매일 신문이나 텔레비전에 오르내리는 뉴스는 우리 주변에서 쉬지 않고 놀라운 일들이 일어난다는 것을 보여 준다. 미국 뉴올리안즈 도심을 물바다로 만든 허리케인 카트리나(Katrina), 미 동부에 몇 달간 전력난을 불러온 초대형 태풍 샌디(Sandy), 동 일본 원전사고로 이어진 초대형 쯔나미도 아직 기억 속에 새롭다. 옛날 같으면 몰랐을 사건들이 이제는 속속들이 글로벌 뉴스 네트워크에 노출된다. 인터넷으로 세계가 하나의 네트워크로 묶이고 금융과 자본과 기술의 국제 이동이 활발해지면서, 어느 한곳에서 일어나는 사건의 충격은 순식간에 전 지구적으로 퍼진다. 그만큼 사회적 변동요인도 크게 늘어난 것이다.

　한편 산업발전과 화석연료의 남용으로 온실기체가 급증하고, 지구 온난화 속도가 빨라지면서 지구 시스템에도 격심한 변화가 일고 있다. 극 빙하가 녹아내리고, 해수면이 상승하며, 태평양 한가운데 섬나라들은 특히 수몰위기에 몰렸다. 대기에 인위적으로 가해진 충격에 지구 시스템이 적응하는 과정에서, 지역적으로 가뭄이나 홍수가 자주 찾아오거나 태풍의 위력도 강해진다. 자연적인 변동성에 인위적인 변동성이 가세하며, 지구 시스템의 앞날도 더욱 불확실해졌다. 국내에서도 2010년 추석절 서울 도심 호우, 2011년 우면산 산사태, 2014년 겨울 강원 동해안의 기록적인 폭설과 같이 이상 기상현상들이 심심치 않게 일어나는 추세다.

사회도 자연도 변화의 연속이다. 변화가 정상이고 현실이다. 변화에 적응하고 나아가 변화를 주도하기 위해서는 변화를 일으키는 힘과 원리를 이해해야 한다. 나아가 변화를 예측하여, 미래의 불확실성을 관리해야 한다. 미래를 내다보는 활동을 지칭하는 용어로는 "예측" 외에도, "예상", "예견", "예보"를 들 수 있다. 예보는 예측과 통보를 한데 묶은 결과나 학문체계나 서비스를 뜻한다. 예상이나 예견은 예측과 비슷한 뜻을 지니지만, 뉘앙스는 조금 다르다. 예측은 좀 더 체계적인 원리나 방법을 구사한다는 측면을 부각한다면, 예상이나 예견은 좀 더 일반적이고 상식적인 측면을 드러낸다.

예측은 생존 수단

경영 시스템 전문가인 스티브 모리지와 스티브 프레이어는 "생물체란 예측하는 능력을 갖추어야 생존할 수 있다."고 강변한다(Morlidge and Player, 2010). 이를테면 신호등이 없는 길을 횡단할 때, 좌우에서 접근하는 자동차가 얼마나 빠르게 나에게 접근하는지 먼저 생각해 보게 된다는 것이다. 대형차인가, 아니면 소형차인가? 보행자를 감안해서 속도를 줄이고 있는가? 횡단보도의 도폭은 단숨에 건너가기에 충분한가? 맞은

변화와 불확실성

편에서 오는 차는 없는가? 이렇게 자문하면서 자동차의 속도와 위치를 미리 예측해야 길을 안전하게 건널 수 있다.

뇌 전문가들은 우리 몸의 근육운동도 예측 과정을 수반한다는 것을 밝혔다(Flanagan et al., 2003). 컵을 손에 쥐는 경우를 떠올려 보자. 통상적으로는 먼저 뇌에서 지시를 내리고, 손이 컵을 향해 움직인다. 컵을 잡은 후 손의 촉각이 역으로 뇌에 전달되면, 지시한 대로 결과가 이루어진 것이 확인되고 상황은 종료된다. 하지만 빠르게 움직이는 물체를 갑자기 낚아채고자 한다면, 이러한 통상적 과정이 제대로 작동하지 않는다. 그 물체의 다음 위치를 미리 예상해야만 손이 충분한 순발력을 발휘할 수 있다. 즉, 뇌에서 미리 예상한 위치에 손을 먼저 가져가고, 예상한 대로 물체가 잡히면 뇌의 통제는 마무리된다. 그러나 물체가 잡히지 않으면, 그 신호가 다시 뇌에 전달되고 뇌는 수정한 예상 위치를 다시 손에 전달한다. 이러한 예측과정과 수정과정을 반복하면서 차츰 상황에 적응해 나간다.

전문스포츠의 경우는 더욱 고도의 예측능력이 필요하다. 아이스하키 선수 겸 코치인 와인 그레츠키는 "우수한 선수는 현재 공이 있는 곳을 쫓아가지만, 탁월한 선수는 공이 날아갈 곳을 미리 예상해서 달려간다."고 입버릇처럼 말했다고 한다(Vanston, 2012).

예측은 앞을 내다보는 판단으로, 일상생활에서나 직장에서나 국가경영에서나 중요한 전략적 과정이다. 우리는 판단과 행동에 앞서 결과를 미리 예상해 본다. "예보의 목적은 단순히 예측하는 활동을 넘어서서 이 순간에 의미 있는 행동을 하기 위해 필요한 정보를 제공하는 데 있다."고 실리콘벨리의 기술예측전문가 폴 사포는 강조한다(Saffo, 2007).

"예보전문가란 사태의 전개과정에서 일어나는 불확실성을 이해하고, 불확실성과 확실성의 경계를 일정 범위 안에 묶어 둘 수 있도록 상황을 관리해야 한다. 또한 대안을 설계하고, 각 대안들이 사안에 어떤 영향을 미치고, 종국에 가서 어떤 결론에 도달할 것인지 전망할 수 있어야 한다."

사회와 기술의 미래를 앞서 내다봐야, 기업의 신상품이나 시장 확장 계획도 수립할 수 있다. 또한 계획을 수립하더라도 추진전략이 어떤 결과를 빚어낼 것인지 미리 전망해 보지 않으면, 합리적인 대안을 결정하기 어렵다. 이렇게 예측과 기획은 동전의 양면에 비유할 수 있다. 와튼 스쿨의 마케팅학 교수인 스캇 암스트롱은 양자의 관계를 다음과 같이 제시했다(Armstrong, 1983). "예보가 마련되면 기획과정을 통해 전략을 짤 수 있다. 역으로 계획을 제시하면 예측을 통해 성과를 추정할 수 있다. … 예측이란 환경 정보와 기업의 전략을 미래 성과로 해석해 주는 명시적 절차다."

개인이나 회사나 국가나 모두 생존하기 위해서는 미래를 전망하고 미리 대비해야 한다. 경제 금융 분야 전문가인 제이슨 카라이언은 기업가들을 상대로 경영에 있어서 가장 중요한 능력이 무엇인지를 물었다. 국적을 막론하고 기업가들은 너 나 할 것 없이 사업 결과를 예측하는 능력을 최우선적으로 고려해야 한다고 답했다(Karaian, 2009).

나라 살림을 꾸려 가는 데도 경제성장률을 예측해야 한다. 증권 시세 차익을 올리기 위해서는 증시전망에 따라 매수 또는 매도 전략을 세우고, 위험을 분산하기 위한 다양한 포트폴리오를 짜야 한다. 인터넷의 포털사이트를 통해서 네티즌이 정보를 조회하는 동안, 중앙 본사의 슈

변화와 불확실성

퍼컴퓨터에서는 검색엔진이 고객의 이력과 취향을 분석하여 고객의 관심사를 미리 예측한다(Silver, 2012). 구글이 고객의 취향에 맞는 보조 자료를 함께 보여 주면서 효과적인 판촉 전략을 구사할 수 있게 된 것도, 데이터 마이닝(data mining) 기법을 활용하여 예측하기 때문이다.

전쟁도 예외는 아니다. 워털루 전투의 승리로 유명한 아서 윌즐리 웰링턴 공작은 예측의 중요성을 다음과 같이 말했다(Croker and Jennings, 2013). "전투뿐 아니라 모든 인생사라는 것이 결국은, 현재 알고 있는 것에서 모르는 것을 찾고자 노력하는 것이다. 마치 언덕배기 너머에 무엇이 있는지 탐색하듯이." 기후변화에 따른 적응대책도 기후전망에서 시작된다. 패션업계나 에너지 업계도 수개월 앞의 기후를 알아야 제때 필요한 상품을 설계하고 미리 적정 물량을 기획·주문할 수 있다.

물류 유통업자들도 전 세계 곡물의 흐름과 변동을 미리 알고자 한다. 선물시장에서 유리한 조건으로 곡물을 거래하거나, 싼값에 수입하여 혹서기에 비싼 값에 되팔기 위해서다. 보험사들은 지구 온난화가 진행되면서 태풍의 강도와 빈도의 변화에 관심을 갖는다. 미래의 위험을 미리 산정하여 보험료율과 피해보상 금액이 적정한지 따져 보기 위해서다.

불확실성과 지식 유형 "

주역과 변화의 유비

동양 사상의 한 축을 이루고 있는 도가의 주제는 다름 아닌 '변화' 다. 변화는 음과 양의 변증법으로 일어난다. 기상계에서 양은 온기이 고 음은 한기이다. 고요한 곳에서 조그만 미동이 시작한다. 난기와 한기 가 분리된다. 난기와 한기가 대립하면 운동이 일어나고 바람이 분다. 호 우·대설·황사·강풍은 모두 남북 방향 또는 연직 방향에서, 찬 공기와 따뜻한 공기의 세력이 강하게 대치한 곳에서 일어난다. 온대저기압은 태극의 문양처럼 북쪽에서 남하한 찬 기운과 남쪽에서 북상한 따뜻한 기운이 충돌하면서도 서로를 휘감으면서 발달한다.

햇볕을 받은 땅 위의 따뜻한 기운이 하늘의 차가운 기운과 만나면 구름이 생겨나고 비가 내리고 뇌전이 친다. 뇌전과 우박과 강한 소나기 는 모두 연직방향으로 따뜻한 공기와 찬 공기가 대결하는 곳에서 격렬 하다. 태풍도 바다의 따뜻한 기운과 하늘의 차가운 기운이 만나 거대 한 소용돌이 바람으로 발달한다. 바람이 한동안 불어 이윽고 찬 공기 와 따뜻한 공기가 서로 섞이면 저기압은 쇠약해지고 다시 평온한 상태 로 돌아온다. 구름도 노쇠해지고 땅이나 바다에 비나 눈을 뿌리고 이내 소멸한다. 태극의 문양에는 대치하는 상대방의 심장부에 자신의 코드가 점으로 박혀 있듯이, 소멸한 저기압이나 구름의 주변에도 언제든지 새로운 모습으로 다시 발달할 수 있는 씨앗이 잠재해 있다.

대기 운동이 분화하여 혼돈한 구조로 진화하는 과정을 《도덕경》 42장에서는 다음과 같이 비유적으로 암시한다(Eno, 2010). "도는 하나를 낳고, 하나는 둘이 되고, 둘은 셋을 만들고, 셋으로부터 만물이 나온다." 난기와 한기가 저기압을 만들고, 저기압은 소나기구름을 만든다. 이 과정이 반복되면서 질서와 혼돈이 섞인 복잡한 대기운동으로 발전한다. 두 세력이 함께 만드는 기상현상들은 수 시간에서 수개월 심지어 수년의 주기에 이르기까지 다양한 시간 스펙트럼을 갖고 진행한다. 뇌전이나 우박을 동반한 소나기구름은 수명이 한 시간도 채 되지 않는다. 반면 여름철 장맛비는 한 달 이상 지속되기도 한다.

한란의 대치 상황도 매번 다르다. 강도도 다르고 모양도 다르다. 그 결과 빚어지는 현상도 다르다. 두 세력 중 어느 한 세력이 판세를 지배하면, 한동안 한파나 폭염이나 가뭄과 같이 한 방향으로 치우친 기후현상이 지속된다. 그리고 두 세력이 장기간 대치하면 장마가 된다. 계절은 매번 같은 시기에 찾아오지만 그때마다 나타나는 날씨와 기후는 매번 다르다. 2000년대 초반만 하더라도 강한 황사가 봄철 우리나라에 자주 내습했지만, 2010년대로 들어오면서부터는 엷은 황사만 간간히 발생하고 있다. 그런가 하면 2012년에는 다섯 개의 태풍이 우리나라에 영향을 주었지만 다음 해에는 남해상으로 한 개의 태풍만 지나갔을 뿐이다. 그것도 이례적으로 뒤늦게 10월에 지나갔다.

《주역》에서 소개하는 변화의 원리는 치솟거나 퍼지거나 순환하는 방식으로 전개된다. 변화를 주도하는 힘에는 하늘(또는 대기), 뇌전, 물 또는 강, 산, 바람, 불, 바다, 땅이 있다. 자연의 변화는 물론이고, 나아가 사회와 만물의 변화 요인을 상징적으로 대변한다. 하늘은 대기의 원천으로, 기류가 숨 쉬는 공간이다. 물은 순환한다. 땅이나 바다에서 증발한 수증기는 대기 중에서 구름이 되고, 비나 눈으로 변해 다시 땅이나 바다로 되돌아간다. 불은 에너지다. 에너지가 많은 곳에 바람이 불고 구름이 생긴다. 에너지가 모여 소나기구름이 발달하면 뇌전이 친다. 이처럼 대기와 물과 바람은 산과 땅 위의 지형을 따라 흘러가며 복잡한 모양으로 진화한다.

앞서 제시한 8개의 힘은 각각 음 또는 양의 궤 3개를 독특한 방식으로 배열한 결과이다. 나아가 6개의 힘 중에서 다시 2개를 선택하여 쌍을 이루게 하면 총 64개의 변화 패턴이 형성된다. 각 패턴은 해석하기에 따라서는 개인이나 조직이나 사회의 역사를 비유적으로 함축하기도 한다. 주역에서 제시한 패턴의 스토리를 해석해서, 현재의 상황을 새로운 관점에서 이해하고 나아가 미래의 변화에 미리 대비할 수 있다는 것이다.

싱가포르 난양 공과대학 교수인 책택 푸와 전략전문가인 책동 푸도 《주역》이 현재의 딜레마를 헤쳐 가는 데 깊은 혜안을 준다고 보았다(Foo and Foo, 2003). 옛 선인들은 선택의 기로에서 현재 당면한 상황이 어느 하나의 패턴에 부합하면, 그 패턴이 안내하는 시나리오를 따라 미래의 변화를 통찰하고 해법을 찾는 길을 열었던 것이다.

이 고전적 변화의 원리가 얼마나 현실적인지는 이론의 여지가 있겠으나, 변화를 자연과 사회현상의 핵심 요체로 바라보는 점에는 공감할 수 있다. 개인이나 사회의 변화는 무한한 경우의 수를 가지고 있는 데 반해, 우리의 사고능력은 몇 개 안 되는 대안들을 비교하거나 분석하는 데도 벅차다는 점을 감안하면, 64개의 패턴이 보여 주는 개념적 유형분류가 실용적 견지에서 지혜롭게 판단하는 데 도움이 될 수 있다. 날씨가 변화하는 과정은 음양의 원리와 현상적으로 닮은 데가 많아,《주역》이 비록 과학적 원리를 직접 제시해 주는 것은 아니더라도, 적어도 예보에 임하는 전문가의 마음의 자세에 대해서는 시사하는 바가 많다고 본다. 일기예보는 물론이고, 사회·경제 예보분야에도 비유적인 성찰의 기회를 줄 것이다.

미래에 대한 지식의 유형

미래는 전문분야나 분석대상에 따라 다양한 방식으로 접근할 수 있다.

첫째, 자연현상과 사회현상 중에는 과학적 방법을 통해 설명하거나 예측할 수 있는 부분도 있다. 천체 행성의 운항이나 시계의 동작은 규칙적이고 기계적인 원리를 적용하면 원칙적으로 정교하게 예측할 수 있다. 또한 체계적으로 예측 오차를 줄여 갈 수 있다. 반면, 구름이나 바람은 돌발적이고 가변적이라서 예측하기 곤란하다. 또한 체계적으로 예측 오차를 줄여 가는 데 한계가 있다. 예측성은 대상에 따라 달라진다. 자연분야에서도 기상이나 해양 운동처럼 어느 정도 예측성을 갖는 분야가 있는가 하면, 지진이나 화산활동처럼 예측성이 낮은 분야도 있다.

사회현상에서도 인구변동처럼 어느 정도 예측이 가능한 분야가 있는가 하면, 금융변동처럼 예측하기 어려운 분야도 있다.

둘째, 예측성이 낮은 현상에 대해서는, 다양한 시나리오를 그려 볼 수 있다. 미국 LAND 연구소의 정책전문가 로버트 렘퍼트가 "심원한 불확실성(deep uncertainty)"이라고 명명한 현상들이 여기에 해당한다(Lempert et al., 2003). 미래는 다원적인 상태로 드러난다. 변화의 원리나 모델도 정해진 것이 없다. 어떤 상태가 더 유력할지 확률값을 매기기도 쉽지 않다. 이러한 불확실성의 세계에서는 모델에서 예측한 것과는 전혀 다른 방향의 결과가 도출되기도 한다. 시나리오란 가능한 미래의 모습이거나, 그 모습으로 나타나기까지 과정에 대한 이야기다. 정책 분석의 관점에서 보면, 염두에 둔 전략이나 계획을 추진할 때 환경의 변화와 맞물려 일어날 미래의 결과를 포괄한다.

구름 운동이나 기후변화처럼 복잡한 자연현상, 구성원의 의지가 함께 작용하는 사회현상에는 예측하기 어려운 성분이 내재해 있다. 예측 불확실성을 다루기 위해서는 통찰력이 필요하다. 소설이나 역사 저술에 쓰이는 스토리텔링(storytelling) 기법도 과거나 현재의 이야기를 통해 미래를 암시하고 무엇을 대비해야 하는지 고민해 보게 한다. 미래를 주된 주제로 다룬 공상과학 소설도 있다. 주관적인 판단 방법에서 컴퓨터 시뮬레이션 기술을 응용한 방법에 이르기까지 다양한 시나리오 기법이 불확실한 미래를 전망하는 데 쓰이고 있다(Bishop et al., 2007). 로버트 렘퍼트는 사람이 갖는 통찰력과 컴퓨터의 계산 능력을 활용하면, 사람의 편견이나 컴퓨터의 기계적 한계를 넘어서, 가능한 미래의 위험에 효과적으로 대비할 수 있다고 강조한다. 로마클럽이 1970년대 "성장의 한계"라는

변화와 불확실성

보고서에서 제시한 지속 가능한 미래의 이야기가 대표적인 시나리오다 (로마클럽, 1972). 인구, 산업자본, 식량, 자원소비, 환경오염이 상호작용하는 모델을 구성하고, 각각의 요소들이 증감하는 과정을 컴퓨터로 계산한 후, 미래 지구의 모습을 몇 가지 시나리오로 분석해 낸 것이다. 다음으로는 기후변화에 관한 정부 간 패널(UN IPCC)에서 제시한 기후변화 시나리오를 들 수 있다(Lempert et al., 2003). "배출 시나리오에 관한 특별 보고서(SRES)에서는 경제, 인구, 기술 환경이 기후변화에 미치는 영향을 조사하기 위해서 6개의 독립적인 종합 분석모델을 이용하여 40종의 시나리오를 산출했다. 이 시나리오들을 4개의 유형으로 정돈한 후, 전 지구적 통합 또는 지역화의 축과 경제와 환경의 가치 경쟁의 축이라는 2차원 평면에서, 각 분면마다 독특한 이야기로 꾸며냈다."

셋째, 다른 극단으로 신탁이나 주술적 방법을 들 수 있다. 타로 점이나 카드 점, 그 밖에 전통신앙에 기인한 다양한 방식이 여기에 속한다. 구약성서에는 이집트 파라오의 꿈에 나타난 "7마리 살찐 소와 7마리 마른 소" 이야기를 듣고, 모세가 해몽하여 7년간의 풍년과 뒤이은 7년간의 기근을 예언했다고 나와 있다. 주역에서 제시한 64개의 패턴들도 관점에 따라서는 둘째와 셋째 부류의 중간 지대에 속한다고 볼 수도 있겠다.

기상현상이나 사회현상처럼 예측하고자 하는 대상이 복잡한 경우에는 정도의 차이는 있지만 대부분 첫째와 둘째의 방법을 혼합하여 사용한다. 일기예보는 이 중 첫 번째 방법에 가깝지만, 예측기간이 늘어날수록 예측오차가 커지므로 과학적 방법과 시나리오 기법을 혼용하고 있다. 앞으로 수십 년 후의 미래 기후를 전망하는 지구 온난화 시나리오 역시 둘째 방법을 상당 부분 채택한 결과다. 또한 수명이 짧은 강한 소낙비, 우박, 뇌전 같은 격렬한 기상현상은 워낙 돌발적이고 가변적이라, 한 시간 앞을 내다보는 데도 다양한 시나리오를 검토해야만 한다.

"예보란 과녁을 정확하게 맞히는 것이 아니라 불확실성 깔때기의 외연을 확정하는 것이다."라고 폴 사포는 비유했다(Saffo, 2007). 즉, 불확실성을 안고 가는 것이 예보를 제대로 활용하기 위한 자세라고 보는 것이다. 예보과정에 끼어드는 각종 불확실성 요인을 고려해야, 예측 실패가 의사결정에 미치는 위험을 산정할 수 있다. 불확실성을 줄이는 것보다 활용하는 것이 미래에 한발 앞서 가는 길이다. 다양한 시나리오를 참고하면 그만큼 예보실패의 위험을 분산하고 관리할 수 있다.

한편 과거 관측 자료를 통계적으로 분석하면 과거 현상을 설명하는 일정한 추세나 규칙을 찾을 수는 있겠지만, 예보에 응용했을 때 실효성이 문제가 된다. 미국 기상청의 기상전문가인 찰스 로버츠도 지적했듯이, 과학적으로 이미 밝혀진 선형적인 문제는 통계적 방법으로도 그 규칙을 찾아낼 수 있다. 하지만 예측 불확실성이 높은 현상은 통계적으로 접근하는 데 한계가 있다는 것이다(Roberts, 1969).

예를 들어, 어느 지점의 시계열 자료를 가지고 기압 패턴의 예보식을 통계적으로 도출할 수 있는지 따져 보자. 한 지점 부근에서 기압의 공간 분포를 파악하려면 평면 위에서 대략 7개의 격자점이 필요하다. 연직으로 대기권을 10㎞로 한정하더라도 최소 70개의 격자점을 가져야 150m마다 연직 분포를 감지할 수 있다. 그렇다면 이 격자점 체계로 표현할 수 있는 기압의 패턴은 10^{13} 정도가 된다. 이제 하루에 두 번씩 140년을 관측한 자료를 확보했다고 가정해 보자. 약 10^5개의 시계열 자료를

변화와 불확실성

갖게 된 셈이다. 현실적으로는 상당한 기록이다. 하지만 10^8개의 시계열 자료가 더 있어야 기압 패턴의 자유도에 상응하는 과거 자료를 갖게 된다. 이것은 14만 년에 해당하는 방대한 기록이다. 미확보 자료에 비해 확보한 자료의 크기는 0.1%에 불과한 것이다. 통계예보식이 제대로 현실을 반영할 확률도 결국 이 정도에 불과한 셈이다.

일기예보를 하면서 느끼는 제일의 감정은 불확실성이다. 이것은 때로는 애매한 예보 표현으로 나타나기도 하고, 때로는 복잡한 현상과의 조우과정에서 나타나는 판단의 어려움으로 표출되기도 한다. 내일 비가 올지 안 올지 판단하기 어정쩡한 기상상황이 종종 나타난다. 상층의 찬 공기가 남하하는 정황에서 대기가 불안정해진다는 것은 알고 있다. 과연 내일 오후 대기가 일사로 달궈져 소나기가 내릴 것인가? 온다면 언제올 것인가? 서울이 아니라면 주변 지역에 내릴 가능성은 있는가? 질문은 꼬리에 꼬리를 물고 이어진다.

만약 아침부터 구름이 낀다면 구름이 햇빛을 차단한다. 기온이 충분히 오르지 못하고, 구름만 잔뜩 낀 채 소나기는 내리지 않을 수도 있다. 오전에 맑은 날씨를 보인다 해도 바람이 내륙 쪽에서 불거나 바다쪽에서 불어오더라도 풍속이 약해 수증기가 충분히 유입되지 않는다면, 역시 소나기를 기대하기는 어렵다. 상층 한기가 남하하더라도 소나기가 내리지 않았던 사례가 예전에도 자주 있었다면, 예측 불확실성은더욱 커진다. 게다가 내일 중요한 야외행사가 있고 중요 인사들이 대거참석하기 때문에 예보 실패에 따른 부담이 커지는 상황이라면, 날씨가다양하게 전개할 가능성이 대두되면서 상황의 애매모호함과 불확실성은 더욱 크게 느껴질 것이다.

전 미국무장관 도널드 럼스펠드는 불확실성의 세계를 염두에 두고 지식을 다음과 같이 분류하였다. 즉, "안다는 것을 아는 것", "모른다는 것을 아는 것", "모른다는 것을 모르는 것"으로 나누었다. 논리적인 연속선상에서, "안다는 것을 모르는 것"까지 감안하면 모두 4가지 유형이다.

시스템 공학자이자 기업가인 존 카스티는 이차원 평면에서 도널드 럼스펠드의 지식 유형을 살펴보았다(Casti, 2011). 즉, 한 축은 '모델'이다. 모델은 원리를 정돈한 것으로, 넓은 의미에서 이론이라고 볼 수 있다. 다른 축은 '관측'이다. 넓은 의미에서 자료로 볼 수 있다. "안다는 것을 아는 것"은 모델과 관측 자료를 모두 확보한 경우다. 시계나 천체의 운동처럼 결정론적 원리가 효과적으로 작동하는 현상에 대한 지식이 이 부류에 속한다.

"모른다는 것을 아는 것"은 관측 자료는 구할 수 있더라도, 관련되는 현상의 배후에 작용하는 원리가 밝혀지지 않은 경우다. 예를 들면 조류독감에 대해서도 지엽적인 관측 자료만 일부 가지고 있을 뿐, 이 전염병이 전 세계적으로 빠르게 확산하는 과정을 설명하는 원리나 모델은 아직 미완성이라는 것이다. 그리고 "안다는 것을 모르는 것"은 모델은 정립되어 있으나, 관측 자료를 구하기 어려운 경우다. 컴퓨터의 도움으로 몇 개의 규칙에서 복잡한 현상을 재현하거나, 기본 공리에서 다양한 원리를 수학적으로 연역해내는 과정도, 당장은 모르는 것 같지만 사실은 이미 알고 있었던 것을 확인하는 작업에 가깝다.

마지막으로 "모른다는 것을 모르는 것"은 모델도 관측 자료도 구하기 어려운 경우다. 상상도 못할 사건이나 현상이 여기에 속한다. 세계 2차 대전 말기 일본이 하와이 미 해군기지를 공격할 때가 되자, 평소와

변화와 불확실성

달리 한동안 일본군끼리 주고받는 교신 무전 신호가 끊겼다. 그때 일본 함정들은 전투기를 싣고 이미 하와이로 진격하고 있었던 것이다. 당시 미군은 하와이 섬 내부에 살고 있던 일본인들이 반란을 일으킬까 두려워 전투기들과 전함들을 통제하기 쉽게 한곳에 몰아 두었는데 이것이 상대의 공격에 더욱 취약한 요인이 되었다. 일본군이 머나먼 태평양을 건너와 진주만 주둔 함대를 직접 공격하리라고는 상상도 못했던 것이다. 여객기를 동원하여 미 무역센터를 무너뜨린 9·11 테러 때에도 외부의 공격을 예상하기는 했으나 국내 여객기가 대상이 될 것이라고는 상상도 못했다(Silver, 2012). 더욱이 테러공격 시점에 가까워졌을 때, 테러 집단은 평소와 달리 인터넷에서도 자취를 감추었다. 그래서 정보를 구하기 더욱 어려웠다. 모른다는 것조차 몰랐던 일이 벌어졌고, 허를 찔린 것이다.

경제 분야에서도 예측 불능의 사건이 종종 발생한다. 리만브라더스의 파산으로 이어진 2008년도 10월의 세계 금융 위기가 단적인 사례다. 예보전문가이자 INSEAD 경영대학원 의사결정론 교수인 시프로스 마크리다키스는 당시의 상황을 경제전망과 비교해 보았다(Makridakis et al., 2010). 6개월 전만 하더라도 미국 재무성 장관 헨리 폴슨은 경제 상황을 낙관적으로 보았다. "자본 시장과 금융 기관은 매우 건실합니다. 은행과 투자기관도 튼튼합니다. 자본 시장은 체질이 굳건하고, 효율적이고, 적응력이 뛰어납니다." 같은 시기에 국제통화기금(IMF)도 비슷한 전망을 내놓았다. "전 세계적으로 성장은 둔화되어 2008년에는 3.7%까지 성장률이 낮아질 것입니다. … 이런 기조가 2009년까지 이어질 것입니다. 미국 경제는 2008년에 약간 침체기를 거치겠으나, 2009년에는 완만하게 회복할 것입니다." 3개월 전에는 미국 대통령 조지 부시도 희망에 차 있었다. "미국 경제는 계속 발전할 것입니다. 소비자는 구매하고 기업가는 투자하고 수출도 증가하고 생산율도 높은 수준을 유지할 것입니다. 경제 체질도 지속 가능한 성장을 보증합니다. 경제 시스템은 기본적으로 건실합니다." 그러나 10월이 되자, 미국 정부나 IMF의 기대와는 달리, 부동산 버블이 촉발한 금융 위기로 경제 상황이 급격하게 악화되었다. 블룸버그 통신에 따르면, "2008년도 증시전망에서 월 가 전문가들은 주가가 11% 오를 것으로 예상했는데, 실상 SP 지수는 38%나 하락한 903.25를 기록했다. 전 세계 금융시장에서는 시가 총액 29조 달러가 순식간에 증발해 버렸다."

이처럼 사전에 예측하기 어렵고 사후에야 설명이 가능한 현상을 위험분석 전문가 나심 니콜라스 탈랩은 "블랙스완(Black Swan)"이라고 불렀다(Taleb, 2007). 유럽 사람들은 본래 백조는 흰색이라는 고정관념을 가졌으나, 호주에서 검은 백조가 발견되자 이 통념이 깨진 데서 유래한 것으로, 전혀 예상치 못한 경제적 파국을 빗댄 말이다. 존 카스티를 비롯해 다른 전문가들은 이런 현상을 "X이벤트(X-Event)"로 분류한다.

도널드 럼스펠드의 분류는 새로운 발상이라기보다는 오래전부터 전문가들이 고민해 오던 사항을 미국 9·11 테러를 계기로 다시 재조명해 본 것이다. 예를 들면, 영국 랑카스터대학의 환경변화연구소장 브라이언 와인은 과학자들이 환경문제를 접근하는 과정에서 보여 준 인식론적 한계 또는 고정관념의 폐해를 "무지(ignorance)"라는 개념으로 제시하였다(Wynne, 1992). "무지란 우리가 모르고 있다는 것을 모르는 것이다. 지식체계가 굳건해지면, 그 지식에 더 많이 매달리게 되고, 그만큼 다른

변화와 불확실성

세계에 대해서는 무지하게 된다." 불확실한 상황에 대응하는 데 필요한 지식의 유형을 분류하는 방식은 전문가별로 다를 수 있다. 하지만 예측성의 수준에 따라 적합한 지식체계가 필요하다는 관점에서, 도널드 럼스펠드의 유형 분류가 편리하다는 점에는 동의할 수 있을 것이다.

일기예보 특성

기상현상에 대한 지식을 앞서 논의한 네 가지 유형으로 구분하여 살펴보자.

첫째, 관측을 통해 입증된 일반 기상학 원리는 "안다는 것을 아는" 부류에 속한다. 예를 들면 저기압 발달 이론을 통해서, 찬 공기 위로 따뜻한 공기가 부딪히며 상승하면, 열에너지가 운동에너지로 전환하면서 바람도 점차 강해지고 저기압 중심기압도 점차 떨어진다는 것을 이해할 수 있다.

둘째, 컴퓨터 시뮬레이션 기법으로 도출한 미래의 기후는 "안다는 것을 모르는" 부류에 속한다. 컴퓨터가 연출한 가상의 미래란 알고 있는 원리에서 도출한 것이다. 원리는 수학적으로 표현할 수 있고 이것은 다시 컴퓨터 프로그램 언어로 번역할 수 있다. 컴퓨터는 프로그램을 실행하여 미래의 모습을 보여 준다. 복잡한 비선형 방정식계에서 이론적으로 밝힐 수 있는 해의 범위는 제한적이다. 설령 특별한 가정을 도입하여 이론해가 가능한 영역에서도 계산량이 방대하면 현실적으로 필요한 시간에 계산을 마치기 어렵다. 컴퓨터 시뮬레이션은 이론과 미래를 연결하는 다리와 같은 역할을 한다.

셋째, 여름철 집중호우 예보는 "모른다는 것을 아는" 부류에 속한다. 과거에도 집중호우는 여름철에 간간히 나타났지만, 언제 어디에 어느 정도 크기로 발생할지는 알기 어렵다. 집중호우가 발생할 때마다 강수량을 비롯하여 각종 관측 자료를 확보해 오고 있지만, 집중호우의 원인과 원리에 대해서는 아직도 모르는 부분이 많다.

넷째, 수십 명의 캠핑객을 덮친 지리산 호우나 태풍 루사(Rusa)로 발생한 강원 동해안 호우는 "모른다는 것을 모르는" 부류에 속한다. 통계적으로 정상적인 범위를 넘어서 극값을 경신해 온 이 같은 위험기상 현상들은 과거 기록의 한계를 벗어나고, 여전히 작동원리도 베일에 싸여 있기 때문이다.

시프로스 마크리다키스는 예측하기 어려운 사건들의 유형을 크게 두 가지로 분류하였다(Makridakis et al., 2009). "지하철 형"과 "코코넛 형"이다. 먼저 지하철 형은 매일 통계적 성질이 크게 변하지 않아 사건 발생 가능성을 어느 정도 산정할 수 있는 경우다. 매일 지하철로 출근할 때 회사까지 걸리는 출근 시간은 정규 분포에 가깝다. 매일 출근 시간이 달라질 수는 있지만, 통계적 빈도분포 형태는 별로 변하지 않는다. 반면 코코넛 형은 지하철 형과 달리 통계적 성질이 수시로 변해서, 사건 발생 가능성을 산정하기 어려운 경우다.

어느 날 갑자기 길을 가다 코코넛 열매가 떨어져 다칠 가능성은 매우 희박하지만, 일단 일어나면 큰 위험을 동반한다. 이러한 사건은 예측하기 쉽지 않다. 앞서 도널드 럼스펠드의 유형과 비교해 보면, "모른다는 것을 아는 것"은 지하철 형에 가깝고, "모른다는 것을 모르는 것"은

변화와 불확실성

코코넛 형에 가깝다. 태풍이나 폭풍은 지하철 형에 가깝고 지진은 코코넛 형에 가깝다고 시프로스 마크리다키스는 단순하게 구분 짓고 있으나, 양자를 구별하는 것이 쉽지만은 않다.

여름철 집중호우는 구체적으로 어느 시각, 어느 지역에서 나타날지 예측하기 어려운 경우가 대부분이다. 물론 호우 발생 가능성이 높은 패턴은 과거 기록을 통해서 어느 정도 알려져 있다. 어떤 때는 하루 전에 호우 발생 가능성을 인지하기도 한다. 전형적인 호우 패턴이라 하더라도, 특이한 동향이 보이지 않아 전전긍긍하는 기상상황이 이어지다가, 한밤중에 갑자기 비구름이 급격히 발달하여 큰 피해를 입는 경우도 있다.

1998년 8월 1일 이른 새벽, 매우 습한 고온의 남서기류가 지속적으로 수증기를 실어 나르자 국지적으로 비구름이 발달했고, 두세 시간 동안 200mm에 가까운 국지성 호우가 순식간에 지리산 계곡을 덮쳤다. 산간의 좁은 수로를 따라 여러 줄기의 빗물이 한데 모이면서, 계곡물은 평지보다 몇 배나 빠르게 불어났다. 때마침 후덥지근한 밤의 열기를 피해 계곡 물가에서 야영하던 피서객 중에서 실종되거나 사망한 숫자가 324명에 달했다.

2001년 7월 15일 새벽부터 아침 사이에 서해상에서 수도권을 향해 좁은 띠 모양의 비구름대가 형성되면서, 서울에는 새벽부터 아침 사이에 270mm 이상의 많은 비가 내렸다. 아침 한때는 시간당 100mm가 넘는 폭우가 쏟아지기도 하였다. 4시간 동안 무려 7월 평균 강수량의 절반을 넘는 강수량을 기록한 것이다. 신림동 골목길에는 일시에 몰려든 많은 빗물로 하수가 역류하면서, 도심에서 큰 침수 피해가 났다. 한강이남 저지대에서는 전봇대가 침수되며 물속을 헤쳐 가던 행인 수십 명이 누전으로 감전사하는 변을 당했다.

한여름 장마가 계속되던 2011년 7월 27일, 서울 도심에는 하루 동안에만 300㎜ 이상의 많은 비가 내렸다. 장마가 이어지면서 이미 많은 비가 내린 가운데, 산간 비탈에도 토양의 수분은 포화상태에 이르렀다. 아침 한때 시간당 100㎜ 이상의 강한 비가 쏟아지면서, 강남 우면산 자락에서는 산사태가 나며 토사가 주거시설이 밀집한 곳으로 일거에 밀려들어 강남 한복판이 일대 아수라장이 되기도 했다.

이례적으로 여름 호우 패턴이 가을철에 나타난 경우도 있었다. 2010년 9월 21일 추석을 하루 앞두고, 오후 5시간 동안 290㎜ 이상의 호우가 쏟아져, 광화문 일대가 침수되었다. 3시간 만에 9월 한 달 평균 강우량을 넘은 것으로, 가을 호우로는 초유의 기록이었다. 겨울철에도 이례적인 사건들이 적지 않다. 일례로 봄이 시작된 2004년 3월 5일, 대전 지역에는 49㎝의 많은 눈이 내렸다. 북서쪽에서 작은 저기압이 서해를 건너 남하하면서 한기를 끌어내렸다. 기온이 빙점 부근에 머물면서 대기가 수증기를 많이 함유하면서도 비 대신 눈으로 내릴 최적의 조건을 갖추었다. 계절과 다르게 이례적인 초봄의 이상 폭설로 운전자나 교통 당국도 미리 대비할 수 없었다. 고속도로를 지나던 많은 차량들이 일거에 눈에 갇혀 운전자들이 장시간 허기와 추위에 떨어야 했다.

그런가 하면 여름철에 태풍과 지형적 요인이 가세하면서, 극단적인 사건으로 이어진 경우도 있었다. 2002년 8월 31일 태풍 루사가 남해안을 향해 달려올 때, 태백산맥으로 동풍이 지속적으로 유입하면서 강릉을 비롯한 강원 동해안에는 하루 동안 900㎜에 달하는 기록적인 강수량을 기록했다. 산비탈 아래 위치한 해안도시라서 평소 같으면 물이 잘

변화와 불확실성

빠지던 곳인데도 워낙 많은 비가 한꺼번에 쏟아진 나머지 침수피해가 컸다.

태풍 매미(Maemi)가 2003년 9월 12일 남해안으로 상륙하며 해일을 몰고 왔다. 마산만은 호리병 모양의 독특한 모양을 갖고 있어서, 바닷물이 갑자기 이곳으로 밀려들면 다시 빠져나가는 데 다른 지역보다 더 많은 시간이 걸린다. 게다가 만조시각과 겹치면서, 해안의 수위가 더욱 빠르게 높아졌다. 밤 8시경 거제도 부근 해상에서는 최대 17m의 높은 파고를 기록했다. 비슷한 시각 마산 항에서는 최대 4.5m의 수위를 기록했다. 높은 해일이 밀려와 저지대 침수가 진행되면서, 지하 노래방의 문이 잠겨 미처 대피하지 못한 고객 10여 명이 생명을 잃었다.

이례적인 위험기상 현상들은 사회 구조와 맞물려, 대형 재난을 불러온다. 일반적인 기상현상이라 하더라도, 사회의 취약성 때문에 큰 재난으로 이어진 경우도 있었다. 2014년 2월 17일 밤, 경주 한 리조트에서는 오랜 기간 지붕 위에 쌓인 눈의 무게를 이기지 못하고 갑자기 기둥이 무너져 내리면서, 집단 연수에 나선 대학생 10명이 숨지고 100여 명이 부상당하는 사건이 발생했다. 앞서 소개한 기상재해 사례들은 하나같이 사전에 그 가능성을 예측할 수 없었다. '블랙스완' 또는 'X이벤트'에 가깝다. 스피로스 마크리다키스의 분류에 따르면, '코코넛 형'에 가깝다.

시스템과 예측 한계 "

복잡 시스템

베를린 장벽의 붕괴와 구소련 연방의 해체도 사전에 알기 어려운 극적인 사건이었다. 소니가 빠르게 몰락하고, 대신 구글이나 아마존 같은 인터넷 회사들이 빠르게 성장한 것도 미리 예상하지 못했다. 초대형 여객선 세월호가 진도 앞바다에서 침몰할지 아무도 상상조차 해 보지 못했다. 미국 9·11 테러와 같이 여객기를 동원한 초고층 빌딩공격 같은 충격적 사건도 사정은 마찬가지다.

블랙스완이나 X이벤트 같은 초 극단적 사건들은 대체 왜 일어나는가? 왜 미리 예측하지 못하고 속수무책으로 당해야만 했던가? 앞 장에서 열거한 바와 같이, 기상재해의 규모와 범위를 사전에 예측하기 어려운 이유는 어디에 있는가? 일기를 예측하기 어려운 이유는 무엇 때문인가?

미국 환경전문가이자 《성장의 한계》의 저자이기도 한 도넬라 메도우는, 우리의 지식이 모델에 불과하고 모델은 현실에 비해 불완전하므로, 이해하기 어려운 현상들이 자주 일어난다고 설명한다(Meadow, 2004). "우리의 모델은 세계를 온전하게 대변하는 데 턱없이 부족하다. 그래서

변화와 불확실성

우리는 자주 실수를 범하고 예상 밖의 결과에 놀라게 된다. … 우주는 미로다. 비선형적이고 돌개바람처럼 변화가 심하고, 혼돈으로 차 있다. 역동적이다. 수시로 가변적인 상태로 이행하고 결코 수학적 평형점에 도달하지 않는다. 스스로 조직하고 진화한다. 하나의 얼굴이 아닌 다양한 방식으로 모습을 드러낸다."

골프 경기에서 비거리가 늘어날수록 국지적인 대기의 흐름과 공기의 성질이 골프공에 미치는 영향도 커진다. 골프공의 이동 방향과 속도, 고도가 달라진다. 퍼팅 단계에서 잔디 위를 골프공이 굴러가는 동안에도 지면과 맞닿은 대기와 지면의 성질이 서로 맞물려 골프공의 변화 요인이 증가한다. 골프가 배우기 어렵다는 것도, 달리 표현하면 국지적인 기상현상이 복잡하고 변화가 심하다는 것을 증명하고 있는 셈이다.

타자로서의 기상이 무엇인지는 알 수 없으나, 그것은 가변적이고 불확실하고 단순한 이론의 틀을 수시로 벗어나고 매번 새로운 모습을 보여 준다는 점에서 유기체나 사회조직과 현상적으로는 다를 바 없다. 오랫동안 공군기상단에서 예보를 책임진 반기성 박사도 "날씨는 생물이다. 예보는 상황에 따라 수시로 고쳐나가야 한다."고 예보의 한계를 토로한 바 있다(개인서신).

의사결정학자 레베카 프리스케와 크레인연구소 연구원들도 "예보관들이 날씨를 감성적 차원에서 좋아하고, 매우 역동적인 생명체로 대하고 있으며, 끊임없이 그 원리를 이해하고자 고군분투하고 있다."고 현장예보전문가의 습성을 기록했다(Pliske et al., 1997). 기업이나 사회의 변화도 기상변화 이상으로 복잡다기하다는 점을 감안하면, 동양의 많은 기업가들이 경영 전략을 짜는 과정에서 기계론적으로 예측 가능한 부분보다는 유기체적으로 변동하는 부분을 더 중시해 온 것도 이 같은 맥락에서 보면 일리가 있다.

자연과학의 여러 분야에서 결정론적·기계론적 방법을 채택하여 큰 발전을 이루어 냈다는 데는 대체로 동의한다. 하지만 이러한 관점이 적어도 일기예보 분야에서는 통용되지 않는다. 일기예보를 하다 보면, 자연에 대해 예측하고 통제하려는 의욕을 부리면 부릴수록, 이것이 나중에 더 큰 고통으로 되돌아오는 것을 자연스럽게 체득하게 된다. 가변적인 상황에 적응해야 하고 실패로부터 배워야 하는 몸부림이 체화된다. 자연이란, 선형적이고 기계적인 관점 말고도, 비선형적이고 진화하는 유기체의 관점에서 이해할 수 있는 부분도 많다는 점도 수긍하게 된다.

그러다 보면 은연중에 시스템적 사고에 가까워진다. 시스템은 특정한 목적이나 기능을 수행하기 위해 조직화된 요소들의 집합체로서, 자연현상·사회생활·사유작용에 이르기까지 다양한 현상계에 접근 가능한 개념이다. 사회조직이나 경제체제도 시스템의 관점에서 바라볼 수 있다. 날씨와 기후도 마찬가지다. 다양한 분야의 시스템을 서로 비교해 본다면, 학제적 교류를 통해 시스템의 의미를 풍부하게 가꾸어 갈 수 있다. 시계처럼 동작하는 기계적인 시스템이 있는가 하면, 아메바처럼 살아 있는 유기체적 시스템이 있다. 전등 스위치처럼 하나의 선형적 환류기구를 갖는 단순한 시스템이 있는가 하면, 전 세계 주식 거래망처럼 비선형 환류 고리가 복잡하게 얽혀 있는 시스템도 있다. 시스템이 복잡할수록 시스템의 변화를 설명하거나 예측하기도 어렵다.

시스템의 구성

　시스템을 구성하는 요소와, 요소 간 상호작용을 살펴봄으로써 시스템의 기능이나 목적을 이해할 수 있다. 요소의 개념은 시스템의 경계를 어떻게 획정하느냐에 따라 달라진다. 시스템의 경계가 넓어지면 지금까지 시스템으로 간주했던 것이 더 큰 시스템의 요소로 기능한다. 시스템의 경계가 요소의 수준으로 좁아지면, 요소가 시스템이 된다. 시스템의 상태는 요소마다 갖는 자원(asset)의 크기에 의해 정의할 수 있다. 요소끼리 상호작용하면 자원은 증감하고, 시스템의 상태도 달라진다. 시스템의 경계에서 출입하는 자원의 양과 상호작용 과정에서 수반되는 자원의 변화량을 계산하면, 시스템의 동적 변화과정을 설명하거나 예측할 수 있다(문태훈, 2002).

　날씨도 시스템의 관점에서 접근할 수 있다. 날씨 시스템은 크고 작은 운동계의 모임으로 볼 수 있다. 개별 운동계는 다시 에너지, 운동량, 질량이라는 3개의 자원으로 특징지을 수 있다. 서로 다른 운동계는 에너지, 운동량, 질량을 서로 주고받는 방식으로 상호작용한다.

　돌풍을 동반한 소나기구름을 시스템의 관점에서 살펴보자. 여기서 시스템은 구름과 주변 대기환경이라는 2개의 요소로 나누어진다. 구름과 주변 대기는 열, 수증기, 운동에너지를 서로 교환하며 상호작용한다. 대기 상부와 하부에서 각각 구름을 밀어내는 풍속이 달라, 오른편으로 이동하는 구름의 전면 하부에서는 주변 공기가 유입하는 통로가 열리게 된다. 이 통로로 온습한 수증기가 구름 속으로 유입하면 구름 엔진의 연료가 충전된다. 구름 내부에서는 수증기가 상승하며 응결하여

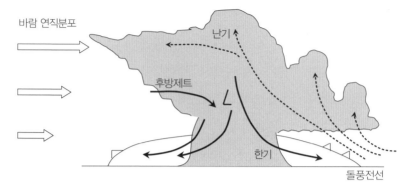

바람 연직분포

난기

후방제트

L

한기

돌풍전선

[발달한 비구름 모식도. 빈 화살표 방향으로 이동하는 비구름을 측면에서 바라본 모습]
시스템은 비구름(색칠구역)과 주변 대기환경이라는 2개의 요소로 나누어진다. 요소의 자원은
열, 운동량, 질량으로 정의한다. 비구름은 주변 대기환경과 상호작용하여, 대기로부터 수증기
를 공급받고, 대신 구름 내부에 강한 연직기류를 유도하여 발달하는 구조를 유지할 수 있게
된다. 비구름의 이동 방향 전면에서 솟아난 온습한 공기는 구름 속에서 응결하여 열을 방출
하고 이때 생기는 부력이 합세하여 구름 내부의 상승기류(점선)는 더욱 강해진다. 강수가 시작
되면, 공기덩이가 하강하며 증발하여 주변공기의 열을 빼앗아 가 하층에 차가운 기층을 형성
하고 사방으로 퍼져 나가며, 그 전면에 돌풍 전선(gust front)을 형성한다. 찬 공기 풀(pool) 상부
에는 전방에서 상승한 난기로 인해 국지 저기압(L)이 형성된다. 비구름 후면에서 국지 저기압
으로 빨려드는 기류(후방제트)로 인해 하강기류(실선)는 더욱 강해진다(Fig. 1.2.1, 이우진, 2006a).

바깥에 열을 내놓는다. 구름 중간부의 기온이 상승하여 기압이 낮아지
고, 이곳으로 구름의 후방에서부터 건조한 공기가 빨려 들어온다. 후미
에서 유입한 공기는 구름 내부에서 더욱 차가워진 후 구름 바닥에서 주
변으로 흩어지며 돌풍전선을 형성한다. 전선대가 강해지면서 그 전면에
서는 수증기가 더욱 강하게 구름 내부로 유입되고 구름은 더욱 빠르게
발달한다. 구름과 주변 대기가 상호작용하면서 구름이 계속 발달하는
양의 환류기작이 형성된다. 구름과 주변대기와의 상호작용을 이해하면,
시스템의 기능도 명료해진다. 주변 대기의 연직 바람 차이는 구름의 이

변화와 불확실성

동과 구름에 유입하는 수증기의 유속을 조절한다. 구름 내부의 수증기 응결과정은 후방제트와 돌풍전선을 유도하고, 다시 구름 전면의 수증기 유입을 도와 구름의 지속적인 성장을 지원한다.

전체는 개별 요소의 합 이상이다. 요소의 분석만으로는 전체의 동적 변화를 예상하기 어렵다. 요소 간의 상호작용 때문에, 요소에서는 찾아보기 힘든 상위의 기능이 시스템에 나타난다. 자율관리, 내성, 위계질서가 대표적인 기능이다. 날씨를 좌우하는 온대저기압을 예로 들어, 시스템의 총체적인 기능을 살펴보자.

첫째, 온대저기압의 발달과정도 시스템의 진화과정으로 볼 수 있다. 먼저 온습하고 한랭한 두 기단이 남북으로 대치하던 중에 어느 순간 미소한 파동이 일면, 남북으로 성질이 다른 두 기류가 더욱 격렬하게 반대진영으로 휘감아 들면서 점차 더 큰 파동으로 발달한다. 소나기구름도 여름 한낮에 자생적으로 생겨난다. 태풍도 따뜻한 열대 해양에서 자발적으로 발달한다. 즉, 스스로 조직화되는 것이다.

둘째, 온대저기압이 발달하는 과정에서 유도되는 이차 연직 순환기류는 연직방향으로 대기가 안정화되는 것을 저지하고, 상하층 간의 바람차로 인해 연직구조가 흐트러지는 것을 막으면서 온대저기압은 지속적으로 발달하는 구조를 유지하는 내성을 갖는다.

셋째, 동북아시아에 온대저기압이 발달하면, 태평양에서 북미 대륙에 이르기까지 상공의 제트기류가 남북으로 심하게 요동친다. 온대저기압이 자기보다 몇 배나 큰 제트기류 파동을 일으키는 산파역할을 한다. 제트기류 파동은 온대저기압의 에너지를 받아 성장한다. 작은 운동계들은 서로 연합하여 더 큰 운동계를 유지하는 역할을 한다. 정책 전문가 아이린 샌더스도 시스템의 특성을 설명하면서 "위계질서"에 대해 다음과 같이 부연 설명하였다(Sanders, 2009). "시스템 내부에 개별적인 인자들이 서로 상호작용하여 좀 더 상위의 패턴이 만들어진다. 이 패턴은 자연스럽게 발현한다. 중앙의 지시나 외부의 의도와 상관없이 나타나는 것이다. 개별 인자가 갖는 규칙·동기·목적은 단순하지만, 여러 인자들이 서로 작용하면 복잡하고 종합적인 패턴이 만들어진다."

때로는 큰 운동계가 분화하며 더 작은 운동계를 지원하기도 한다. 온대저기압이 발달하면서 남북으로 폭이 좁은 전선대가 발생한다. 저기압의 규모가 수천 ㎞라면, 전선대의 주 폭은 수십 ㎞에 불과하다. 온대저기압 시스템 안에는 이보다 작은 전선대 시스템이 형성된다. 온대저기압 시스템의 구성요소를 규모가 큰 것에서 작은 것까지 나열해 본다면, 온대저기압, 상층 기압골, 전선대, 상층 강풍대, 중규모 비구름, 호우세포 순으로 정렬할 수 있다. 기상학자 루이스 프라이 리챠드슨은 일찍이 이러한 위계구조를 가리켜, "큰 회전기류안에 작은 회전기류가 있고, 작은 회전기류 안에 더 작은 회전기류가 있다."고 비유한 바 있다(Richardson, 1922).

어떤 시스템이든지 흐름(flow)의 실체(entity), 속성(attribute), 자원을 적절하게 정의할 수 있다면, 대기의 흐름과 비슷한 유체의 프레임으로 시스템의 변화를 설명하거나 예측할 수 있을 것이다. 예를 들어 대기운동으로 사회현상을 은유해 본다면, 개별 운동계는 행위자(agent)와 대응하고, 운동계의 에너지, 수증기, 질량은 행위자의 개성으로 대치해 볼 수도 있을 것이다. 시스템 동학 전문가인 로버트 샤논도 시뮬레이션 모델을 정의하면서 은연중에 유체의 프레임을 제시하였다(Shannon, 1998). "시스템 내부를 이동하는 실체의 흐름을 파악해 가면서 특정한 시스템의 모델을 설계한다. … 시뮬레이션 모델은 속성을 가진 실체가 단위과정으로 들어오면 요구한 자원이 할당될 때까지 대기했다가 자원을 투입하여 처리한 후 출력하는 일련의 흐름을 시스템 논리로 대변하는 컴퓨터 프로그램이다."

문제는 시스템을 구성하는 요소 간 연결고리, 관계성, 상호작용의 패턴을 파악하기가 쉽지 않다는 데 있다. 이것들은 눈에 잘 드러나지 않기 때문에, 통상적인 관찰이나 통계 분석만으로는 한계가 있다. 도넬라 메도우는 다음과 같이 시스템 전문가들이 당면한 고충을 토로한다. "상호의존적이고 환류기작이 가득한 세계를 탐구하고자 한다면, 근시안적 관찰에서 벗어나 오랜 기간에 걸쳐 시스템의 행태와 구조를 조망해야 한다. 시스템과 외부세계를 구분하는 경계가 애매하고, 시스템이 작동하는 원리를 이해하기도 어렵기 때문에, 시스템을 합리적으로 다루는 데 한계가 있다는 점을 인정해야 한다. 시스템의 비선형적 특성은 물론이고, 환류가 지연되며 일어나는 효과(delayed feedback)에 대해서도 충분히 검토해야 한다. 시스템의 내성, 자율관리, 위계 구조에 대해 잘 알지 못한다면, 시스템을 진단할 수도 없고 설계할 수도 없고 처방할 수도 없다."

비선형성

시스템의 요소들이 상호작용하여 환류 하는 곳에서, 시스템은 어김없이 비선형적 행태를 보인다. 한 요소의 자원이 어느 한 방향으로 일정한 속도로 증가하더라도, 다른 요소와 음의 환류 고리가 형성되면 다시 감소한다. 양의 환류 고리가 형성되면 급격하게 같은 방향으로 증가한다. 반면 요소들이 상호작용하지 않는다면, 시스템은 선형적 행태를 보인다. 한 요소의 자원이 외부의 힘을 받아 한 방향으로 증가한다면, 그 힘의 크기에 비례하여 계속 일정한 속도로 증가하는 것이다. 예를 들어, 욕조에 수도꼭지를 많이 비틀면 꼭지를 통해 방출되는 물의 양이 늘어나고 결국 욕조에 담기는 물의 양도 많아진다. 이때 꼭지의 비틀림과 수도관의 유속과 욕조의 수위 사이에는 선형적인 비례 관계가 성립한다.

비선형 시스템에서는 선형적인 비례관계가 성립하지 않기 때문에 어느 한 방향으로 자원을 계속 축적하지 않는다. 앞서 언급한 전선대도 무한정 발달할 수는 없다. 전선이 형성되는 초기 발달 단계에서는 전선대와 모(母) 저기압 간에 양의 환류 고리가 형성된다. 전선대는 가속적으로 발달한다. 전선대가 모 저기압의 에너지를 받아 충분히 성장하면, 모 저기압의 에너지원은 점차 고갈되고 그 반작용으로 이번에는 음의 환류 고리가 형성된다. 전선대의 발달도 점차 멈추고 급기야는 쇠약해지는 단계로 이행한다.

폴 사포는 인터넷의 등장을 예로 들어 미래예측의 비선형성을 설명해 보였다. 주류 산업의 성장추세는 직선이 아니라, 수시로 방향성이 달라지는 곡선으로 살펴보아야 한다는 것이다. 실리콘 벨리는 닷컴 버블로 한때 쇠락의 길을 걷는 듯했으나, 인터넷의 등장으로 인해 지난 20년간 실패를 통해 축적한 기술이 빛을 보게 되었다. 구글이나 아마존 같은 닷컴 기업들의 주가가 천정부지로 치솟으며, 비약적인 성공을 거두게 된 것이다. 선형적인 관점에서 이 문제를 바라보았기 때문에 많은 분석가들이 당시 잘나가던 마이크로소프트보다 구글의 잠재력을 충분히

변화와 불확실성

평가하지 못했던 것이다. 지수 함수적 성장 곡선도 비선형적이기는 마찬가지다. 인터넷의 성공에 이어, 앞으로는 센서 기술의 발전에 힘입은 로봇 시장이 지수 함수적으로 성장할 것으로 폴 사포는 전망하였다.

패턴이 전환하는 임계점(turing point) 부근에서 예보가 특히 어렵다는 점은 비선형적 시스템의 공통적인 속성이다. 비근한 예로, 시세가 정점인 줄 모르고 주식이나 집을 샀다가 시장이 약세로 돌아서서 낭패를 보는 경우가 흔히 있다(Crements and Hendry, 2005). 경제 전망도 다르지 않다. INSEAD 경영대학원 거시경제학 교수인 안토니오 파타스와 일리언 미호브도 경제전망의 문제점에 대해 다음과 같이 적고 있다(Fatas and Mihov, 2009). "미국 발 경제 위기로 경제 침체가 심화되자, 많은 지표들이 하락하고, 언론에서는 매일 새로운 악재가 나타나 전망을 더욱 어둡게 만들었다. 경제학자들도 앞다퉈 경제 전망치를 내렸다. 언제 회복될지가 초미의 관심사이지만, 매우 긍정적인 신호가 상황을 지배하기 전까지는 이러한 하향 바이어스가 지속된다. 경기가 일단 저점을 찍고 나면 이제는 거꾸로 부정적인 전망을 내리기 쉽지 않은 것도 같은 맥락이다."

예상하지 못했던 일들이 일어나 놀라게 되는 현상의 배후에는 시스템의 비선형적 특성과 관련이 있다고 본 아이린 샌더스의 견해도 이들과 다르지 않다(Sanders, 2009). 간단한 비선형 방정식에서도 구조적인 불안정(structural instability) 현상이 나타난다. 구조적으로 안정한 방정식 시스템에서는, 매개변수값이 달라져도 이론해의 성질이 변하지 않는다. 반면 구조적으로 불안정한 방정식 시스템에서는 매개변수값에 따라 이론해의 성질이 달라진다.

일례로, 매개변수값에 따라 하나의 이론해만 존재하다가, 매개변값이 임계값을 넘어서면 복수의 이론해가 가능해진다. 방정식의 이론해와 매개변수가 각각 시스템의 특성과 구조를 대변한다면, 임계값 부근에서는 시스템이 어떤 특성을 보일지 구조적으로 불확실하다. 비선형 방정식이 복잡해지고 외생적인 매개변수도 늘어나면, 구조적인 불안정성도 더욱 심화된다. 날씨를 지배하는 방정식 시스템이 대표적인 사례다. 이 날씨 시스템의 특성은 흔히 '기후'라는 이름으로 다루어진다. 한동안 날씨가 쾌청하거나, 소낙비가 자주 내리거나, 무더운 날씨가 이어지면 '기후가 변했다'고 말한다. 시스템이 갖는 비선형적 역동성과 구조적 불안정성이 맞물려, 하나의 기후 패턴에서 다른 기후 패턴으로 급격하게 전이가 일어나기도 하고, 시스템이 비정상적으로 발달하거나 쇠퇴하기도 한다. 그래서 기후 패턴이 전이하는 시점이나 방향을 예측하기 어렵다. 장마철 예보가 쉽지 않은 이유도 이 때문이다.

'블로킹(blocking)'이라는 패턴이 시작되면 한동안 매우 다른 기상현상이 특정 지역의 날씨를 지배한다. 일단 하나의 기후패턴 안에 들어오면 1~2주간 지속적으로 유사한 날씨가 유지되므로, 동일한 예보를 일정 기간 반복하더라도 무리가 없다. 그러나 이 기후패턴이 언제 시작해서 얼마 동안 지속할 것인지 예측하기란 쉽지 않다. 또한 일단 지속한 기후가 언제 다른 패턴으로 전환될지 예측하기도 쉽지 않다. 예를 들면, 2012년 봄 가뭄이 심해지면서 한강 수계에는 녹조가 번지며 언제나 비가 내릴지가 큰 관심사가 되었다. 매일 저수율은 조금씩 낮아지고 밭작물의 피해가 뉴스에 전파되면서 상황은 더욱 부정적으로 변해 갔다.

이런 상황에서는 많은 기상학자들도 긍정적인 의견을 개진하기가 쉽지 않다. 비선형 시스템의 문제는 비단 장기예보에만 국한되는 것이

변화와 불확실성

아니라, 전 예보 기간에 나타나는 공통적 특성이다. 강한 소나기구름이 발달할 가능성은 어렴풋이 하루 전날에도 예상할 수 있다. 강한 호우나 폭풍우도 처음에는 수증기와 열이 대기 하부 역전층에 충분히 축적될 때까지 상당 기간 고요한 상태를 거친다. 그러다가 어느 시점에서 갑자기 연직 불안정으로 깊은 적운이 자라나고 3시간 내에 200㎜ 이상의 비를 퍼붓게 되는데, 일단 변화가 일어나면 예측하기가 쉽지 않다.

개방성

시스템의 경계는 뚜렷하지 않다. 복잡한 현상이라도 개념적으로 간명하게 이해하기 위해서 임의로 시스템의 경계를 좁게 설정하는 경우도 적지 않다. 도널드 메도우는 경계에 대해 다음과 같이 적고 있다 (Meadows, 2009). "시스템은 진정한 경계를 가지지 않으므로, 경계를 확정하기 어렵다. 모든 것은 서로 연결되어 있지만, 그 방식이 정연하지는 않다. 하늘과 바다 사이에도, 사회학과 인류학 사이에도, 자동차 소음기와 우리 후각기관 사이에도 명확한 경계는 없다. 경계란 단지 말, 생각, 지각, 사회적 합의에만 존재할 뿐이다. 즉, 머릿속에만 존재하는 인위적인 개념에 불과하다."

기상분야를 예로 들어 보자. 대기운동은 좁게 본다면 지면 위나 바다 위에 갇힌 대기만을 시스템의 영역으로 볼 수 있다. 하지만 넓게 본다면, 대기는 우주, 해양, 지각, 식생과 빙권과 상호작용하므로, 이것들을 시스템의 일부로 편입하거나 적어도 시스템의 구조변화 요인으로 고려해야만 한다. 나아가 산업 활동으로 배출하는 각종 산출물들도 화학 반응을 통해 대기조성과 에너지 분배과정에 영향을 미치므로, 대부분의 인간 활동과 문명도 시스템의 일부로 볼 수 있다.

수개월 앞의 기후를 예보하려면 식생과 토양을 포함한 시스템을 분석해야 한다. 지면 위의 식생이나 지면 하부의 토양은 수분과 열을 대기와 교환한다. 바다는 대기에 열과 수증기를 공급하는 원천이다. 극지방의 얼음이나 해빙은 해수와의 상호작용을 통해 수십 년 이상의 기후 전망에 영향을 미친다. 따라서 좀 더 멀리 수년 주기의 기후변화를 예보하려면, 바다와 대기의 상호작용을 포함한 시스템을 고찰해야 한다. 지구온난화로 수백 년에 걸쳐 일어나는 기후변화를 전망해 보려면 산업 활동에 따른 온실기체의 배출과정과 탄소 순환과정을 시스템의 요소에 포함해야만 한다.

시스템의 외곽 경계가 넓어질수록 시스템의 하부 요소들도 늘어난다. 요소 간 상호작용의 경우의 수도 기하급수적으로 늘어난다. 요소들이 연합하여 연출하는 전체적인 특성도 그만큼 복잡해진다. 날씨 시스템을 구성하는 요소들은 더욱 작은 요소로 분할하면서, 결국에는 수많은 작은 원자들의 운동계로 환원한다. 앞서 설명한 저기압과 전선대 간의 상호작용 관계는 궁극적으로 무한대에 가까운 원소들 간의 상호작용으로 확대된다. 미소한 원자에서 거대한 해양의 흐름에 이르기까지 서로 다른 운동계들이 서로 상호작용하며 일어나는 대기 운동의 복잡성은 상상을 초월한다.

앞서 소개한 음양의 원리는 상극하는 두 요소가 대치하고 발전하고 융합하고 분할하는 과정을 보여 준다. 이 과정을 반복하면 기상 변화

변화와 불확실성

요인도 무한히 늘어나고, 일기예보도 불확실하고 가변적이고 다원적인 속성을 갖게 된다는 것을 상징적으로 시사한다. 아이린 샌더스도 개방적인 시스템의 복잡성에 대해 다음과 같이 적고 있다. "예측 불가한 방식으로 상호작용하는 독립변수들이 늘어나면서, 시스템도 복잡해진다. … 이 세상은 대부분 복잡하면서도 적응력을 갖춘 시스템으로 구성되어 있다. 이 시스템의 요소들은 상호 긴밀하게 관련을 맺고, 스스로 발전하고, 역동적으로 변화한다."

　　시스템의 비선형성과 개방성이 맞물려 시스템은 위계질서 안에서도 혼돈을 연출한다. 어느 순간에도 바람은 일정하지 않고 계속 달라진다. 날씨도 끊임없이 변화하고 역동적인 모습을 보인다. 반복하지도 않는다. 춥다가도 이내 따뜻해지는가 하면, 가뭄이 들고 나면 다시 패턴이 바뀌어 호우가 쏟아진다. 수학자이자 시스템 전문가인 데비드 오렐과 패트릭 맥세리는 기후 시스템이나 구름을 예측하기 어려운 이유에 대해 다음과 같이 설명한다(Orrell and Mcsharry, 2009). "구름은 하나의 법칙으로 설명하기 어렵다. 그래서 전문가들은 구름의 행태를 이해하기 위해 여러 개의 방정식을 도입하였다. 그러나 이 방정식들에는 우리가 모르는 매개변수를 동반한다. 더욱이 기후 시스템에는 다양한 방식으로 비선형적 환류 체계가 작동하기 때문에, 매개변수값의 작은 차이로 방정식의 계산 결과는 크게 달라진다. 기후 시스템을 다루는 모델은 과거자료를 재현하는 데는 효과적일지 모르나, 미래 기후를 예측하는 데에는 한계가 있다."

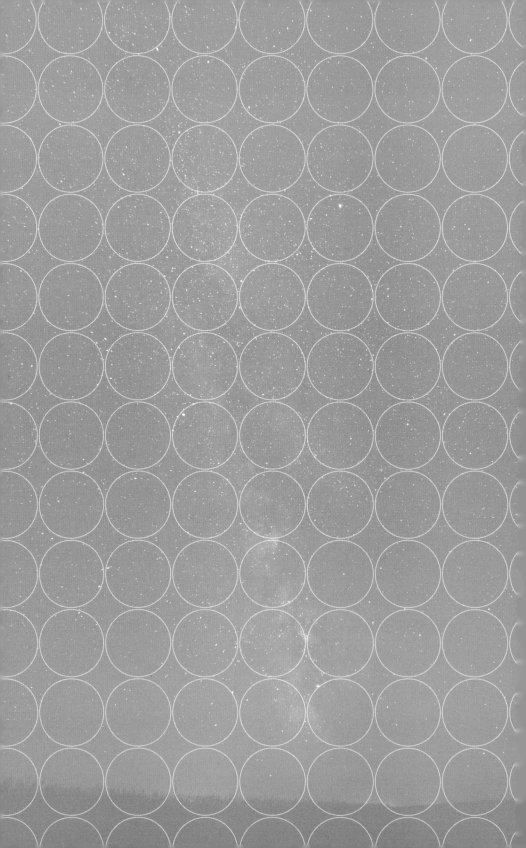

Chapter 02

일기예보가 빠르게
발전한 이유

"우리는 실수한다. 그러므로 존재한다."

– 성 오거스틴

분야별 예보 성적

증권시세, 선거승률, 경제지표, 인구분포를 비롯해서 미래를 예보하는 서비스는 우리 주변에서 흔하게 찾아볼 수 있다. 최근에는 빅데이터를 활용하여 전염병 확진, 범죄율, 교통 혼잡도를 예보해 주는 서비스도 선보이고 있다. 예보를 접할 때마다 제일 먼저 궁금해지는 것은 예보 정확도다. 자신이 받은 정보를 믿고 따라야 할지를 미리 확인하고 싶어 하기 때문이다.

미래평론가이자 선거예측 전문가로 이름을 날린 네이트 실버는 "예보가 지식을 평가하는 시금석"이라고 보았다. 어떤 이론이든지 예보하는 데 써 보지 않고는, 그 이론의 진정한 가치를 확인하기 어렵다는 것이다. 그러면서 여러 분야의 예보 성적을 비교해 보았는데, 일기예보를 제외한다면 다른 분야의 예보 성적은 그리 탐탁지 않다고 덧붙인다(Fig. 6-4, Silver, 2012). "경제대국인 미국에서도 경제 성장 전망치는 1993~2010년 기간 동안 세 번 중 한 번꼴로 90% 범위를 벗어났다. 지난 18년 동안에 두 번 정도 틀린다고 했지만, 실상은 여섯 번이나 틀린 것이다. 경제성장률의 예측치는 관측치를 기준으로 위아래로 3.2%p나 벗어났다.

과거로 거슬러 갈수록 예측 품질이 더욱 형편없었기 때문에, 평가기간을 과거 20~30년 기간까지 늘려 잡아 따져 본다면 예측 오차는 더욱 커질 것이다."

우리 사정도 크게 다르지 않다. 2014년 가을 예산국회에서 예산결산특별위원회 소속 위원은 경제부총리에게 경제전망의 오차를 다음과 같이 따졌다. 2010년부터 2013년 사이에 경제성장률은 매년 4~5%로 전망해 왔는데, 실적치와 비교하여 적게는 2%p에서 많게는 6%p까지 성장률의 차이를 보였다는 것이다. 이에 대해 당시 경제부총리는 경제전망의 오차는 국내외적으로 공통적인 현상이며, 다소 목표 지향적 의도에 따른 편향성을 인정하면서도, 우리나라 경제가 특히 대외 의존도가 심해 예측 불확실성이 높은 편이라고 답변하였다.

주택 수요도 예측하기 어렵기는 마찬가지다. 「머니투데이」는 "주택건설 인허가와 관련해 민간물량은 정부차원에서 조절하기 쉽지 않은 게 사실 … 주택종합계획에서 연간 주택공급계획을 제공하지 않는 방안을 유력하게 검토하고 있다."는 정부 측의 설명을 인용하며, 다음과 같이 그 배경을 제시했다(정현수, 2015). "국토부는 지난해 4월 발표한 '2014년 주택종합계획'을 통해 연간 주택건설 인허가물량을 37만 4,000가구로 예측했다. 하지만 지난해 이뤄진 실제 주택건설 인허가 물량은 51만 5,000가구였다. 국토부는 2013년에도 37만 가구의 인허가를 예상했지만 실제 물량이 44만 가구까지 치솟았다."는 것이다.

국내 증시 전망에서도 종종 현실과 어긋나는 해프닝이 일어난다. 「연합인포맥스」에서 인용한 사례도 그중 하나다(이한용, 2005). "메릴린치의 스팬서 화이트 수석 아시아 전략가는 작년 말에 제시한 한국 증시에 대

일기예보가 빠르게 발전한 이유

한 부정적 전망은 크게 잘못된 것이었다고 8일 밝혔다. 화이트 전략가는 작년 12월 22일 한국 증시에 대한 투자 비중을 감축할 것을 권고한 바 있지만 이후 종합주가지수가 14% 급등했다면서 내수가 살아날 조짐을 보이면서 지난 수개월간 주가 전망과 실제 주가 움직임에 큰 차이가 생겼다고 시인했다."

일기예보 수준

한편 기상분야만은 예외적으로 발전해 왔다고 네이트 실버는 논평했다. 일기예보 품질은 이십 년 전과 비교해 볼 때 확연하게 달라졌다고 언급하면서, 태풍예보의 발전 과정을 예로 들었다. "과학적 수단이 마땅치 않았던 시기에는 통계적인 방법으로 태풍 진로를 예측했다. 어느 정도 예측 가능성을 보이기는 했지만, 당시 예보는 매우 낮은 수준에 머물렀다. 태풍은 드문 현상으로 과거 자료에 대한 통계적 해석방법은 소위 '과대 적합(overfitting)'의 문제를 안을 수밖에 없었다. 25년 전만 해도 3일 후에 태풍이 상륙할 위치의 예측 오차가 560㎞나 되었다. 당시에는 걸프만에 허리케인이 접근했을 때, 허리케인이 상륙할 가능성이 높은 지역도 텍사스에서 플로리다 주까지 넓은 범위로 설정할 수밖에 없어서, 해당 지역 주민을 모두 대피시키느라고 애로가 많았다. … 하지만 지금은 허리케인의 중심 위치 오차가 160㎞까지 크게 줄어들었다."

일기예보는 역사적으로 다른 예보분야보다 일찍 시작하기도 했지만, 그간 발전 속도도 가장 빠른 분야에 속한다고 볼 수 있다. 미국기상청의 공식 기록에서도 일기예보 발전 추세는 쉽게 확인할 수 있다 (Harper et al., 2007). 컴퓨터에서 계산한 36시간 앞의 대기 중층 기류패턴의 예보숙련도(Skill)는 1950년대 중반 25%에 불과했던 것이, 60년이 지난 2005년에는 80%까지 상승한 것이다. 72시간 예보숙련도도 1970년대 말 25%이던 것이, 2005년도에는 60%까지 향상되었다. 같은 수준의 예보숙련도를 기준으로 예측 기간이 얼마나 늘어났는지 따져 본다면, 매 20년마다 2배씩 늘어났다.

컴퓨터 계산 성능이 향상되면서, 예보관의 강수예측 실력도 더불어 신장되었다(Bilder and Johnson, 2012). 1960년대 초반만 하더라도 내일의 강수예보(30㎜이상) 정확도는 17%에 불과하던 것이, 2010년대로 접어들면서 33%까지 나아졌다. 모레의 강수예보 정확도도 6%에서 28%로 높아졌다. 강수는 다른 기상요소보다 예측 난이도가 높아, 같은 정확도를 기준으로 삼았을 때, 30년이 지나서야 예측기간이 2배로 늘어났다. 지난 60년 사이에 기상요소에 상관없이 예보 성적이 괄목하게 좋아진 것이다. 이러한 흐름은 컴퓨터에 기반을 둔 예측 자료에서나, 예보관의 판단이 들어간 공식 예보에서나 공통적으로 확인할 수 있다. 또한 세계 최고수준의 예보센터인 유럽중기예보센터(ECMWF)에서 산출한 각종 예측 자료에서도 비슷한 추세를 찾아볼 수 있다(이우진, 2006b).

일기예보의 역사는 19세기 중반으로 거슬러 올라간다. 찰스 다윈도 탑승했던 지질탐사선 비글호의 선장이자 해군 제독이었던 로버트 피츠로이는, 1859년 역사상 처음으로 폭풍경보를 발령할 임무를 부여받았다. 해안으로 접근하는 폭풍을 미리 예상하여 영국민에게 알려 주어야 했던 것이다. 결론적으로 그의 임무는 비극으로 마감되었다. 오보에 대한 언론의 비난을 이기지 못하고 자살한 것이다. 몇 개월 후 열린 조사위원회는 일기예보 서비스를 중단하기로 결정하면서 다음과 같이 보고서를 마무리했다(Hughes, 1988). "현재의 과학 수준으로는, 아무리 유능한 기상학자라고 하더라도 넓은 영역에 걸쳐 펼쳐지는 내일과 모래의 날씨를 예측할 수 있다고 믿을 만한 근거가 희박하다."

당시에는 물론 관측망도 열악할 뿐만 아니라, 기상과학도 정립되기 전이라 인프라가 부족한 것도 원인이었을 것이다. 그러나 날씨의 변화무쌍한 성질을 그만큼 다루기 어려웠다는 점을 증언하는 역사 기록임에는 틀림없다. 국내에서도 2000년대 후반까지만 하더라도 일기예보가 빗나가면 "양치기 소년"이라느니, "슈퍼컴이 물 먹었다"느니 하는 비아냥거림과 함께 예보에 대한 불신의 목소리가 높았다. 하지만 지금은 상당한 신뢰를 확보한 것을 보더라도, 그간 국내외적으로 일기예보의 발전은 괄목할 만하다.

기상청 슈퍼컴퓨터에서 계산한 대기 중층 기류패턴의 예측 오차도 최근 꾸준히 줄어들었다. 동일한 예측 오차를 기준으로 본다면, 최근 15년 동안 예측 기간이 이틀이나 늘어났다. 앞서 미국이나 유럽의 기상당국이 25년 걸려서 비슷한 기록에 도달한 것에 비하면 우리 기술 진보가 빠른 편이다(Lee, 2011). 이는 과학 기술 수준이 낮은 데서 출발한 후발주자가 선진국 수준으로 근접할 때 흔히 나타나는 특징으로 볼 수 있다.

컴퓨터 시뮬레이션 기술이 발전하면서, 일기예보 정확도도 동반 상승하였다. 기상청이 공식 집계한 강수유무 예보 정확도는 93%이다. 나라별로 평가 방법이 달라 직접 비교하기는 어렵지만, 미국이나 일본에 비해 손색이 없는 수치다. 48시간 전에 예보한 태풍의 중심 위치도

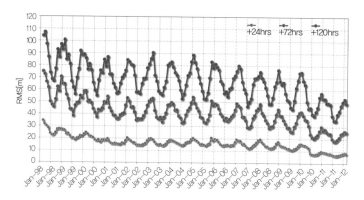

[기상청 슈퍼컴퓨터에서 수치모델을 구동하여 계산한 북반부 대기 중층(약 5km 상공) 기압 패턴의 예측 오차]

상단은 +5일 앞의 예측오차. 중간은 +3일 앞의 예측 오차. 하단은 +1일 앞의 예측 오차. 단위는 m. 지난 15년간(1998~2012) 예측 오차가 꾸준히 줄어들고 있음을 알 수 있다. 자료동화 기술의 발전과 모델의 분해능 향상에 힘입은 바 크다. 여름보다는 겨울에 예측 오차가 크다. 겨울에는 날씨의 기복이 심한 탓이다(기상청 제공).

오차가 140km로서, 5년 전의 오차 230km에 비해 40% 이상 향상되었다. 이런 추세로 예보 기술이 발전한다면, 조만간 저 멀리 열대해상에서 태풍이 발생하는 시점도 수일 전에 예보할 수 있을 것으로 전망된다.

일기예보 발전 배경

시시각각 변하는 구름만 생각해 보더라도, 기상현상이 얼마나 복잡한지 미루어 짐작할 수 있다. 그렇기에 일기예보가 타 분야보다 빠르게 발전해 올 수 있었다는 것은 더욱 놀랍다. 일기예보의 발전과정을 벤치

일기예보가 빠르게 발전한 이유

마크하면, 다른 예보분야에도 적지 않은 효과를 볼 수 있을 것이다.

금융전문가이자 언론인인 에드워드 챈슬러는 《기상전문가가 주는 교훈》이라는 제하의 칼럼에서 경제 전문가들이 일기예보에서 배워야 하는 이유로 5가지를 들었다(Chancellor, 2012). 첫째, 고속컴퓨팅을 활용한다. 둘째, 컴퓨터에서 계산한 결과만 믿지 않고 주관적 판단을 복합 활용한다. 셋째, 잦은 예측 실패를 통해 컴퓨터 모델을 개선하며, 현실세계에 지속적으로 적응한다. 넷째, 예측 한계를 인정한다. 예를 들면 2주 후의 날씨를 넘보지 않는다. 다섯째, 예측 불확실성을 확률적으로 표현한다.

일기예보가 그간 발전할 수 있었던 주된 요인을 들라고 하면, 에드워드 챈슬러의 논지에 첨단관측기술의 응용과 국제협력 인프라를 추가하여, 다음 4가지 항목으로 압축해 볼 수 있겠다. 첫째, 작은 실패를 용인하는 사회 분위기로 인해 체계적인 학습이 가능하다. 둘째, 컴퓨터 예측공학 이론과 첨단 관측기술이 상승작용하며, 관측 실황의 변화를 효과적으로 예측과정에 반영할 수 있다. 셋째, 국가 간 이해관계가 맞아떨어져 국제적 기술협력이 원활하다. 넷째, 다양한 정보나 의견을 종합하여 예측 불확실성을 관리하기 위해 노력한다. 이하에서는 일기예보가 발전하는 데 원동력이 된 네 가지 요인을 하나하나 자세히 살펴보기로 한다.

과학적 기반 "

실패와 관용

네이트 실버는 실패에 대한 사회적 관대함이 일기예보 발전에 유리한 조건이 되었다고 보았다(Silver, 2012). "예보가 틀렸을 때 쏟아지는 비난과 질타에도 불구하고, 다른 편에서는 예보는 틀릴 수 있다는 사회적 이해와 관용이 균형추를 잡고 있었기에, 예측 실패를 두려워하지 않게 되었다. 끊임없이 실패로부터 배우면서, 기술도 진화하고, 일기예보도 발전하는 토대가 되었다."

일기예보는 매일매일 일반 국민과 언론의 주된 관심 대상이다. 고객의 반응을 살필 기회가 많기 때문에, 다른 분야보다 상대적으로 빨리 발전하는 계기가 되었다고 볼 수 있다. 에드워드 챈슬러도 "잦은 예측 실패를 통해 컴퓨터 모델을 개선하며, 현실에 지속적으로 적응한다."는 점을 일기예보의 장점으로 보고, 타 예보 분야에서 눈여겨보아야 할 점이라고 강조한 바 있다. 스캇 암스트롱이 "예보 서비스가 발전하려면 예보정확도와 예측실패 원인에 대해 고객의 의견을 자주 청취하고, 예측과정을 개선하는 데 반영해야 한다."고 권고한 것도 이러한 논지를 뒷받침한다(Armstrong, 2001a).

UCLA대학 대기물리학 교수인 조오지 씨스코는 일기예보 분야가 개방적 환경에서 매일 정기적으로 예보를 생산하고 관측 자료와 비교 평가하는 환류 과정을 통해서 빠르게 발전해온 점에 주목하였다(Siscoe, 2006). 아울러 우주 자기 폭풍을 비롯해서 다른 분야도, 대학이나 연구소가 연구한 예측모델을 개방하여, 고객들이 예측 결과를 정기적으로 따져 볼 수 있게 해 줄 것을 제안하였다.

거장이 된다는 것은 끊임없이 완성을 향한 몸부림이다. 나바호(Navajo) 인디언 부족은 전통적으로 도자기를 구을 때 "정신 줄(spirit line)"이라고 부르는 옥의 티를 일부러 넣어 둔다. 미술 사가이자 비평가인 사라 루이스는《준우승을 즐겨라》는 제하의 강연에서 양궁의 역설에 빗대어, 작은 실패를 통해 성공에 이르는 과정을 제시한 바 있다(Lewis, 2014). 양궁의 역설이란, 과녁을 맞히기 위해 훈련할 때 중심보다는 조금 빗겨난 곳에 초점을 두면 계속해서 완성을 향한 동기를 유지할 수 있다는 것이다. 이 점은 은메달수상자가 금메달을 향해 도전하는 의욕이 동메달수상자보다 강하다는 데서도 입증된다. 일기예보도 은메달의 위치에서 금메달로 가도록 국민이 채찍질하기 때문에 계속 향상해 왔다고 볼 수 있다. 사라 루이스의 말을 빌리자면 "능력보다 좀 더 높은 목표"를 껴안는 방식으로 발전해 온 것이다.

코넬대학 마케팅과 조직행동학 교수인 에드워드 루소와 와튼 스쿨 경영전문가인 폴 슈메이커는 상당수 기업가들이 자신의 정보나 판단을 과신한다는 점에 주목하고 그 원인을 분석하였다(Russo and Schoemaker, 1992). 그들의 공통 특징은 "경험을 앎과 동일시한다."는 것이다. 즉, 판단과 현실의 차이에 대한 [고객의 반응을] 확인할 기회가 적고 그 차이를 해명하는 메타지식(Meta Knowledge), 즉 지식의 한계에 관한 지식이 부족하다는 것이다. 반면 기상전문가, 공공 회계 감사, 다국적기업 쉘(Shell)의 지질탐사전문가를 메타지식이 높은 전문가 그룹으로 분류하면서, 앞선 기업가들의 성향과 대비하였다.

"쉘은 판단을 보정하는 능력을 계발하는 교육훈련 프로그램을 운영한다. 훈련생들은 과거 사례를 통해서 석유매장량에 영향을 미치는 요소들을 재검토하는 기회를 갖는다. 사례마다 매장량과 오차범위를 예측하고 기록과 비교하며, 예측 판단방법을 점검하도록 유도한다. 그런 훈련의 덕택으로 10번 중 4번은 탐사에 성공하게 되었다. … 경험 많은 공공회계사들이 수지균형 항목에 대한 수치와 신뢰구간을 감정할 때, 다소 보수적으로 임하고 오차범위를 넓게 잡는 데는 이유가 있다. 사기나 오류를 찾아내는 임무 특성상, 지나친 확신보다는 조심스레 접근하는 것이 도움이 된다는 것을 터득한 것이다. … 미국 기상청의 예보전문가들이 발표한 30% 강수확률 예보 사례 1.5만 건 중에서 실제로 비가 온 빈도도 30%에 근접했던 것으로 나타났다. … 기상전문가들은 매일매일 미디어와 국민으로부터 예보결과를 평가받고, 원인 분석을 통해 밝혀진 지식의 한계를 인정하고 학습을 통해 앞으로 나아간다."

아무리 경험을 많이 하더라도, 그 경험이 자신의 지식체계 속에서 의미를 갖지 못한다면, 그 경험을 통해서는 큰 배움을 얻을 수 없다. 실패의 원인을 우연이나 상황으로 돌린다면 발전이 없다. 예보 실패를 학습의 기회로 전환해야 다음 예보를 위한 피와 살로 만들 수 있다. 메타지식은 환류과정과 설명 책임(accountability) 의식을 통해 늘려 갈 수 있다. 과학의 발전도 가설의 문제점과 한계를 인정하는 데서 출발한다. 예보 실패로부터 효과적으로 학습하고 예보기법을 개선해 가려면, 환류 하는 과정이 체계적이고 객관적이어야 한다.

과학과 학습

통상적으로 자연과학에서는 물리법칙으로부터 도출한 연역적 원리들을 가설로 제시하고, 현실세계를 설명하거나 예측해 본다. 그리고 현실이 이론과 부합하지 않으면, 다시 가설을 수정한다. 즉, 과학적 방법은 체계적 학습과정을 반복하는 것이다.

기상전문가는 지식과 경험을 동원하여 모델의 계산 결과를 판독하고 해석한다. 모델은 이론이고 현실에 비해 단순하다. 모델의 계산 결과는 실제 기상관측과는 차이가 있어, 예측 오차를 보정하며 예측 실패 또는 성공 확률을 산정함으로써 일기예보를 생산한다. 그리고 다양한 지표를 설정하여 모델의 성능과 일기예보의 품질을 평가하며, 평가 결과를 환류 하여 모델과 물리 법칙을 보완한다. 이론을 응용하여 예보를 서비스하고 평가 결과를 환류 하는 과정은 순환하며 반복한다. 이처럼 일기예보의 방법이 체계적인 학습을 보장하게 된 배경에는, 물리 법칙에 근거를 두고, 구조를 갖는 기법(structured)을 선호하며, 컴퓨터의 계산능력을 십분 활용한다는 점을 꼽을 수 있다.

첫째, 일기예보는 과학적 이론에서 파생한 각종 원리와 지식체계의 도움을 받을 수 있어, 학습을 위한 데이터베이스가 풍부하다. 유체 흐름을 설명하고 예측하는 물리 법칙에 토대를 둔다. 이 법칙은 추상적인 수학 공식으로, 질량·운동량·에너지는 외부적인 영향으로 생성되거나 소멸되지 않는 한, 보존된다는 방정식이다. 공식을 컴퓨터 언어로 번역하면 수치모델이 만들어진다. 수치모델은 예측 소프트웨어의 일종이다. 컴퓨터를 활용하면 수치모델을 구동하여 다양한 기상상황에서 계산 해를 구할 수 있다. 초기 기상조건을 수치모델에 입력하면 순차적으로 다음 시간의 미래 기상 상태가 출력되는데, 미래에 대한 가설을 정량적으로 제시할 수 있어 측정에 의한 검증이 가능하다.

둘째, 구조를 가진 기법을 채택하고 있어, 학습의 깊이가 심원하다. 구조란 현상의 배후에 작용하는 요소들 사이의 관계다(Fildes, 2010). 일반적인 법칙이 알려져 있는 경우에는 연역적으로 관계식을 직접 도출할 수 있고, 그렇지 않을 경우에는 현상에 대한 과거 기록을 통계적으로 분석해서 관계식을 구성할 수 있다. 관계식이 과거나 현재뿐 아니라 미래에도 적용 가능하다는 전제가 성립하면, 누구나 같은 관계식에 같은 자료를 입력하여 같은 예측 결과를 얻을 수 있다. 특히 컴퓨터를 이용하면 복잡한 비선형 관계식을 풀어내, 정량적인 예측값을 구할 수 있다.

일기예보 과학의 근간이 되는 수치모델도 대기 유체의 흐름에 대한 비선형 방정식을 컴퓨터 명령 프로그램으로 변환한 것으로, 구조를 가진 예측기법의 일종이다. 수치모델은 역학과정, 수평 연직 차분, 물리과정과 같이 독립적인 하부모듈로 구성되어 있다(이우진, 2006b). 단위 모듈별로 설계하고 성능을 평가한 후, 다시 종합하는 것이 모델을 개발하는 통상적인 방식이다. 모델의 결함을 찾고 해결 방안을 강구할 때에도 단위 모듈별로 분석하는 것이 효과적이다. 예측기법을 단위 요소로 쪼갤수록 다양한 현상에 대한 적응력이 커진다. 스캇 암스트롱은 "단위 요소별로 독립적으로 각각 예측한 후, 그 결과를 합하는 것이 예측 품질을 높이는 데 도움이 된다."면서, 구조를 가진 기법이 복잡하고 불확실한 현상에 대한 예보 정확도를 높이는 데 특히 유용하다고 보았다(Armstrong, 2001a).

일례로 뇌우를 예측하는 과정을 생각해 보자. 뇌우가 발생하는 조건을 따져 보면, 크게 대류불안정, 연직 쉬어, 수증기 유입, 방아쇠 요인으로 나누어 볼 수 있다. 개별 조건의 충족 여부를 따지고 이를 종합하여 뇌우 발달 여부를 예상한다면, 그만큼 뇌우 예보 정확도를 높일 수 있다. 지난 수십 년간 대기과학 커뮤니티는 다양한 현장 관측과 수치실험을 통해서 모델의 구성 요소를 보완해 왔다. 주요 기상센터들이 보여 주는 모델 성능 지표들이 꾸준히 상승해 온 배경에는, 모델이 갖는 구조적 특징도 한몫했다고 볼 수 있다.

셋째, 컴퓨터의 계산 처리 능력을 활용하면, 학습 주기가 짧아지고 대신 학습 범위는 넓어진다. 전 세계의 주요 기상센터는 슈퍼컴퓨터에서 매일 수치모델을 구동하여 서울 시민 전체가 꼬박 1년에 걸쳐 계산해야 할 정보량을 1초 만에 뚝딱 소화해 낸다. 그래서 매일매일 새로운 예보를 시험대에 올릴 수 있다. 컴퓨터의 처리속도가 빨라질수록 모델을 유연하게 확장하여, 지역적으로나 시간적으로 세분하여 계산할 수 있다. 그래서 모델의 국지적인 예측 특성을 좀 더 정밀하게 분석할 수 있다. 나아가 현실에서는 불가능한 실험도 컴퓨터의 가상세계에서는 자유자재로 수행해 볼 수 있다.

컴퓨터의 계산능력도 연관 기술, 특히 기상위성 원격탐사기술과 디지털 통신기술이 받쳐주고 있기에 제기능을 발휘할 수 있었다는 점을 부연하고자 한다. 원격탐사기술이 발전하지 않았다면, 지구 표면의 70% 이상을 차지하는 해상 위의 대기상태를 몰라 깜깜했을 것이다. 해상의 관측 공백 때문에 예측 오차도 클 수밖에 없고, 이삼일 앞을 내다보기도 어려웠을 것이다. 오늘날 지구 위에는 70여 개의 기상위성이 촘촘하게 대기 운동과 상태변화를 감시한다. 지상국에서 수신한 위성 복사자료를 분석하여, 기온, 습도, 바람, 구름과 수증기, 강수량에 이르기기까지 다양한 기상요소를 시공간적으로 정교하게 추정할 수 있게 된 것이다.

위성 탐측자료가 급증하면서, 전 세계적으로 매시간 생산되는 관측 자료량은 신문지 140만 장에 이른다. 만일 고속 통신기술이 발달하지 않았다면 이 방대한 자료를 제때 수집할 수 없었을 것이다. 과거 말이 이동수단이었을 때는 날씨 시스템이 말보다 빠르게 달렸기 때문에 예보를 하더라도 필요한 고객에게 전달하기 어려웠다. 그러나 오늘날 전 세계는 인터넷으로 한데 연결되고, 빛의 속도로 첨단 관측 정보가 디지털 통신으로 공유되면서 컴퓨터의 고속 자료처리 기능도 제구실을 하게 되었다.

기상현상은 전 지구적인 거대 시스템이라 직접 개입하여 시스템의 특성을 살펴보기는 어렵지만, 컴퓨터 시뮬레이션을 통해서 사고 실험을 해 볼 수는 있다. 주요 기상센터에서 운용하는 수치모델의 초기조건은 관측망과 분석기술의 한계로 인해 불확실한 부분이 있다. 초기조건을 임의로 조금 변경했을 때, 모델의 지구시스템은 다르게 반응하면서 다른 예측 결과를 내놓는다. 시스템에 민감한 방향으로 초기조건을 건드리면, 초기조건에 따른 예상치의 가변 폭을 미리 추정할 수 있다. 또한 산업 활동이 증가하며 지구시스템에 유입하는 온실기체의 양을 임의로 설정하여 컴퓨터 모델에 입력하면, 다양한 내부 환류기작을 통해 반응하는 지구시스템의 변화를 미루어 짐작할 수 있다.

나아가 기후변화에 대한 적응대책을 마련하는 데 활용할 수 있다. 수치모델은 통제된 환경에서 조건을 바꾸어 가며 사후 분석을 통해 현상의 원인을 밝히거나, 가상 시뮬레이션을 통해 최적 관측망을 도출해 볼 수 있어, 정책적 목적에도 유용하다. 쮜리히대학 계산사회과학 전문가인 더크 헬빙과 스테파노 바리에티는 이에 대해 다음과 같이 적었다 (Helbing and balietti, 2011). "모델은 조그만 충격에 대한 시스템의 안정성을 분석하는 데도 요긴하다. 즉, 모델로 예측만 하는 것이 아니라, 시스템의 구조를 이해하는 데에도 사용하는 것이다. 어떤 외부 환경 요인에 따라 협력, 무임승차, 갈등과 같은 시스템의 반응을 살펴보는 것이다."

설명 책임

먼저 수치모델을 활용한 예측 기법은 과학이론에 기초하고 있어서, 예측의 근거를 객관적으로 소명할 수 있다. 과학철학자 칼 포퍼는 설명 책임에 대해 다음과 같이 정의하였다(Popper, 1982). "이론이란, 예측 오차의 허용 범위를 정해 놓았을 때, 초기조건이 안아야 할 오차의 범위를 제시해 줄 수 있어야 한다. 이것이 설명 책임의 원칙이다." 다음 절에서 논의하게 될 자료동화 기술을 응용하면, 예측 오차로부터 초기 분석 오차를 추정할 수 있다. 또한 마지막 절에서 다루게 될 앙상블 예측기법을 응용하면, 역으로 초기 분석 오차로부터 예측 오차를 추정할 수 있다. 다시 말해 예측 오차를 일정 범위 안에 묶어 두기 위해, 통제해야 할 초기 분석 오차의 범위를 정량적으로 추론할 수 있게 된 것이다. 그래서 자료동화 기술과 앙상블 예측 기법을 접목하면, 칼 포퍼가 제시한 설명 책임의 원칙을 준수할 수 있다.

첫째, 수치모델이 원용하는 수학방정식은 시스템의 요소들 간에 정량적인 관계를 다루는 만큼, 예측 결과도 정량적으로 따져 볼 수 있다. 수치모델의 결과도 정량적이고, 이를 해석해 빚어낸 일기예보도 정량적이다. 스캇 암스트롱도 지적했듯이, 정량적인 기법이 정성적인 기법보다 편견이 개입할 여지가 적고, 설명 책임성을 확보하기 유리하다(Armstrong, 2001a). 일기예보 발전과정을 보면, 초기에는 주관적인 판단기법을 사용하였다. 20세기 중반 수치모델이 개발되면서부터 객관적인 예보기법이 널리 보급되었고, 일기예보 품질도 비약적으로 향상되었다. 뉴욕 알바니대학 정책연구소장인 토머스 스테워트가 모델이 임의적인 오차를 줄이는 데 유용하다는 데 주목하고, 나아가 "기계적인 또는 모델 기반의 정보처리 도구를 활용하라."고 권고한 것도 판단의 신뢰성을 확보하기 위해서다(Stewart, 2001).

둘째, 개방적이다. 일기예보에 쓰일 재료나 방법은 모두 투명하게 공개되어 있다. 대부분의 기상관측자료는 공공재로서, 누구나 쉽게 확보할 수 있다. 예보 절차도 표준화되어 있어서, 누구나 그 방법이 타당한지 조사할 수 있다. 또한 같은 재료를 가지고 반복해서 예보실험을 수행할 수 있다. 복잡한 기상이나 기후현상을 다루는 수치모델은 수십 개의 단위 모듈로 이루어지고, 각 모듈별로 독특한 가정을 수반한다. 개별 모둘의 가정이 타당한지 일일이 검토하기는 현실적으로 어렵겠지만, 재현 실험을 통해서 수치모델 전반의 신뢰도를 상당 부분 평가할 수는 있다.

셋째, 일기예보 서비스 가치사슬에서 주요 단계인 관측·통신·분석·판단·통보과정은 각각 다른 부서에서 수행한다. 분석기법 개발·해석·평가과정도 각각 다른 전문가 집단이 맡는다. 예를 들면 예보에 대한 고객의 불만을 서비스 부서에서 인지하면, 평가 부서에서 원인을 분석하고, 모델 개발부서에서는 예보 서비스 기법을 개선한다. 각 과정마다 독립적으로 진행하므로, 분석과 판단과정에 편견이 개입하는 것을 차단할 수 있다.

이론과 관측의 상승효과 "

예측이 향상되면 실황분석도 나아진다

　최근 일기예보기술이 발전한 이유는, 미래를 잘 예측해서라기보다는 역설적으로 현재를 잘 분석할 수 있게 되었기 때문이다. 일기예측 과정에서 관측 자료들의 계통오차를 가려내고 보정하는 데만 3분의 1 이상의 컴퓨터 계산 자원을 투입하는 것도, 자료가 분석에 미치는 영향이 그만큼 크기 때문이다.

　로버트 샤논도 시뮬레이션 과정에서 입력 자료가 차지하는 비중을 다음과 같이 소개하였다(Shannon, 1998). "[대학 수업과목에서 예제를 풀어낼 때와는 다르게] 현장에서 시뮬레이션 연구를 수행할 때는, 자료를 수집하고 품질을 점검하는 과정이 매우 까다롭고 시간도 많이 걸린다. 통상 전체 연구에 투자하는 시간의 3분의 1 이상이 여기에 투입된다."

　기상학자들은 지난 수십 년간 "자료동화" 기법을 발전시켜 왔다. 이론 또는 수치모델의 도움을 받아 실황 분석의 품질을 체계적으로 높이는 기술이다. 대표적인 자료동화 기법으로 '칼만 필터(Kalman Filter)'를 들 수 있다. 칼만 필터는 새로운 정보가 입수될 때마다 기존 정보를 수정해 가는 베이지 공리(Bayes' rule)와 유사한 방식이다. 이것은 본래 우주선이나 탄도 미사일의 궤적을 추적하는 기술이었지만, 지금은 다양한 분석 기술에 응용되고 있다.

달 탐사에 나선 아폴로 우주선의 궤도를 추적하기 위해서는 천체 운동의 이론과 원격탐측 정보 사이에 간극을 체계적으로 줄여 가는 통제 수단이 필요했다. 이론으로 계산한 위치와 최신 관측으로 추정한 위치를 감안하여 우주선의 위치를 보정하고, 이 과정을 반복하면서 보정한 분석 좌표가 참 값에 근접해 가도록 유도하는 방법이다. 이론 오차와 관측오차를 알면, 칼만 필터를 통해 분석 오차를 산정할 수 있다.

칼만 필터를 이용한 자료동화 기법을 기상분석에 응용하면서 분석 오차가 줄어들었고, 이 분석 자료를 수치모델에 입력하자 모델의 예측 성능이 향상되었다. 모델을 이용해서 현재의 분석오차를 줄이자, 그 결과 모델의 예측 오차도 줄어들어 분석과 모델이 서로 상승효과를 주는 양의 환류 고리가 작동한 것이다.

폭풍우 비구름을 추적하는 예보기술도, 수분 간격으로 입수한 레이더자료나 지상관측자료를 모델에 수시로 입력하는 자료동화 기법을 도입하면서 빠르게 발전하고 있다. 단기예보 분야에서 효과를 본 칼만 필터 변분자료동화 기법을 기후예측 분야에 응용하려는 연구도 많이 진행되고 있다. 수년 주기의 엘니뇨현상과 십 년 주기의 기후변화를 예측하기 위해서 해양의 상태에 대한 초기조건을 정밀하게 분석해야 하기 때문이다. 칼만 필터 이론은 관측 방식과 무관하기 때문에 예보대상에 상관없이 실황에 빠르게 적응하고자 하는 분야에 효과적으로 응용할 수 있다.

폴 사포는 미래가 S곡선으로 다가온다고 하였다. 처음에는 빠르게 올 것으로 예상했으나 실제로는 더디게 다가오기 때문에, 전문가들도 미리 지쳐 버린 나머지 이번에는 느리게 온다고 예상을 바꾼다. 그러나 변곡점을 지나면 상황이 급변하고 기회가 예상보다 빠르게 갑자기 닥쳐와서 그 속도를 맞추는 데 실패하므로, 결국 두 번이나 실수하게 된다 (Saffo, 2007). 변곡점 부근처럼 변화의 속도가 빠를 때는, 예보 오차를 줄이는 데 한계가 있다.

이런 때는 오래된 자료보다는 최신자료에 높은 가중치를 부여하고, 가급적 최신 자료를 분석에 많이 사용하는 것이 바람직하다. 현재 상황을 빨리 파악하여 그때그때 전망치를 계속 보완해야, 상황변화에 기민하게 대응할 수 있기 때문이다. 예를 들면, 소낙성 비구름이 발달하는 것처럼 급변하는 날씨 상황을 예보할 때, 기상전문가들은 최신의 실황과 모델 자료를 비교하고 예보를 계속 수정해 간다. 이 방식은 "초단기예보기법"이라는 이름으로 여러 예보 센터에서 널리 사용되고 있다.

경영분야에서도 초단기예보기법이 단기전망에 유용하다고 더크 헬빙과 스테파노 발리에티는 밝히고 있다(Helbing and Balietti, 2011). "예측성의 한계로 멀리 내다볼 수 없다면, 자주 상황을 점검하고 경영전략을 수정하여 현실에 발 빠르게 적응하는 방식으로 진행할 필요가 있다. 여기서 상황 감시가 매우 중요하다. 단기예보에서 적중률을 높이기 위한 원칙은 일선 현장의 국지적인 조건에 탄력적으로 적응하는 것이다." 짧은 간격으로 수집한 자료들은 잘만 활용하면 그만큼 현재 분석에 유리하다.

그러나 관측과정에 개입한 관찰자나 계기로 인해 심각한 오차가 수반된다면, 예측결과도 오염될 수밖에 없다. 자료 민감도가 높을 때는 분석 변동성이 커지므로 유의해야 한다. 지나치게 많은 자료를 여과 없이 분석에 활용하다 보면, 잡음이 양질의 신호에 영향을 미쳐 오히려 분석 품질이 떨어지는 우를 범할 수 있다.

모델의 유연성이 분석을 좌우한다

분석과 예측은 동전의 양면이다. 모델의 예측자료는 분석에 중요한 유사 관측 자료의 역할도 한다. 서로 다른 방식으로 수집한 관측 자료들은 모델을 통해서 호환할 수 있어, 공통의 잣대로 비교 가능하다. 다른 시점의 관측 자료들도 모델의 동적 원리를 통해서 동일 시점의 자료로 환원할 수 있다. 모델은 관측 자료의 품질을 관리하는 수단이 되기도 된다. 모델의 예측값과 관측값의 차이가 크다는 것은, 예측 오차가 지나치게 크지 않는 한, 그만큼 관측 오차가 크다는 개연성을 시사하기 때문이다.

분석과 모델 간에 환류 하는 고리가 있다는 것은 역설적으로 모델이 향상되어야 분석도 개선된다는 점을 시사한다. 이 점은 수치예보 발전 과정에서도 드러난다. 수치예보가 유아기에 머물던 1960~1970년대만 하더라도, 수치모델도 취약하고 관측 자료도 많이 부족했다. 시공간적으로 균질한 입체적 대기구조를 분석하기에는 역부족이었다. 그러다가 1980년대에 들어서면서 수치모델은 많이 개선되었으나, 여전히 관측 자료의 한계가 발목을 잡았다. 2000년대 들어서 수천 개의 적외선 채널로 대기의 연직구조를 추정하는 기상위성이 등장하였다. 이 기상위성 자료를 동화하여 기온과 습도의 연직 분포를 효과적으로 분석하는 기법이 개발되면서 수치모델의 성능도 비약적으로 향상되었다. 그 후 수치모델의 개별 하부요소들이 더욱 정교해지고 이론이 보강되면서, 분석기술도 한층 더 발전하였다.

유체역학의 보존원리는 뉴턴 역학체계에서 직접 연역적으로 유도할 수도 있지만, 유체의 연속적인 속성을 감안하여 순전히 현상적으로 도출할 수도 있다. 후자의 입장에서 보면, 보존 원리란 결정론적 가정과는 직접적으로 상관이 없다. 유체의 생성 소멸과 관련된 힘들은 보존방정식의 우변에 숨어 있다. 유체의 속성에 대한 보존의 원리는 현상을 바라보는 하나의 프레임일 뿐이다. 이 프레임을 통해 드러나는 현상계는 자연계에 국한할 이유는 없다. 적용하는 대상에 따라서, 연속성에 대한 의미와 한계, 보존변수의 의미와 해석이 달라질 뿐이다.

예를 들면 클로디오 카스텔라노와 동료 연구진은 기체의 집합적 운동을 다루는 통계역학의 원리를 다양한 사회현상을 설명하는 데 적용해 보았다(Castellano et al., 2009). 분자의 집합적인 운동과 사회 속의 개인의 활동을 비유하고, 나아가 개인 간의 상호작용 규칙을 분자간의 물리적 규칙과 유비하여, 사회의 혁명적 변동이나 금융시장의 흐름을 설명하고자 한 것이다.

어느 분야든지 가용한 설명 프레임을 통해서 실황 관측 자료를 빠르게 소화하여 현실을 재구성할 수 있다면, 단기적인 예측 정확도를 높일 수 있다. 예측 가능한 기간은 시스템의 메모리(memory)에 따라 달라진다. 메모리는 시스템의 현재 상태를 지속하려는 관성의 힘이라고 볼 수 있다. 메모리가 크면 그만큼 멀리 내다볼 수 있지만, 메모리가 작으면 가까운 미래를 탐색하는 데 그친다. 해수는 열용량이 크고 메모리가

일기예보가 빠르게 발전한 이유

대기보다 크기 때문에 해수온도에 반응하는 엘니뇨 기후패턴은 몇 개월 전에 어느 정도 수준까지 예측할 수 있다. 반면 구름의 메모리는 짧다. 여기에 구름이 떠 있어도, 다음 순간에는 시야에서 사라진다.

유체역학적 프레임에 기반을 둔 시뮬레이션이 현실을 모의하는 수준은 상당한 한계를 보이고 있기 때문에, 유체역학의 보존 원리 또는 법칙으로 인해 일기예보가 발전했다고 보기는 어렵다. 이 점은 이상 기후 변동이나 강한 비구름에 대한 모델의 예측능력이 떨어지는 것만 봐도 알 수 있다. 그렇다면 내일에서 주간까지의 일기예보 정확도가 그간 빠르게 발전해 온 것을 어떻게 설명할 것인가? 이에 대해서는 유체역학적 프레임이 갖는 강력한 적응성 때문이라고 답할 수 있다. 즉, 어떤 관측 자료든지 쉽게 받아들여 현재 상황을 재구성하는 데 활용하는 유연한 기능 때문이다.

최근 위성탐측기술의 발전으로 전 지구적 대기 감시망이 보강되자, 이 프레임에서 구성한 분석상태가 관측 현실에 좀 더 가까워지고, 분석상태로부터 계산한 예측자료의 정확도도 높아졌다. 예측자료는 초기상태에 대한 모의관측(proxy)자료로 활용하는데, 예측정확도가 높아지면 이 모의관측 자료의 품질도 함께 개선되어 결국 초기조건의 분석 정확도가 향상된다. 분석과 예측은 상호 시너지 효과를 낸다. 여기서 핵심은 프레임이 아니라, 프레임이 갖는 유연성으로 인해 현실에 빠르게 적응하는 능력이다. 프레임은 그 매개자로서 관측의 가치를 예보의 가치로 환산해 주는 역할을 할 뿐이다.

보이지 않는 인프라

전 지구적 기상 현상의 예측기술은 각국 공통의 이해관계를 토대로 하여 발전할 수 있었다. 각국의 관측자료를 한데 모아야 전 지구적인 대기운동의 전체적 모습을 그려 볼 수 있다. 나아가 미래의 기상상태를 예측하는 출발점이 된다. 노스 웨스턴대학 사회학 교수인 게리 알란 파인은 기상 관측과 예보 업무가 국제 네트워킹을 기반으로 하고 있다는 점을 강조한다(Fine, 2007). "기상학은 관측과학이기도 하지만 네트워킹 과학이 더 설득력이 있다. 예보업무를 포함하여 기상업무는 전 세계적으로 관측자들의 네트워크가 형성되어 있기에 가능하다."

여러 나라가 함께 기상을 감시하고 예측하기 위해서는 같은 방식으로 업무를 처리하고 자료와 업무절차를 공유해야 한다. 세계기상기구(WMO)는 1950년에 출범한 이후, 줄곧 국가 기상 업무를 표준화하는 노력을 경주해 왔다. 여기에는 관측, 통신, 자료처리, 예보, 평가, 통보에 이르는 전 서비스 과정이 포함되어 있다. 그 전신인 국제기상기구(IMO)까지 감안하면, 기상분야 국제협력의 역사는 150년이 훨씬 넘는다. 미시간대학 정보역사학 교수 폴 에드워즈는 국제협력을 제도적 인프라의

일기예보가 빠르게 발전한 이유

개념으로 바라보았다(Edwards, 2006). "표준체계를 제시함으로써 하나로 묶인 세계에 대한 이해를 공유한다는 점에서 근본적 세계화라는 의미를 갖는다. 이 개념은 제도적이고 기술적인 면을 모두 담고 있다. … 이 세계화 현상이 국가로부터 국제과학기반조직으로 권력이 이동하는 데 일조하였다."

세계기상기구는 일기예보의 발전에 힘입어, 장기예보 분야에도 국제협력 인프라를 확장해 가고 있다. 일 단계로, 계절예보에 대한 표준업무 절차를 확립하고, 지역별로 예보전문가 포럼을 구성하여 협업 체계를 마련하였다. 나아가 장기예보 검증절차를 표준화하고, 국가별로 예측결과를 교환하기 위한 자료 형식도 제정하여 보급하였다. 최근에는 전 지구 기후예측 협력체제(GFCS)를 구축하여, 이산화탄소 배출량 증가로 인한 기후변동과 1~10년 후의 기후 변화를 감시하고 예측하는 분야로 네트워킹 과학과 국제협력 인프라를 확대해 가고 있다. 일기예보에서 성공한 국제협력인프라는 해양·환경·지진 분야에서도 모범사례로 주목받고 있다.

분야별 협력 여건

해양 분야에서도 여러 국가들이 정해진 표준 규칙에 따라 관측하고 공유하여, 해양예보 서비스를 일기예보 서비스처럼 정기적으로 제공하고자 시도한다. 파고·해수온도·염도·해류를 측정하는 해양관측 기기는 육상의 기상관측 기기와 달리 설치하고 유지하는 데 비용이 많이 들어, 해상 관측망은 더디게 확장해 왔다. 대신 위성 탐측자료를 확보하여, 해수면 고도, 해수 온도, 파고, 해상풍을 비롯해서 해양의 상태를 추정하는 데 광범위하게 활용하고 있다. 그러나 공간 해상도가 낮고 추정오차도 적지 않아, 해양모델에 원격탐측 자료를 입력하여 활용하는 기술은 아직 연구단계에 머물고 있다.

환경 분야는 국가 간 이해관계가 예민하게 작용하여 국제협력에 의한 표준화와 자료 공유가 그리 녹녹하지 않은 실정이다. 오래전 미국과 캐나다 간에는 산성비의 원인과 책임 소재를 놓고 다툼이 있었고, 한·중 간에는 미세먼지의 월경현상을 놓고 원인과 책임소재를 규명하기 위한 협력이 더디게 진행되고 있다. 미세먼지의 배출량 정보는 정치적 수단으로 사용될 여지가 있어 당사국들이 자료를 공개하기를 꺼리기 때문이다. 발원량에 대한 정보가 부족하고 국가 간 자료 공유 협력이 더딘만큼, 이러한 장애를 극복하고 오염물질의 장거리 수송에 관한 예측기법이 발전하기까지 적지 않은 시간이 필요할 것이다.

지진 분야도 사정이 복잡하다. 지진 관측망은 자연 지진이나 화산활동, 지진해일을 관측하는 용도 외에도, 인공 핵실험의 감시 수단으로도 쓰인다. 정치 군사적인 이해관계가 얽혀 있어 자유로운 자료교환이 쉽지 않고, 양국 간 협력을 통해 합의한 일부 자료만을 공유하는 데 그친다. 예를 들면 백두산 화산 주변의 지진 관측 자료도 확보하기 쉽지 않다. 다만 예외적으로 해저 지진에 의해 발생하는 쓰나미는 재해의 심각성과 국제적인 이해관계가 맞아떨어져 자료 공유가 활발하게 일어나는 편이다. 최근 인도양 쓰나미로 인해 동남아시아 여러 국가가 피해를 본 이후, 지역협력을 통해 해저지진 발생정보와 쓰나미 예측결과를 영향국가에 신속하게 전파하는 조기경보체계를 구축해 오고 있다.

사회 경제 분야에서는 국가별로 이해관계가 다르고 대립하는 경우도 있어, 전 지구적인 예측문제에 대해서도 국제 협력 인프라를 활용하는 데 한계가 있다. 예를 들어, 글로벌 경제 위기나 금융 경색을 타개하려면 전 지구적 규모의 거시 전망이 필요하고 다른 나라의 최근 경제 동향정보를 입수해야 한다. 하지만 국가 기밀에 속한 내용도 많고, 때로는 국가 이익을 위해 정책적 목표에 가깝게 자료가 부풀려지거나 왜곡되기도 할 것이다. 또한 국가마다 문화적 환경이 달라 유사한 통계라도 호환하기가 쉽지 않을 것이다. 메사추세츠 자원경제학 교수인 져프리 알렌도 지적했듯이, 국가가 투명한 통계를 추구하더라도 사익을 추구하는 개별기업들이 반드시 진실한 자료를 공개할 것으로 기대하기도 어렵다(Allen, 2011).

다양성의 존중 "

앙상블 효과

금융전문가이자 언론인인 제임스 스로위키는 자신의 저서 《대중의 지혜(Wisdom of Crowds)》에서 "종종 블로깅(blogging)을 통한 집단지성이 집단 내에 뛰어난 개개인보다 더 훌륭하다."고 강변한다(Surowiecki, 2004). 통상적으로 다양한 의견을 효과적으로 활용하는 방식이 집단지성의 요체라고 본다면, 반드시 소통의 장을 공공장소나 사이버 공간으로 국한할 필요는 없을 것이다. 일기예보 분야에서는 흔히 "앙상블(ensemble) 예측 기법"을 활용하여 다양한 정보나 전문가의 의견을 종합한다. 실내악 앙상블 연주에서 여러 악기들이 제 소리를 내면서도 전체적으로 조화로운 음악을 연출하듯이, 예보의 앙상블을 만들어 가는 것이다.

악기마다 고유한 음색을 가지고 있지만 어느 악기가 너무 큰 소리를 내면 전체의 조화가 깨진다. 예측 품질이 크게 떨어지거나 다른 예측 자료와 극단적으로 상이한 내용을 가진다면, 한데 섞여 앙상블을 구성하기 어렵다. 이단 자료 때문에 앙상블 효과가 떨어지기 때문이다. 앙상블에 쓰이는 개별 예측자료도 독립성과 유사성 사이에서 균형을 이룰 때 종합하는 효과도 커진다. 서강대학교 문학부 양미경 교수도 제임스 스로위키의 집단 지성을 논하면서, 다음과 같이 독립성과 동질성의 조화로운 관계를 강조한 바 있다(양미경, 2010).

"개인 간의 협력을 통해 새로운 인식을 창출해 내는 집단지성의 아이디어는 그 본질상 협력을 통해 보완될 것이 있을 만큼의 개인차를 전제로 한다. 즉, 서로 완전히 동질적인 개인들이라면 협력을 통해 얻어질 것이 없음을 의미하기 때문이다. 그러나 동시에 참여자 모두에게 그러한 협력이 가치롭고 또 가능할 만큼의 동질성이 필요하다는 점에서 집단지성의 문제는 애로와 한계를 지닌다."

스캇 암스트롱은 일기예보 분야에서 전문가들이 다양한 예측결과를 종합하여 최종 예보를 생산하는 데 주목하였다(Armstrong, 2001b). "최근 일기예보 전문가들은 앙상블 예측기법을 채택해 왔다. 그들은 서로 다른 시점에서 각각 예측한 결과들을 종합하여 예보 적중률을 높인다. 예를 들면, 다음 주 일기예보를 생산하기 위해서, 오늘 외에도 이번 주 월요일과 화요일에 각각 산출한 예측결과를 종합하여 판단한다."

증권시장이나 다른 부문에서도 유사한 효과를 보였다. 앙상블예보가 통상 개개 예보보다 15% 이상 정확도가 높다고 한다(Silver, 2012). 물론 한 가지 사례만 놓고 보면, 특정한 예보가 앙상블예보보다 더 정확할 수도 있다. 하지만 여러 사례에 대해 평균을 취해 보면 결국 앙상블예보가 개개 예보보다 더 우수하다는 것이다. 경영 분야에서도 유사한 조사결과가 나와 있다. 일례로 토머스 스테워츠의 분석에 따르면, 일기예보·판매전망·경제전망 결과를 살펴보면, 개별 예보들을 단순하게 산술 평균하여 구한 앙상블예보가 개별 예보보다 대개 정확도가 높다는 것이다(Stewart, 2001).

예보는 필히 오차를 수반한다. 그 원인은 다양하지만 잘못된 가정, 예측과정의 편향, 사용한 자료의 결함에서 비롯한 경우가 많다. 여러 개의 다른 예보를 종합하면 이중 계통적인 오차를 상당부분 줄일 수 있기 때문에 앙상블 예보를 선호한다. 특히 작은 예보오차로도 막대한 피해가 예상되는 민감한 상황에서는 앙상블 예보가 큰 도움이 될 수 있다.

제 2의 예측 기술 혁신

미국 기상청장 루이 우첼리니는 일기예보에 앙상블 예측 기법을 응용하면서 특히 3~7일간의 주간 일기예보서비스가 빠르게 발전한 것을 두고 수치예보의 제2의 기술혁신이라고 치켜세웠다(개인서신). 미국기상청의 공식 일기예보는 매년 꾸준하게 향상해 왔다. 20년 전의 3일 예보는 현재 4일 예보와 품질이 비슷하다. 정확도가 예측기간이 늘어날수록 떨어진다는 점을 감안하면 대단한 진보다. 태풍 진로 예측 정확도도 앙상블 예측 기법 덕분으로 빠르게 향상되었다. 허리케인 샌디는 2012년 가을 미국 동부해안을 따라 북상하다 뉴욕 시를 비롯한 동북부지방으로 상륙해서 해일과 강풍으로 많은 상처를 남겼다. 하지만 태풍 진로예보가 상당히 정확했기에 그나마 피해를 많이 줄일 수 있었다. 샌디가 북상해 올 때, 5일 전부터 여러 모델 결과를 취합한 앙상블을 이용하여 이 허리케인이 직각으로 미국 북동 해안에 접근하는 이례적인 경로를 성공적으로 예보할 수 있었기 때문이다.

앙상블 예측 기법은 여러 예보 분야에서 공히 효과가 있음에도 불구하고 유독 일기예보 분야에서 더 각광받게 된 배경에는 앞 장에서 살펴본 국제협력 인프라와 무관하지 않다.

첫째, 예측자료를 표준 형식으로 자유롭게 교환하기 때문에, 자연스럽게 같은 기상상황을 놓고 여러 센터의 예측자료를 비교 검토할 수 있다. 국제협력 인프라가 앙상블 예측 기법을 지원하는 셈이다.

둘째, 예측과정도 전 세계적으로 상당 부분 표준화되어 있기 때문에, 주요 국가기상기관의 예측자료가 서로 얼토당토않게 큰 차이가 보이는 경우는 드물다. 수치모델도 동일한 유체역학 원리에 기반을 두고 있어서, 비슷한 기상관측 환경에서는 용인할 만한 예측 내용의 차이를 보인다. 그럼에도 불구하고 수치모델을 설계하는 방식과 관측자료를 동화하는 과정이 다르기 때문에, 여러 센터의 예측 자료들은 어느 정도 독립성도 확보하고 있다. 앙상블 예측에 쓰이는 자료의 품질이 고르고 동질성과 다양성을 동시에 갖추고 있어서, 앙상블 효과가 높다.

셋째, 일기예보의 근간이 되는 수치모델의 평가 방법은 전 세계적으로 표준화되어 있다. 정확도뿐만 아니라, 탐지율·오보율·일관성·경제성을 비롯해서 다양한 평가 지표를 사용한다. 표준 지표에 따라 모델의 예측정확도를 평가하므로 각 모델의 예측 특성을 같은 잣대로 상호 비교할 수 있다. 유사한 조건에서 여러 예측기법의 검증기록을 관리하고 비교하면, 예보정확도를 높이는 데 유용한 바탕이 된다(Armstrong, 2001a).

물론 표준화된 예보 절차를 준용하더라도 극단적인 현상을 집어내는 데는 한계가 있다. 앙상블의 모든 멤버들이 하나같이 이 현상을 잡아내는 데 실패할 수도 있기 때문이다. 그럼에도 불구하고 전 지구적으로 수집한 자료를 앙상블 개념으로 한데 묶어 효과를 보고 있는 분야 가운

데 기상분야가 가장 앞서간다는 데에는 이론의 여지가 없을 것이다.

불확실성의 산정

앙상블 예측 기법의 핵심은 불확실성을 예보의 근원적 속성으로 받아들이는 데 있다. 네덜란드 전 기상청장 핸드릭 테네크스는 "예보란 예보적중률의 예보를 보태야 비로소 완성된다."고 말했다(Tennekes et al., 1987). 예보에 결부된 불확실성의 정보를 고객에게 제공해야 한다고 강조한 것이다. 모델 기반의 예측과정에 관여하는 불확실성의 요인으로는 모델 또는 이론의 단순성, 초기 입력 자료의 품질, 물리과정의 결함, 경계조건의 문제를 들 수 있다. 여기서 물리과정은 현상을 지배하는 힘을 총칭한 것이고, 경계조건은 시스템의 외부요소를 일컫는다.

앙상블 예측 기법은 마치 시스템 이론가들이 다양한 동인들을 변화시켜 가며 시스템의 반응을 살피고, 가능한 시나리오를 설정해 보는 과정과 유사하다. 도넬라 메도우는 이점을 다음과 같이 적고 있다(Meadows, 2009). "동적 시스템 연구를 수행하는 이유는 앞으로 무슨 일이 일어날지 예측하기 위해서가 아니다. 대신 주요 지배 인자들이 여러 방식으로 모습을 드러낼 때, 무슨 일이 벌어질지 추론해 보기 위해서다."

일기예보를 내기 위해 앙상블을 구성하는 방식은 크게 두 단계로 이루어진다. 먼저, 동일한 모델을 사용하되 초기조건이나 물리과정을 조금씩 변화시켜 가면서 다양한 예측 결과를 계산한다. 이때 초기조건의 변동 폭은 관측기기의 오차 범위로 한정한다. 대기물리 계산과정에

일기예보가 빠르게 발전한 이유

서는 미리 정해 놓은 매개변수값을 조금씩 다르게 설정해 본다. 이런 조작을 통해서, 모델이 만들어 내는 구름의 운고·반경·강도가 달라질 수 있다. 통상 구름 계산과정이 가장 복잡하므로, 계산 방식을 조금 비틀어 구름이 만들어지는 과정에 조그만 변화를 일으켜 본다. 모델의 외부 경계조건도 조금씩 변경해 본다. 이런 과정을 거치면 한 개의 모델을 가지고도 여러 개의 예측 시나리오를 만들어 낼 수 있다. 이 시나리오들은 한 개의 앙상블 묶음을 구성한다. 앞서 설명한 절차를 다른 모델에도 반복하여 적용하면, 각 모델마다 고유한 앙상블 묶음이 생성된다. 이 묶음들을 다시 합하면 앙상블의 앙상블이 구성된다. 주관적 판단을 비롯해서 다양한 기법으로 구한 예측 결과를 여기에 합하면 가장 넓은 의미의 앙상블을 구성할 수 있다.

재해 위험과 관련한 불확실성을 산정할 때도 이와 유사한 방식이 쓰인다(Hill et al., 2012). "불확실성은 세 가지 성분을 갖는다. 첫째, 매개변수의 불확실성이다. 모델의 매개변수값을 정확하게 알지 못하는 데서 기인한다. 둘째, 초기조건의 불확실성이다. 초기 상태와 초기에 가해진 힘의 참값을 알지 못해 발생한다. 셋째, 구조적 불확실성이다. 매개변수와 초지조건을 제대로 입력하더라도 모델이 현실을 충분히 대변하지 못한 데에서 연유한다." 재해 위험의 불확실성을 제대로 다루려면 모델의 매개변수와 초기조건을 각각 다르게 설정하고, 복수의 모델을 감안하여 재해위험을 산정해야 한다는 뜻이다.

특히 돌발적인 위험기상에 대한 초단기예보의 경우, 티모 에킬라의 지적처럼 컴퓨터 시뮬레이션 기술이 취약하기 때문에, 여러 가지 방법들을 혼용한 앙상블 예측 기법을 활용하는 것이 최선이다(Erkkila, 2009).

"초단기예보 분야에서 당분간은 숙고, 외삽, 자료의 병합과 종합, 미약한 신호의 주관적 해석도 여전히 중요한 역할을 할 것이다. 예보 현장에서는 지속성, 선형 내삽과 외삽, 현상의 추적, 개념모델, 핵심 인자의 주관적 해석, 경험, 수치방법, 과거 데이터베이스에 근거한 통계분석기법도 고루 사용될 것이다."

현실적으로는 시간과 정보의 제약 때문에, 검토할 수 있는 예측 시나리오를 무한정 늘릴 수는 없다. 불확실성의 위험을 관리하기 위해서는 극단적인 변화를 보이는 시나리오를 먼저 검토할 필요가 있다. 일기예보 앙상블에서는 주어진 기상 조건에서 짧은 기간 동안 가장 급격하게 변화하는 성질을 갖는 초기조건을 먼저 찾아낸다. 다음으로 이 초기조건과 구조가 독립적이면서도 차선으로 성장하는 초기조건을 찾아낸다. 이 과정을 반복하면 업무여건이 허용하는 개수만큼 최적의 초기조건들을 찾아낼 수 있다.

이렇게 구성한 초기조건들을 모델에 각각 입력하여 예측 시나리오들을 계산하면, 극단적인 예상 시나리오를 얻게 될 가능성도 높아진다. 어떤 시스템이든지 투입요소의 포트폴리오 중에서 특정한 조합을 가질 때, 유독 큰 이득을 주거나 손실을 주는 민감성을 보인다. 가능하면 시스템에 민감한 포트폴리오의 다양한 조합들로 모의실험을 해 본다면, 그만큼 미래의 불확실성을 좀 더 현실적으로 시뮬레이션 할 수 있을 것이다.

일기예보가 빠르게 발전한 이유

Chapter 03

사람과
기술의 협업

"기술이 미래를 결정하지 않는다. 우리가 운명을 만들어 간다."

– 에릭 브린욜프슨

기술의 결함 ”

협업 방식의 변화

한때 딥블루(Deep Blue)라는 슈퍼컴퓨터가 세계적인 체스 챔피언을 물리쳤다는 소식이 화제가 된 적이 있었다. 하지만 딥블루는 더 이상 승자가 아니다. 게임의 룰이 변했고, 컴퓨터와 사람의 연합 팀이 시합에 참가할 수 있게 되었기 때문이다. 컴퓨터도 사람도 단독으로는 연합 팀을 능가하지 못한다. MIT 경영학과 교수이자 기업가인 에릭 브린욜프슨은 테크놀로지와 사람의 협업에 주목한다. 에릭 브린욜프슨은 《기계와 함께 경주하는 것이 성장의 비결》이라는 제하의 강연에서 "[첨단 기술이나 기계와 경쟁하거나] 기계를 배척하지 말고, 한 팀이 되어 경기하면 더욱 우수한 성과를 낼 수 있다."고 말한 적이 있다(Brynjolfsson, 2013).

요즘 시대에 컴퓨터나 첨단 자동화기기를 사용하지 않는 전문분야는 드물다. 의료 진단과정에도 자동화 도구가 많이 쓰인다. 안과에서 얼굴을 기계 앞에 들이대고 눈을 깜박거리면 계기에서 나온 광선이 눈의 내부를 주사(走査)한다. 그리고 조금 있으면 시력이 자동으로 찍혀 나온다. 그런가 하면 내과 수술을 받기 위해 MRI나 CT 단층 촬영을 하고 나서 조금 기다리면, 상처 부위가 주치의 앞에 놓인 컴퓨터 단말기 화면에 나타난다. 의사는 마우스를 움직이며 이상 부위를 확대해 보면서 환자에게 진단결과를 설명해 준다. 하나의 구멍 속에 카메라와 세 개의 수술용 로봇 도구를 투입하고, 로봇을 조종한다. 상처 난 조직을 도려 내고 꿰맨다. 초소형 로봇이 혈액을 따라 이동하며 혈관 주변의 영상을 촬영하여 외부로 내보낸다. 혈액 속에 암세포를 감시하는 약물을 투약 한 후 해당 부위를 카메라로 추적하여 시술한다.

현대전은 위성탐사와 무인 로봇에 이르기까지 첨단 기기가 종전에 사람이 하던 궂은 작업을 대신한다. 지뢰도 탐지하고, 적진으로 날아가 정찰한다. 목표물을 향해 발진한 장거리 미사일의 궤도를 제어한다. 보 병은 센서로 장식한 전투복을 입고, 안경 스크린을 통해 시야에 들어오 는 각종 정보를 컴퓨터로 자동 검색한다. 지능형 슈퍼컴퓨터는 전 세계 에서 수집한 금융정보를 실시간으로 분석하고 트렌드를 예측하여 애널 리스트에게 최적의 포트폴리오를 제안한다. 무인 자동차는 주변 이동 물체를 자동 감시하고 위성통신으로 차의 위치를 추적하여 각종 계기 와 구동장치를 조정한다. 일기예보분야도 예외가 아니다. 한때는 사람 이 기상관측 전문을 무선으로 받아 적고 일기도를 손수 그려 냈다. 지 금은 전문 수발과 일기도 묘화작업을 상당부분 컴퓨터가 대신한다. 예 상일기도도 컴퓨터가 분석해서 그려 낸다.

자동화 기기의 도움으로 다방면에서 업무 효율이 높아지고 생산성 도 향상되었다. 비근한 예로 인터넷을 검색해서 찾아낸 자료나 정보를 업무에 접목하여 작업 능률을 높이는 과정을 들 수 있다. 이메일을 비 롯해서 다양한 정보지식도구를 창안한 컴퓨터공학 전문가 톰 글루버의 얘기를 들어 보자(Gruber, 2008). "인터넷을 보면 우리 생애에 걸쳐 집단 지성이 과학적으로나 사회적으로 중요한 목표라는 것을 실감하게 된다. 핵심은 인간과 기계간의 시너지다. … 인간은 생산자이자 소비자다. 즉, 지식의 원천이자, 실세계에 대한 관심과 문제의식을 갖는다. 기계는 조력자다. 자료를 저장하고 기억하고 검색하고 합성한다. 수학적이고 논리적인 추리를 해낸다. 인간은 서로 소통하며 학습하고, 새로운 지식을 창출한다. 인터넷을 통해서 기계(또는 검색엔진)는 인간이 새로운 지식을 창조하는 데 기여한다. 다른 사람과 소통을 통해 배우는 과정도 지원한다."

자동화의 비중이 높아지고 기계와의 협업이 대세임에는 틀림없다. 그렇다고 사람의 역할이 줄어든 것은 아니다. 심리치료사 케이스 비비와 동료 연구진은 이미 오래전부터 자동화의 한계에 대해 다음과 같이 언급하였다(Bibby et al., 1975). "전력 발전망과 같이 고도로 자동화된 시스템이라 할지라도, 업무를 관리하고 조율하고 유지 보수하고 확장하고 개선하는 데 사람이 필요하다. 자동화 시스템이라고 해서 기계가 모든 일을 도맡아 하는 것은 아니다. 기계와 사람이 함께 공존할 수밖에 없다."

기상전문가 데비드 실스는 캐나다 기상청이 2000년대 초반 단행한 예보업무 현대화 과정을 상기하면서, 사람과 기계의 강점을 다음과 같이 소개한다(Sills, 2009). "사람은 패턴을 식별하고, 개념 모델을 활용한다. 복잡하고 불완전하고 상충하는 자료를 가지고도 판단하고 결론을 낸다. 빠르게 변화하는 상황에서도 유연하게 대처한다. 반면 기계는 대용량의 자료를 처리한다. 복잡한 계산도 해내고, 무수히 얽힌 요소간의 상호관계도 찾아낸다. 자동으로 공정을 처리한다."

미래 전망 시나리오를 구성하는 데 사용하는 방법 중 하나인 "견실한 시나리오 기법(robust scenario method)"도 컴퓨터와 사람의 협업의 일종이다. 즉, 사람이 갖는 통찰력과 컴퓨터가 갖는 복잡한 계산 기능을 십분 발휘하여 의사 결정자가 정책 요소를 다양한 방식으로 조합하여 컴퓨터에게 제시하면, 컴퓨터는 모델을 구동하여 각각의 정책 조합이 가져올 미래의 결과를 미리 정량적으로 보여 주는 것이다. 정책 수립가와 컴퓨터가 대화식으로 이런 과정을 반복하면, 다양한 미래의 시나리오와 최적의 정책 대안들을 만들어 낼 수 있다는 것이다(Lempert et al., 2003).

자동화 실패 사례

인터넷을 위시한 정보통신 기술과 컴퓨터 계산 기술의 발전에 이어, 무인 로봇기술과 센서가 연합하여 제 3의 기술혁신이 벌어지고 있다. 눈곱만한 센서들이 어디에고 쉽게 장착되어 상황정보를 내보낸다. 컴퓨터는 이 정보를 효과적으로 분석해서 상황에 발 빠르게 대응하는 데 중추적인 역할을 한다. 사람처럼 두 발로 딛고 움직이는 것만 로봇이 아니다. 자동으로 주인 없이 방구석을 돌아다니며 청소하는 무인기기도 로봇이다. 슈퍼컴퓨터에서 수천억 번의 연산을 몇 초 안에 해결하여 미래의 기상상태를 예측하는 과정도 로봇의 업무라고 볼 수 있다. 머지않아 자동차나 휴대폰에 달린 기상 센서들이 전송하는 자료를 컴퓨터가 받아들여 일기를 분석하는 세상이 열릴 것이다.

하지만 어떤 기계도 100% 완벽할 수는 없다. 단지 우리가 용인하는 오차 수준의 높낮이가 있을 뿐이다. 세탁기가 예정보다 일 분 늦게 작업을 마무리한다 해서 문제 될 건 없다. 자동 출입문을 지나갈 때 문틈

사람과 기술의 협업

에 옷깃이 살짝 스치는 오작동이 있다 해서 문제될 건 없다. 하지만 고속열차나 여객기의 계기판이 오작동 한다면 사정이 달라진다. 비행조정의 대부분이 자동화되어 있지만, 여전히 대형사고가 일어난다. 계기에 지나치게 의존한 나머지 긴박한 상황 변화에 제대로 대응하지 못했기 때문이다.

미국 여성 최초 해군 전투기 조종사이자 듀크대학 인체공학연구소장인 메리 커밍스는 전장에서 일어난 사례를 통해 자동화의 문제점을 지적했다(Cummings et al., 2010). "토네이도 GR4 전투기가 2003년 3월 23일 미군진영에서 패트리어트 미사일에 맞아 격추당했다. 그 후 며칠이 지난 4월 2일, 임무를 수행하고 기지로 돌아오는 미 해군 F/A-18 전투기가 또 다른 패트리어트 미사일의 요격으로 격추 당했다. 이 미사일 시스템이 기술적으로나 운영상으로나 문제가 많다고 알려져 있었음에도 불구하고, 미군이 미사일 방어 시스템을 100% 신뢰하고 있었다는 것은 아이러니다."

런던 시립대학 계산과학 전문가인 유지니오 알베르디와 동료 연구진은 방사선 영상을 판독하는 과정에서 자동화 도구가 주는 신호에 지나치게 얽매인 나머지 의료전문가들이 유방암을 오진하는 행태를 다음과 같이 분류하였다(Alberdi et al., 2009). 첫째, 외형적인 진단결과를 과신한다. 최종 판단을 좌우하는 결정적인 단서를 채택하는 단계에서, 자신의 분석보다 자동화 도구가 주는 신호에 더 많이 의지한다. 둘째, 주관적 판정을 좌우하는 임계 기준값을 높여 놓아서, 자동화 도구가 신호를 주지 않을 때는 웬만한 상황에서도 위기의식을 느끼지 못한다. 셋째, 자동화 도구가 조그만 징후에도 예민하게 반응하도록 설계해 놓아서, 과잉 진단 빈도가 늘어난다.

기상분야에서도 영상 판독은 분석 과정의 일부다. 특히 많은 비나 눈, 강풍을 동반한 비구름이 접근할 때는, 기상레이더나 기상위성의 이미지와 동영상을 판독해서 위험기상의 선행지표를 찾아낸다. 하지만 앞서 방사선 영상 해석과정과 마찬가지로, 기상 영상에도 여러 종류의 잡음이 섞여 있다. 정상 상태를 위험 신호로 오인하거나, 위험 신호를 간과하는 경우가 있다. 일례로 기상위성 영상을 판독하여 황사를 탐지하는 과정을 살펴보자.

황사는 대기 중에 떠 있는 작은 모래 알갱이로 구성되어 있다. 황사에 가시광선을 쬐면 반사하는 성질을 이용해서 황사의 범위와 강도를 추정할 수 있다. 야간에는 햇빛이 가려지므로 황사입자가 방출하는 적외선을 감지해야 한다. 같은 온도라도 황사 입자와 주변 먼지 입자는 각각 방출하는 적외선 성질이 달라진다. 서로 다른 적외선 채널 영상을 비교하면 황사를 간접적으로 추정할 수 있으나, 추정 오차가 크다. 그럼에도 불구하고 야간에는 다른 관측 자료를 구하기도 어렵기 때문에 기상위성 영상에 많이 의존하게 된다. 2007년 봄에는 중국북부와 내몽골 지역에서 황사가 자주 우리나라 쪽으로 이동해 오면서, 국내 지상관측망에서는 엷은 황사현상이 자주 기록되었다. 적외선 채널 위성영상에서도 황사와 비슷한 패턴이 자주 나타났다. 수치 모델에서도 기압골이 접근하며 황사 먼지가 유입할 가능성을 보였다. 그래서 기압골이 통과할 때마다 황사가 유입할 것으로 예보했으나, 실제로는 농도가 매우 약해 결과적으로 과잉 예보가 되어 버린 적이 있었다.

한편 기상전문가들은 예상 강수량을 판단할 때, 수치모델에서 계산

사람과 기술의 협업

한 예측 강수량을 많이 참작하는 편이다. 모델에서 다루는 강수 물리 계산과정은 자연에 비해 매우 단순하다. 계산과정에 인위적인 매개변수를 도입하여 자연과의 간극을 메운다. 그러다 보니 모델의 예측 강수량에는 미소한 잡음이 많이 섞여 나타난다. 불가불 최소 기준값을 설정하여 이보다 작은 강수량은 예상도상에 나타나지 않도록 처리하는 것이 관행이다. 통상 일 강수량 0.1∼0.5㎜를 최소 기준값으로 사용한다.

보통 때 같으면 이러한 영상처리 방식이 호우나 대설과 같이 위험한 강수패턴을 빠르게 식별하는 데 도움이 된다. 하지만 겨울철의 약한 눈이나 봄·가을철의 이슬비는 일 강수량이 1㎜(적설은 1㎝)만 되더라도 상당한 사회적 영향을 미친다. 이같이 예민한 기상상황에서는 모델의 강수 예상도에 그려 내는 최소 강수량의 기준값을 얼마로 설정하느냐에 따라 모델이 제시하는 신호를 잘못 판독할 수 있어서 주의가 필요하다.

컴퓨터의 한계

컴퓨터는 현대 일기예보의 중요한 지식도구이다. 대기운동과 상태의 변화를 수치적으로 모의하는 컴퓨터의 성능도 그동안 꾸준히 향상되어 왔다. 최근 강수유무에 대한 예보 정확도가 높아진 것도 상당 부분 수치 모델이 제공하는 각종 분석 자료의 품질이 향상된 덕분이다. 그럼에도 불구하고 수치 모델의 예측결과들은 여러 측면의 오류가 함께 섞여 있어 경계해야 한다. 강수 강도나 시점에 대한 예보 정확도도 조금씩 나아지고 있기는 하나, 기온이나 강수 유무의 예보정확도에 비하면

갈 길이 멀다.

영국기상청의 수석예보관 이웬 멕켈런도 지적한 바와 같이, 안개나 하층운과 같이 지면 부근의 경계층에서 일어나는 각종 국지적인 기상현상들도 예측하기 어렵기는 마찬가지다(McCallum, 2004). 현상의 배후에 작용하는 과학적인 원리도 미완성이기 때문이다. 하물며 지면 부근에서부터 고공의 성층권에 이르기까지 연직으로 깊은 운동계를 다루는 기후변동 현상들은 더 말할 나위 없다. 기상학자 데비드 브런트의 얘기를 직접 들어 보자(Brunt, 1934). "빛이 투과하는 방식으로 에너지를 전달하는 과정은 매우 복잡하다. 바람에 의한 열의 공간 전파, 구름과 복사파와 대기 순환계가 상호작용하는 방식도 아직 밝혀지지 않은 부분이 적지 않아, 대기대순환의 이론을 통일하기란 불가능에 가깝다."

칼 포퍼는 모델의 한계가 과학의 방법이 갖는 근원적인 속성에서 연유한 것이라고 지적한다(Popper, 1982). "과학적 방법은 단순한 이론을 가지고 세계를 기술하고자 시도한 결과다. 이론이 복잡하면, 설령 그 이론이 현실을 잘 대변한다 해도, 타당성을 입증하기 어렵다. 과학이란 체계적으로 단순화하는 기술이다. 학문적 이득을 위해서 불필요한 부분을 제거하는 기술이다." 컴퓨터에서 구동하는 예측 소프트웨어 또는 모델은 현실을 이상화하거나 단순화한 모조품으로서, 현실과는 거리가 있다.

수치 모델은 특히 극단적인 현상을 설명하거나 예측하는 데 한계가 있다. 런던 경제학 스쿨의 철학과 교수인 로만 프리그와 쥴리언 레이스는 컴퓨터가 처리하는 단순한 계산과정의 문제점을 지적했다(Frigg and Reiss, 2009). "시뮬레이션 결과는 범용성을 잃게 된다. 이를테면 이론적

　　　　　　　　　　사람과 기술의 협업

해에 나타나는 두 갈래 분기점(bifurcation)도 수치해에서는 찾아보기 어렵다. 이론적 법칙이 갖는 연역적 확실성도 수치해에서는 보장할 수 없다." 게리 알란 파인도 기상전문가들이 예보하는 과정을 면밀하게 분석하면서, 컴퓨터 모델의 한계를 다음과 같이 꼬집었다. "날씨는 혼란한 운동으로 차 있는 복잡 시스템이다. 그래서 이 시스템을 설명하는 이론이나 모델도 완벽할 수 없다. 모델은 의사 결정하는 데 도움을 주는 전문가 시스템이다. 모델은 지식을 열망하는 권위 있는 전문가들에 의해 비록 만들어지기는 했지만, 그들이 사용한 지식이나 자료도 불완전한 것이었다."

실무적인 관점에서 보면, 더 애매한 문제가 드러난다. 운동의 규모가 작아지면 계산자원의 한계로 인해 이 운동계를 자세히 다루지 못하고, 대신 큰 운동계에 미치는 효과만을 단순한 매개변수와 함수로 표현하게 된다. 매개변수의 값은 실험을 통해서 사전에 결정하지만, 모델의 예측 편차가 발생하면 이를 줄이는 방향으로 매개변수값을 사후에 보정(tuning)하는 것이 기후모델 학계에서는 흔히 일어나는 관행이다. 런던대학 과학기술정책학 교수인 아서 피터슨은 이를 "불량 경험주의"라고 비판한 바 있다(Petersen, 2000). "우량 경험주의는 … 모델을 시험할 때 매개변수값을 고치지 않는다. … 불량 경험주의는 모델의 결과가 가용한 관측과 가능한 한 합치하도록 인위적으로 매개변수값을 보정하도록 허용한다. 그 결과, 모델의 예측력에 대한 신뢰를 떨어뜨린다."

유체역학 방정식에 기본을 둔 예측 소프트웨어는 통상 수십만 줄의 컴퓨터 명령어로 구성되어 있다. 이것들은 수십 년에 걸쳐 여러 전문가 손을 거쳐 개량에 개량을 거듭한 결과물로서, 진화중인 생물이나 다름

없다. 일례로 영국기상청에서는 수백 명의 전문가가 한 팀이 되어 거대 소프트웨어 연구에 참여하고 있다. 문제는 유체역학 방정식을 수치해석하는 알고리즘도 완벽한 것이 아니고, 다시 컴퓨터 명령어로 번역하여 소위 코드화(coding)하는 작업 과정에 오류가 끼어들 여지도 적지 않다는 점이다. 더욱이 수많은 사람이 조금씩 개발하여 짜 맞추는 동안에도 서로 손 발이 맞지 않아 오류가 생길 수 있다. 거대 소프트웨어의 오류를 찾아내는 것 자체가 큰 숙제다. 이 때문에 통상 이론에 기초하여 다양한 검증 절차를 마련해 둔다(Pace, 2004). 매번 시험이 통과할 때마다 그만큼 소프트웨어의 완성도는 높아지지만, 이 역시 무한히 반복할 수는 없는 노릇이므로, 100% 완성도는 보증할 수 없다. 오히려 꾸준히 오류를 찾아내어 시정해 가는 과정에 만족해야 하는 것이 현실이다.

그뿐만 아니라 거대 소프트웨어는 개발하는 연구기관끼리도 상호 호환하거나 협업하는 데 한계가 있다. 여러 개가 병존할 수밖에 없고, 선택의 다양성과 불확실성이 따른다. 거대 소프트웨어는 원자력 발전소에 비유할 수 있다. 원자력 발전소는 과학기술 단위체로는 가장 많은 부품을 사용하는 거대 플랜트라고 한다. A 플랜트 제작회사의 a 부품을 B 플랜트 제작회사의 b 부품으로 교체하려면 양 회사 간에 부품을 표준화하는 합의가 선결되어야 한다. 만약 부품을 교체하는 데 그치지 않고, 발전소의 주요 공정을 대체하고자 한다면 어떻게 될까? 이러한 부분 대체 작업은 차라리 발전소 전체를 대체하는 것보다 더욱 어려울 수 있다.

거대 소프트웨어도 마찬가지다. 마이크로소프트의 "윈도우" 운영체제 내부의 중요 모듈을 애플사의 모듈로 대체하는 작업 역시 매우 어려

사람과 기술의 협업

운 작업이 될 것이다. 기상 예측 소프트웨어도 거대 소프트웨어의 일종이다. 영국기상청에서는 최근 수치모델의 핵심 엔진에 해당하는 모듈을 차세대 형으로 대체하려는 계획을 추진한 바 있다. 자기들이 만든 소프트웨어인데도, 5~10년 이상의 장기 프로젝트로 진행하고 있다. 만약 타 기관이 개발한 소프트웨어로 대체해야 한다면 훨씬 많은 시간이 걸릴 것이다. 그래서 거대 소프트웨어는 내부적으로 코드의 오류를 지속적으로 줄여 가야 하는 숙제 외에도, 여러 거대 소프트웨어가 병존하면서 필연적으로 대두되는 예측결과의 다양성과 불확실성의 한계를 태생적으로 안고 있는 셈이다.

자동화의 함정 ”

신뢰의 문제

메리 커밍스와 단 모레일은 무인비행기를 예로 들어, 자동화와 신뢰의 관계를 보여 준다(Cummings and Morales, 2005). "전투기 조종사들은 공격적인 전장 환경에서 무인비행기의 역할을 인정하는 데 유난히도 인색하다. 무인비행기가 유인조종사를 대신할 수는 없다고 확신하기 때문이다. A10 전투기 조종사는 같은 편대에 소속한 동료조종사에 대한 믿음과 존경심을 갖고 있다. 같이 훈련 받고, 같이 일하고, 같이 싸워 왔기 때문이다. 하지만 무인비행기와 이러한 연대의식을 갖기는 어렵다." 핸드릭 테네크스도 비슷한 주장을 편다(Tennekes, 1988). 아무리 자동화가 진전되더라도, 위험 기상이 닥쳤을 때 주민의 생명과 재산을 지켜 주는 것은 기계가 아니라 책임감과 열정을 가진 전문가라는 것이다. 그러면서 다음과 같은 질문을 던진다. "컴퓨터가 무인으로 작동하는 여객기에 누가 탑승하겠는가?"

자동화 시스템과 사람의 신뢰관계는 상황에 따라 달라진다. 시스템이 실패한 전례가 있다면 신뢰도는 떨어진다. 또한 언제 실패했느냐에 따라 신뢰도도 달라진다. 시스템의 실패 직후에는 신뢰도가 급격히 떨어진

사람과 기술의 협업

다. 그러다가 자동 감시도구가 별 문제없이 작동하면 수동으로 감시할 때보다 능률이 오르고 실수도 줄어든다. 시스템이 정상적으로 작동하는 기간이 늘어나면서 신뢰감도 서서히 상승한다. 그러나 육안으로도 확실한 증거가 있음에도 불구하고 시스템이 상황관리에 치명적인 신호를 놓치거나 제때 알려 주지 않는다면, 운영자가 실수하는 빈도는 급격하게 증가한다. 그리고는 시스템에 대한 신뢰도는 다시 떨어진다(Skitka et al., 1999).

메리 커밍스도 자동화 시스템의 성능에 따른 신뢰도의 문제를 다음과 같이 지적한다(Cummings et al., 2010). "시스템이 거짓 경보하는 횟수가 많아지면 그 폐해는 경보 시점을 놓치는 것보다 더 큰 문제를 불러올 수 있다. … 그래서 의사결정을 지원하는 시스템의 성능이 70% 이하로 떨어지면, 비용을 감당하기 어렵다는 보고도 있다."

국내 수치예보 기술이 아직 걸음마 단계에 머물렀던 1980~1990년대 기상청 예보 전문가들은 자기들의 주관적인 능력에 대한 자부심이 대단했다. 그러면서 컴퓨터로 분석한 수치예상도는 거들떠보지도 않았다. 수치모델이 내일 모레의 예상 강수량을 제대로 예상하지 못할 거라는 생각이 지배적이었기 때문이다. 한마디로 모델의 예측 결과를 신뢰하지 않았던 것이다. 1990년대 이후 슈퍼컴퓨터가 기상청에 도입되면서부터 국내 수치예보 기술은 급격하게 발전하였다. 하지만 초기에는 모델의 성능이 불안정하여 종종 오보를 불러오는 요인이 되었다. 대표적으로는 2007년 1~2월 수차에 걸친 대설 과잉 예보를 들 수 있다.

그해 봄을 맞을 때까지 겨울 내내 예년보다 따뜻한 기간이 이어졌다. 게다가 우리나라를 지나는 기압골의 세력과 동반한 강수 강도도 약했다. 수치모델은 일반적으로 약한 시스템을 모의하는 능력이 강한 시스템보다 떨어진다. 기압골이 접근할 것으로 모델이 예측할 때마다, 기압골이 통과하는 시점에서 눈이 내릴 것으로 예보 했다. 그러나 실제로는 비가 내린 것이다. 수치 모델이 예상한 지상 부근 기온이 음의 편차를 보이면서, 비 대신 눈으로 잘못 계산한 것이다.

빈번한 눈 예측 실패가 이어지면서 수치모델에 대한 신뢰는 더욱 떨어졌다. 이듬해 최신 수치모델을 영국에서 새로 도입하면서 수치 모델의 성능은 획기적으로 향상되었으나, 실제 예보현장에서 수치 모델이 다시 신뢰를 얻기까지 몇 년을 더 기다려야 했다.

자동화 비율

조지메이슨대학 심리학과 교수인 라자 파라수라만과 동료 연구원인 빅터 릴리는 자동화 시스템과 협업하는 사람의 문제를 세 가지 유형으로 구분하였다(Parasuraman and Riley, 1997). 첫째, 자동화의 이점을 충분히 활용하지 않는다. 컴퓨터가 보내온 위험 신호를 무시한다. 둘째, 자동화에 지나치게 의존한다. 자신의 판단보다 컴퓨터의 분석 결과를 지나치게 믿는다. 셋째, 자동화 기술을 남발한다. 사용자의 요구 조건, 업무 효율에 미치는 영향, 시스템을 다루는 능력을 충분히 고려하지 않는다.

자동화 시스템을 지나치게 믿어도 문제지만, 반대로 경시해도 문제다. 시스템에 지나치게 의지하면 상황 변화에 둔감해지지만, 시스템에 무관심하면 업무 효율성이 떨어지기 때문이다. 유지니오 알베르디와 동료 연구진은 자동화 비율에 따라 시스템의 안전수준이 달라진다고 보았

사람과 기술의 협업

다. "자동화 시스템은 운영자가 상황을 감시하는 데 필요한 자문 정보를 제공한다. 주의하라는 신호, 사전 검열한 경보, 진단 분석, 운영 권고사항 같은 것들이다. 이것들은 운영자가 특이 상황에 대응하거나 고도의 결단을 내릴 때, 판단작업을 돕는다. 자신의 판단능력에 비해 컴퓨터가 제시하는 자문정보를 얼마나 수용하느냐에 따라 시스템의 안전과 신뢰 수준이 달라진다. … 성능이 떨어지는 자동화 시스템을 믿게 되면, 자동화에 따른 편견이 생겨난다. 같은 논리로 성능이 뛰어난 시스템을 믿지 않는다면 자동화의 효과를 충분히 보기 어렵다. … 자동화 오류의 인지, 자동화 시스템의 일관성, 자동화 정보의 적합성이 자동화 시스템에 대한 운영자의 신뢰에 영향을 미친다."

자동화의 비율을 너무 낮추면 정보 과잉으로 생각해야 할 요소가 늘어나 판단에 장애가 된다. 또 반대로 자동화의 비율을 너무 높이면 자동화 시스템이 오작동 했을 때 대안이 없어 치명적인 실수를 유발한다. 네이트 실버는 양 극단의 사례를 제시한 바 있다(Silver, 2012). 미국 프로야구 전문가들은 주관적 판단에 지나치게 의존하여 승률 예측에 실패한 데 반해서, 부동산 담보 증권을 지원한 이론가들은 컴퓨터 모델결과를 지나치게 믿은 나머지 위험 수준을 터무니없이 낮게 평가하는 오류를 범했다는 것이다.

컴퓨터를 활용한 수치예보 기술이 발전해 온 과정에도 자동화가 예보 판단에 차지하는 비중을 놓고 많은 변화를 겪었다. 모델의 성능이 형편없었던 1980~1990년대만 하더라도 일기도를 직접 분석하고 단기 예보 기법을 독자적으로 체득한 예보 전문가들이 제법 있었다. 하지만 2000년대 후반에 들면서 기상청의 수치예보 자료 품질이 세계 수준으로 높아지자, 젊은 예보관들 사이에서 수치 모델이 계산한 자료에 의존하는 경향이 점차 심해졌다. 그러다 보니 수치예측 결과와 실황의 차이가 벌어지는 상황에서도 위험 기상에 미리 대비해야 할 타이밍을 놓치는 경우도 있었다. 한편 선임 예보관들은 자신의 판단을 확신한 나머지, 예전에 보기 힘든 이례적인 기상상황에서도 모델이 제시하는 신호를 간과하여, 난감한 처지에 놓인 적도 있었다.

자동화의 암

메리 커밍스가 인용한 다음 여객기 착륙 사고는 자동화 시스템에만 지나치게 의존해서 빚어진 극단적인 사례다(Cummings et al., 2010). "미국 AA965 여객기가 1995년 12월 20일, 플로리다 마이애미에서 콜롬비아의 칼리로 날고 있었다. 일정보다 너무 오랜 시간이 지연되어 출발했기 때문에, 승무원들은 칼리에 접근하자 당초 계획을 수정하여 예정에 없었던 착륙 항로를 선택했다. 익숙하지 않은 항로였다. 칼리의 첫 철자를 입력하자 자동항법장치는 다음 착륙 장소를 정확하게 안내했다. 다만 컴퓨터가 제시한 첫 번째 안내항로를 기장이 아무런 의심 없이 받아들인 것이 실수였다. 칼리 북동쪽으로 132마일이나 떨어진 곳이었는데도 … 불행하게 칼리로 접근하는 길목에는 산들이 둘러싸여 있었고, 여객기는 너무 낮게 날았다. 이 보잉 757기에 탑승한 승객 중 4명만 살아남았다. 이 사고의 원인은 명백하게 기장과 부기장이 보여 준 자동화 편견 때문이다. … 복잡성이 증가하면 판독 작업에 더 많은 노력이 든다.

사람과 기술의 협업

또한 불확실성이 증가하여, 사람과 기계 모두 효율성이 떨어진다."

칼슨 경영대학 조직행동학 교수 테레사 글롬과 연구진은 자동화의 문제점을 다음과 같이 지적했다(Glomb et al., 2011). "자동화가 진전되면 빠르게 정보를 처리하고 반응할 수 있어서 생존력은 높아지지만, 동시에 현재 상황에 대한 지각과 경험이 제한되기 때문에 결과적으로 좋지 않은 결과를 초래한다. 즉, 현재 순간의 상황을 종합적으로 경험할 수 있는 능력을 빼앗아 간다는 것이다." 사람의 역할과 학습능력을 염두에 두지 않고 자동화를 지나치게 추구하다 보면, 창의적인 사고활동과 문제해결 능력이 위축될 수 있다.

미국기상청의 기상전문가 닐 스튜어트와 데이비드 슐츠는 심리학자인 게리 크레인의 도움을 받아, 자동화가 숙련된 전문가에게 미치는 폐해를 조사한 바 있다(Stuart et al., 2007). "정보 통신도구는 경험이 부족한 전문가에게는 작업 시간을 절약하고 작업 수준을 높여 주는 수단이 된다. 반면 경험이 풍부한 전문가들은 스스로 자료를 분석할 수 있는 역량을 갖고 있음에도 불구하고, 자동화 도구에 익숙해지다 보면 자신만의 방법에서 점차 유리된다. 상황을 적극적으로 탐색하기보다는 수동적으로 반응하고 유연성도 떨어지게 된다." 컴퓨터가 그려 낸 수치예상 일기도에 먼저 익숙해지면, 자동화에 매몰되어 자신만의 예측기술을 축적하기 어렵다. 예측에 실패했을 때에도, 수치 모델의 알고리즘을 속속들이 알기 전에는 그 원인과 해법을 찾기도 어렵다. 미국 기상학자 레오나르도 스넬만은 이러한 자동화의 폐해를 "기상학적 암(meteorological cancer)"이라고 명명하고, 경각심을 가질 것을 주문한 바 있다(Snellman, 1977).

국지성 호우 전문가인 찰스 도스웰과 로버트 매독스도 자동화가 기상분석에 미치는 문제점을 다음과 같이 지적한다. "컴퓨터가 계산한 예측 분석 결과를 비롯하여 자동화 시스템이 제공하는 정보에 익숙해진 나머지 전문가가 기상자료를 소홀히 다룬다면, 대기 구조와 운동을 이해하는 데 필요한 직관적 판단능력을 계발하기가 더 어려워 질 것이다." 컴퓨터를 기반으로 한 자동화의 문제는 종종 방심할 때 나타난다. 자동화 계기를 지나치게 믿은 나머지 비판적인 사고가 무뎌진 때이다. 자신의 판단에 몰입하거나 도취해 있을 때, 자동화의 편견도 심해진다. 수치모델에 대한 신뢰가 높은 여건에서, 갑자기 기후 패턴이 달라질 때 이런 경향이 농후하다. 모델의 예측 편차가 커지면서 자동화의 편견도 심해지기 때문이다.

앞서 예로 든 것처럼, 전년에 모델이 눈을 잘 예측했다면 모델에 대한 믿음이 높아진다. 그런데 전년과 달리 비정상적으로 따뜻한 겨울 날씨가 이어진다면, 새로운 기후에 적응하지 못하고 계속 비 대신 눈을 예보하는 오류를 범하기 쉽다. 또 다른 예로, 지난여름 체계적으로 지나가는 기압골에 동반된 호우를 비교적 모델이 잘 예측했다고 하자. 예보전문가는 이것을 기억하고 모델에 대한 믿음이 지나친 나머지, 기후가 변해 국지적인 스콜 형태의 호우가 이어지는 데도 모델의 예측자료를 과신하여 낭패를 볼 수도 있다.

미국 기상청은 2015년 1월 뉴욕시의 적설을 과잉예보하고, 뉴욕시는 불필요하게 지하철을 폐쇄하여 사회적으로 비난을 산 바 있다. 당시 수치모델별로 뉴욕의 적설 예측결과는 판이하게 달랐다. 유럽의 수치모델은 뉴욕에 90㎝ 이상의 적설을 보인 반면, 미국의 수치모델은 훨씬 작은 적설량만을 보인 것이다. 지난겨울 초입 허리케인 샌디가 내습했을 때, "유럽 수치모델이 제시한 경로가 정확했기 때문에 미국기상청 전문가들은 이번 적설예보에서도 유럽 수치모델을 더 많이 참고한 것이 과잉예보의 원인이었다."고 월스트리트 저널은 지적한 바 있다(Hotz, 2015).

이처럼 수치모델이 제시한 자료는 항상 실패할 수 있는 개연성이 있음에도 불구하고, 그 모델이 최근 보여 준 예측 성적이 우수하면 은연중에 그 모델의 결과를 의심 없이 받아들이게 되는 것은 어찌할 수 없는 사람의 약점이다. "자동화의 암"을 피하기 위해서는 비판적으로 사고하는 습관이 중요하다. 컴퓨터의 계산 결과를 보기 전에 먼저 스스로 생각하는 습관을 길러야 한다. 기상청에서 퇴직한 베테랑 예보관들이 후배 예보관들에게 기상 상황에 대한 입체적인 개념도를 머릿속에 미리 그려 보라고 권유하는 것도 이 때문이다.

정보의 과다

상황이 복잡해서 정보가 부족하거나, 정보는 충분하다 하더라도 상황이 긴급하게 전개되어 분석할 시간이 없을 때, 자동화의 편견도 심해진다. 유지니오 알베르디와 동료 연구진은 자동화의 편견을 세 가지 유형으로 구분하여 각각의 특성을 설명하였는데(Alberdi et al., 2009), 일기예보 업무에도 시사한 바가 적지 않다.

첫째, 조사범위가 좁아 가능한 모든 요인을 조사하는 데 실패한 경우다. 기압골이 통과한 후에 날씨가 빠르게 호전되는 상황에서 모델도 강수를 예측하지 않았다면 방심하기 쉽다. 때로는 기압골 후면에서 상층 한기가 남하한 후, 낮이 가까워지면서 일사가 지면을 달구면 연직 불안정도가 심해져 낮은 적운이 발달한다. 이 점을 미리 염두에 두지 않으면, 한낮에 내리는 소나기를 미리 예보할 수 없을 것이다.

둘째, 시간이 촉박하거나 전례 없는 상황이 닥치면서 분석 부담이 빠르게 증가하는 경우다. 이런 때는 상황을 지배하는 단서들을 충분히 조사하기 어렵다. 여름철 고기압 가장자리에서는 대기가 불안정하기는 하지만 언제 어디서 소나기가 내릴지 미리 예상하기 쉽지 않다. 지상 강수량이 빠르게 증가하면, 위성 영상과 레이더 실황을 살피면서 호우주의보를 발표하기도 한다. 그러나 국지적으로 매우 작은 호우세포가 단시간 동안 발달하는 경우에는 레이더 영상으로 확인하기도 쉽지 않아, 자동으로 측정되는 지상 우량계만 믿고 호우주의보를 냈다가 나중에 우량계가 오작동한 것으로 밝혀져 호우주의보를 철회하는 해프닝도 일어난다.

셋째, 컴퓨터가 계산한 자료 외에는 믿을 만한 정보를 확보하기 어려운 경우다. 이런 때는 그 자료가 미덥지 않더라도 참고하지 않을 수 없어서 판단을 그르칠 가능성이 높아진다. 태풍이 중위도로 북상하며 해수온도가 낮은 구역으로 이동하게 되면, 나선형의 바람구조가 점차 와해되며 위성영상으로도 중심 위치를 분석하기가 용이하지 않다. 특히 야간에는 가시채널 위성영상을 확보할 수 없어, 분석의 불확실성은 더욱 커진다. 때로는 태풍이 지형이나 다른 기상요소와 상호작용하며 급격하게 경로를 변경하기도 하는데, 이런 때는 태풍 예상경로가 실황에서 크게 벗어나기도 한다.

한편 상황 정보가 너무 많아도 자동화 시스템의 오류를 비판적으로 찾아내기 어렵다. 메리 커밍스는 원전사고를 예로 들며 과잉 정보의

사람과 기술의 협업

문제를 지적하였다(Cummings et al., 2010). "미국 역사상 가장 심각한 원전 사고가 1979년 3월 28일 펜실베니아 주 미들타운시 스리마일 아일런드에서 일어났다. … 밸브가 작동하지 않아 냉각수가 급감하고 핵연료 봉이 과열된 것이다. 원자로 내에는 냉각수의 량을 직접 측정하는 계기가 없었다. 그래서 가압기의 냉각수량에서 원자로의 내부 냉각수량을 간접적으로 추정했다. 이와 결부되어 일어난 일련의 판단 착오로 문제가 걷잡을 수 없이 커졌다. 단시간 내에 수백 건의 비상벨과 경고메시지가 울려댔다. 운영자들은 감당할 수 없이 쏟아지는 각종 정보에 짓눌려 넋을 잃었다."

매일 슈퍼컴퓨터에서 생산하는 수십만 장의 분석 일기도는 예보전문가가 감당하기에는 벅찬 수준이다. 주로 참고하는 몇몇 수치예보모델들이 상반된 예상 시나리오를 제시하거나, 특보 판단과정에 참여한 전문가들이 상이한 전망과 조치방법을 제안한다면, 긴박한 상황에서 효과적으로 대응하기 어렵다. 일단 문제가 터지면 사정은 더욱 악화된다. 보고라인을 통해 소통하는 빈도와 자료량이 늘어나고, 신문사와 방송사의 문의나 인터뷰 요청도 쇄도한다. 정부 부처나 유관기관과 상황과 대응과정을 공유하는 업무도 많아진다.

상황 대응이 잘못되거나 의혹이 커지면 외부기관의 감사에도 대비해야 한다. 일련의 과정이 순식간에 일어나고, 사태가 악화될수록 전문가가 예보 판단과 분석에 투입할 수 있는 시간은 빠르게 줄어든다. 심할 경우, 분석에 투자하는 시간이 평소의 10분의 1 이하로 떨어진다. 이런 상황이라면 평소에 다루는 자료량이라도 소화불량이 될 만큼 과다하게 느껴질 수 있다.

유연성과 기술 수용 ”

적응력을 가진 모델

자동화의 편견을 피하기 위해서는 자동화 시스템의 신뢰수준을 높여야 한다. 의사결정 과정에서 자동화 시스템이 처리하는 작업과, 사람이 개입하여 판단하는 작업이 차지하는 비율을 적정하게 유지하고, 평소 교육훈련을 통해 자동화 시스템이 실패할 경우에 대비한 대응 수단을 확보해 두어야 한다.

일기예보에서 자동화 시스템의 신뢰 수준은 예측 기법의 설명 책임과 구조화 정도에 따라 달라진다. 예측 과정을 객관화하여 절차와 검증 결과를 공개하면, 예보에 대한 믿음도 커진다. 유체역학에 기반을 둔 수치모델을 이용하여 미래의 기상상태를 예측하는 계산과정은 컴퓨터의 힘을 빌려 처리할 수 있다. 수치모델을 이용하면 분석자의 이해관계를 떠나 독립적인 분석이 가능하며, 주관적인 편견을 줄일 수 있다. 또한 모델의 하부 요소들은 물리 법칙에 의해 상호 관련되어 있어서, 구조적인 분석과 예측이 용이하다(Armstrong, 2001a).

이를테면 강수는 기온, 수증기, 바람과 물리적으로 맞물려 있다. 비가 오거나 바람이 강하면 최고기온은 떨어지고 일교차도 줄어든다. 하

사람과 기술의 협업

층 강풍, 수증기 유입량, 연직대기 안정도, 지상저기압의 발달 정도를 비롯하여, 호우를 유발하는 개별 요인의 발생 확률을 먼저 따져 본 후에 이를 합산하면, 집중호우가 발생할 확률을 종합적으로 계산할 수 있다. 이렇게 요소 분석을 선행한다면, 호우예보가 적중했을 때 신뢰감이 높아지고, 만일 실패하더라도 원인 분석이 용이하여 체계적으로 보정할 수 있다.

하지만 수치모델도 자연계의 복잡한 현상을 이해하기 위한 개념 틀에 불과하기 때문에, 모델에서 예측하는 내용이 현실과 다를 수 있다는 것은 당연하다. 어떻게 하면 상황에 따라 유연하게 모델과 현실의 차이를 효과적으로 줄여 갈 수 있는 예측 시스템을 갖출 수 있는가가 관건이다.

수치모델과 통계모델의 하이브리드

전문가의 주관적 판단(judgement forecast)에 따라 예측오차를 보정하는 방법은 별반 효과가 없다고 알려져 있다. 통계적 방법을 이용하면 객관성을 확보하는 데 도움이 된다(Makridakis and Taleb, 2009). 수치모델은 결정론적 법칙에 기초하고 있어서 경직적이지만, 통계모델과 결합한 하이브리드(hybrid) 접근방식을 취함으로써 유연성을 확보할 수 있다. 즉, 유체에 관한 역학적 수치모델을 통해 일차적으로 예측자료를 생산한 다음, 통계적으로 예측 편차를 보정하는 것이다.

예측 편차를 보정하는 과정은 다음과 같다. 먼저 구체적인 현실에서 채취한 자료와 모델의 예측결과를 비교하여, 모델의 예측오차를 구한다. 그다음, 모델의 예측오차의 계통적 특성을 분석하여, 모델 예측 오차를 보정하기 위한 통계 규칙 또는 통계 모델을 설계한다. 통계모델에 예측결과를 입력하면, 모델의 체계적 예측 오차 성분을 걸러낼 수 있다.

통계적 기법은 필연적으로 현실의 오돌토돌한 국면을 평활하게 재구성하는 속성을 갖는다. 오랜 기간의 자료를 분석하여 보편적인 속성을 찾다 보니, 극단적인 변동성을 완화하는 방향으로 수치모델의 예측오차를 교정하게 된다. 종종 위험기상 현상의 강도를 과소평가하는 편향성을 갖는다. 다음에 소개하는 사례도 통계적 보정기법의 한계를 드러낸다.

2012년 12월 8일 밤, 기압골이 접근하며 눈 구름대가 서해상에서 내륙으로 진입했다. 다음 날인 9일 아침에는 기압골이 통과하며 날씨가 개었다. 풍향도 북서풍으로 전환하여, 찬 공기가 북서쪽에서 내려왔다. 최저 기온은 전날보다 하강했다. 문제는 그다음 날인 10일 아침 최저기온에서 나타났다. 기압계가 호전하면서 통계모델에서는, 아침 기온이 더 이상 하강하지 않을 것으로 예측했다. 그런데 남부 내륙지방에서는 야간에 지면이 대기 중으로 열에너지를 빼앗기면서 전날보다 2~3도 이상 더 떨어진 것이다. 일 평균기온은 상승하는 국면에서, 통계적 기법의 특성 때문에 국지적인 기온 하강 폭을 충분히 끌어내리지 못한 것이다.

한편 통계모델을 도입할 때, 과학이론의 도움을 받아 종속 변수를 선택해야 통계수치의 오류를 피할 수 있다. 기상 자료에는 흔히 다양한 종류의 잡음이 섞여 있는데, 잡음이 통계분석에 쓰이면 과대 적합(overfitting)의 함정에 빠지기 쉽다. 이러한 문제는 선형 함수보다는 지

사람과 기술의 협업

수 함수적으로 급격하게 변동하는 현상에서 더욱 심각하다. 네이트 실버는 2000년대 들어 미 캘리포니아 파크필드, 모자브 사막, 인도네시아 수마트라 지역에 대해 각각 대지진이 예고되어 세인의 관심을 끌었으나, 후일 오보로 판명되었던 사례를 들었다(Silver, 2012). 그러면서 신호 대신 잡음을 분석에 사용한 것이 오보의 주 원인 중 하나라고 보았다.

스피로스 마크리다키스도 복잡한 통계모델이 단순한 통계모델보다 예측 성능이 오히려 떨어지는 사례를 조사했다(Makridakis et al., 2010). 복잡한 모델이 과거 기록에서 실재하지 않는 패턴을 찾으려 하는 반면, 단순한 모델은 그러한 인위적인 패턴에 매몰되지 않고 큰 흐름을 충실하게 반영하기 때문에 이러한 역설이 성립한다는 것이다. 많은 정보를 취급하다 보면 불필요한 정보가 끼어들 여지가 많고, 잡음이 예측오차 상관분석에 사용되어 예측 정확도가 떨어진다(Armstrong, 2001a). 종속 변수를 지나치게 늘려 잡아도, 비슷한 문제를 유발한다.

이에 대해 메릴랜드대학 경영학 교수인 갈릿 쉬뮤엘리와 에라스무스대학 경영학 교수인 오토 코피우스도, 예측력을 높이려면 설명력을 희생할 수밖에 없다고 보았다(Shmueli and Koppius, 2011). "설명력과는 대조적으로 통계적 유의성 검사는 예측력을 높이는 데 별 도움이 되지 못한다. … 설명력이 떨어지는 예측 인자를 무시해 버리면 오히려 예측력은 좋아지는 경우가 있다."

예측 오차는 검증 지표로 측정하게 되므로 어떤 검증 지표를 사용하느냐에 따라 오차 특성도 달라지고, 결국 오차 상관분석에도 영향이 미친다. 최소제곱오차나 공분산 같은 단순한 통계지표에 지나치게 매달리면, 앞서 지적한 바와 같이 설명력만을 지나치게 내세운 나머지 예측력이 떨어지는 과대적합 오류에 빠지기 쉽다. 스캇 암스트롱도 통계검정은 오직 이론적으로 잘 설계된 방법에 한해 제한적으로 실시할 것을 권고한다.

베이지 공리와 학습

하이브리드 접근방식은 이론을 현실에 맞추어 가면서 빠르게 적응하려는 시도이다. 즉, 새로운 관측정보를 이론에 반영하여, 예측 실패를 교정하는 유연한 학습 방법의 일종이다. 베이지 공리도 큰 틀에서 보면 이 접근방식과 상통한다. 베이지 공리는 새 정보를 통해 기존 지식을 체계적으로 보강해 가는 학습 방법이다. 여기서 기존지식 대신 모델의 예측자료를 대입하고 새 정보 대신 관측 자료를 대입하면, 베이지 공리도 앞 절에서 설명한 하이브리드 접근방식에 가까워진다. 사람과 컴퓨터의 협업은 베이지 공리를 통해 쉽게 확장한다. 기존 예보와는 다른 관측정보가 새로 입수되면, 예보를 보정해야 한다. 예보와 실황과의 편차를 통계적인 수단을 통해 다시 모델링 하는 것이다. 소위 후 처리과정(post-processing)이라는 광범위한 모델 출력자료 가공과정이 이 부류에 속한다.

상황이 빠르게 변하면 통계분석의 지속성(stationarity)을 보장하기 어렵다. 그러기에 자주 예보와 관측을 비교하여, 현실에 적응하는 학습주기를 당겨야 한다. 추세가 변하면, 모델의 오차 특성도 달라지고 오차를 보정하는 방식도 달라져야 한다. 워위크대학 경제학 교수 마이크 크레망과 옥스퍼드대학 경제학 교수 데비드 핸드리도 유사한 문제를 지적했다(Crements and Hendry, 2005).

"경제는 시간에 따라 불규칙하게 변동하고 때로는 예상 밖의 쇼크를 동반한다. … 기술이 진보하며 물적·인적 자본의 증가와 함께 꾸준한 성장 추세를 보인다. … 게다가 법제 환경이나 경제정책의 변경, 정치적 갈등으로 인해 사회 제도가 변화하면서 구조적 충격이 가해진다. … 그래서 경제 변수 간에 탄탄했던 관계도 변하게 되고, 한때는 제법 쓸만했던 기법도 종종 커다란 예측 오차를 유발하게 된다."

기술과 산업이 발전하고 정치 사회 지형이 바뀜에 따라 경제 원리를 구성하는 변수 간의 관계도 달라지기 마련이다. 그래서 종전의 지식과 경험에 기초한 모델은 종종 큰 예측오차를 낳는다. 같은 맥락에서 져프리 알렌도 일기예보와 경제전망을 비교하면서, 계량경제학에서 사용하는 변수들은 통계적 지속성을 확보하기 어렵다고 말했다(Allen, 2011).

추세가 달라지면 학습이 필요하다. 기후 패턴이 달라지면 일기예보에도 같은 규칙이 통용되지 않는다. 블로킹이라는 안정한 패턴으로 진입하거나 다시 정상 패턴으로 복귀하는 전환기에는, 기상 변동성이 크고 예측성이 낮아진다. 지구온난화로 선형적인 추세가 달라지는 것도 큰 변수다. 엘니뇨, 라니냐와 같은 이상기후 변동이 불규칙적으로 나타나면서, 추세에도 급격한 변화와 패턴의 전환이 일어나기 때문이다.

경기변동에 따라 안정한 저점이나 고점보다는 전이하는 흐름에서 경기예측 난이도가 높아지듯이, 기상예측 오차도 하나의 기후 패턴에서 다른 패턴으로 전환하는 기간에 급격하게 커진다. 계절적으로는 겨울에서 여름으로, 여름에서 겨울로 전환하는 시기에 변동성도 커지고 예측성은 떨어진다. 계절 기후를 전망할 때에도, 최근 추세를 감안하여 과거의 기후를 다시 재현(hindcast)해 보고 관측과 비교하여 모델의 편차를 보정한다. 매번 계절 예보할 때 이 방식을 채택하는 것도, 선형적인 추세의 변화에 유연하게 적응하기 위한 것이다.

전문 지식의 활용

모델의 계통적 오차를 통계적으로 보정하더라도, 극단적인 행태를 보이는 현상에 대해서는 별 효과가 없다. 이런 때는 전문 지식(domain knowledge)을 동원하여 주관적으로 모델의 편차를 보정할 수밖에 없다. 태풍을 예로 들어 보자. 비정상적인 경로를 보이는 태풍에 대해서는 모델의 진로예측 성능이 크게 떨어진다. 태풍이 몬순 기압골, 중위도 기압계 그리고 지근거리의 다른 태풍과 상호작용하는 경우에 이러한 경향이 심해진다. 미 해군대학의 기상학 교수이자 태풍전문가인 러셀 엘스버리는 태풍경로와 강도에 대한 모델의 예측오차를 몇 가지 패턴으로 분류한 다음, 각 패턴에 적합한 편차 보정 기법을 오랫동안 연구해 왔다(Elsberry et al., 2013). 이 주관적 보정기법은 현재 미 합동 태풍경보센터(JTWC)를 비롯한 여러 나라 태풍센터에서 현업 실무에 광범위하게 응용하고 있다(Carr and Elsberry, 2000).

모델의 예측 성능이 양호한 경우에도, 컴퓨터와 나를 연결하는 개념적 끈은 필수적이다. 컴퓨터가 제시한 결과를 단순하게 수용하거나 배척하기는 쉽다. 그러나 그 결과를 나의 것으로 해석하여, 나의 생각과 판단 과정에 융합하기는 쉽지 않다. 이 간극은 거슬러 올라가면, 과학

사람과 기술의 협업

기술 전문가와 의사결정자의 역할이 분화되면서 벌어진 필연적인 결과다. 일기예보를 예로 들어 보자. 대기운동을 지배하는 보존원리의 중심부에는 잠재 위치소용돌이도 또는 PV(Potential Vorticity) 보존의 원리가 자리 잡고 있다. 여러 개의 보존 원리를 결합하고 몇 가지 가정을 도입해서 수학적으로 추론한 것이다(hoskins et al., 1985). 여러 개의 보존 원리 대신 하나의 보존 원리로 대기운동의 많은 부분을 설명할 수 있기 때문에, 이 원리가 갖는 설명력은 그만큼 크다.

하지만 PV는 직접 관측하기는 어려운 개념이다. 이론의 설명력이 확장할수록 추상적인 부분이 늘어나기 때문에, 현실의 구체성에서는 멀어지기 마련이다. 예보 전문가는 PV라는 추상적인 개념을 통해서 기온·습도·강수·바람과 같은 피부에 와 닿는 구체적인 현상을 이해하고 예측해야만 한다. 더구나 컴퓨터에서 구동하는 수치모델은 대기과학 이론을 수치적으로 번역하여 계산하는 방식이다. 번역하는 방식에 따라 PV 계산 결과도 달라지고, PV 예측 오차 특성도 달라진다. 이론과 현실의 간격은 그만큼 크다. 이론은 단순하고, 이론을 지원하는 컴퓨터의 계산과정은 난해하고, 현실은 복잡하다.

예보 전문가는 정도의 차이는 있겠지만, 대기과학 이론과 수치모델에 대해서 제한적인 지식을 가질 수밖에 없다. 그동안 이론에 바탕을 둔 수치모델의 계산체계와 일기예보 방법론을 연결하는 융합 학문체계는 매우 더디게 발전해 왔다. 미국이나 일본처럼 시뮬레이션 기술이 먼저 발전한 나라들은 이미 1960년대부터 정기적으로 컴퓨터 모델을 활용하여 기상 예측자료를 생산하기 시작했지만, 모델 결과를 실제 예보 현장에서 전문가들이 본격적으로 활용하기까지는 30년 이상 걸렸다. 여러 수치모델 결과를 종합하는 앙상블 예측기법도 1980년대 중반부터 꾸준히 연구해 왔지만, 실제 예보 현장에서 응용하여 효과를 보기까지 20년 이상이 걸렸다. 사람끼리 신뢰를 구축하고 협동하려면 사람을 먼저 이해해야 하듯이, 예보전문가 집단이 컴퓨터와 함께 협업하려면 컴퓨터가 작동하는 수치적인 과정과 배후의 대기과학 원리를 충분히 이해해야 한다. 예보전문가가 컴퓨터와 친해지고, 컴퓨터가 제시한 결과에 적절한 신뢰감을 부여하는 데 그렇게 오랜 시간이 걸린 것이다.

기술 수용(technology acceptance)의 문제는 기술을 도입하여 응용하는 곳에서는 어김없이 나타나는 보편적인 현상이다. 유용성과 사용 편의성에 따라 기술의 수용도가 달라진다는 것이, 기술 수용 모델을 연구해 온 전문가들의 일반적인 견해다(Davis, 1989). 일례로 월덴대학 경영전문가 올루로투미 라데인데는 미국 샌프란시스코만 지역에 거주하는 사업가 933명을 대상으로 시뮬레이션 기술의 수용도를 조사한 바 있다(Ladeinde, 2011). 여기에는 애플(Apple)이나 구글(Google) 같이 굵직한 실리콘밸리 기술회사들도 대거 포함되어 있었다. 조사 결과, 시뮬레이션 기술이 유익하고 편리하다고 인지한 사업가들이 이 기술을 더 의욕적으로 받아들였다는 것이다. 덧붙여, 사업가가 혁신적인 기질을 가졌을 때, 이 기술을 더욱 긍정적으로 수용한다는 점도 알아냈다. 국내 조사에서도, 빅데이터 기술과 같은 신기술 정보시스템을 도입할 때, 유사한 기술 수용결과를 보여 주었다(김은영 등, 2013).

모나쉬대학의 정보기술학 교수 제레미 아론스와 동료 연구진은 익숙하지 않은 컴퓨터 자료를 전문가가 받아들이는 데 어려움을 겪는 모습을 익살스럽게 꼬집었다(Aarons et al., 2006). "컴퓨터 도구를 개량해서 더

　　　　　　　　　　사람과 기술의 협업

많은 고급 정보를 전문가에게 제공한다고 가정해 보자. 기존 자료는 물론이고, 덧붙여 새로운 그림 자료도 제공한다. 그러나 이 자료들이 전문가가 예보를 생산하는 방식에 잘 부합하지 않으면, 전문가는 여전히 종전의 자료를 사용하려 할 것이다. 나아가 종전의 방식으로 개량한 도구에 접근하고자 할 것이다. 그래서 새로운 도구를 도입하면 자칫 작업의 효율성을 높이기는커녕 두 배로 중복된 작업을 해야 한다." 컴퓨터 도구와 전문가의 협업이 복잡한 이유는, 예측하려면 생각해야 하고, 사고 과정을 컴퓨터 도구가 지원하도록 설계해야 하기 때문이다.

컴퓨터가 계산한 결과를 예보 전문가의 주관적인 지식과 효과적으로 결합하기 위해서는, 대기과학 학계와 예보 전문가 간 학제적인 연구와 꾸준한 소통이 필요하다. 일례로, 기상학자들은 기상 위성의 수증기 채널 영상과 PV의 높은 상관도에 착안하여, 수치모델의 계산결과를 손쉽게 예보관의 지식과 비교하고 융합하는 방식을 고안했다(Rosting, 2009). 기상위성의 수증기채널로 탐지한 영상에서 유난히 검게 나타난 부위는 대기 상층에서 PV값이 높은 지역에 상응한다. 기상역학의 이론에 따르면, 상층에서 주변보다 높은 PV값을 갖는 기류가 빠르게 이동해 오면, 그 선단에 위치한 지상부근에서 기상 변화가 심해진다(이우진, 2006b).

관측한 수증기채널 영상과 모델에서 계산한 모의 영상을 비교해 보면, 모델과 현실의 차이를 효과적으로 파악할 수 있다. 또한 배후에 작용하는 PV 보존의 원리를 응용하여 모델의 계산 결과를 보정하는 데 필요한 과학적 근거도 확보할 수 있다. 다시 말해, 단말기를 통해 이모저모로 기상위성 영상을 대화식으로 탐색할 수 있게 지원하는 인터페이스(interface) 기술을 통해서, 예보전문가와 컴퓨터가 적극적으로 협업하는 데 필요한 소통의 끈이 되어 준 것이다.

지금까지는 주로 모델 결과를 해석하는 과정에서 주관적 판단을 동원하여 모델의 결함을 보완하는 간접적인 방법에 대해 논의해 보았다. 한편 주관적 판단은 직접적으로 모델을 설계하거나 모델을 개선할 때에도 중요한 역할을 한다. 로버트 샤논은 모델을 이용한 시뮬레이션 기법이 과학이자 기예(art)라고 보았다(Shannon, 1998). "[시뮬레이션 과정에서] 프로그램을 짜거나 통계적으로 처리하는 작업은 과학의 일부다. 그러나 분석과 모델링 부분은 기예에 속한다. 이를테면 다음과 같은 질문이 기예의 대상이다. 모델에 실세계의 어떤 부분을 얼마나 자세하게 다룰 것인가? 특정 현상을 어떻게 기술할 것인가? 어떤 대안을 평가할 것인가?"

한발 나아가 리드대학 의사결정학 교수인 존 몰은 모델과 주관적 지식을 적극적으로 융합하는 과정을 다음과 같이 표현하고 있다(Maule, 2009). "모델을 만드는 과정은 창조적이고, 역동적이고, 순환적이다. 새로운 아이디어를 찾을 때마다 이를 모델에 반영하고 나면, 종국에는 모델 결과를 활용하는 의사결정자들이 자신의 직관적 맥락 안에서 컴퓨터가 제시한 해답을 찾게 된다." 전문가도 모델의 결과를 해석하기 위해 배경 지식을 축적해야 하겠지만, 모델도 전문가의 직관과 경험 세계에 맞추어 가는 공진화(Co-Evolution) 과정이 필요하다는 것을 일깨워 주는 대목이다.

사람과 기술의 협업

다원론적 관점 ["]

미래는 하나가 아니라 여럿일 수 있다

모델이 현실을 모의하는 데 실패하는 사례가 많아지거나 오차가 크게 벌어지면, 모델-통계 하이브리드 접근 방법은 물론이고 전문지식을 활용한 보정방법마저도 별반 도움이 되지 않는다. 이것은 모델의 근거가 되는 이론이 불완전하거나 부적합하다는 것이므로, 대안 이론을 검토해 보아야 한다. 불확실한 세계에서는 결국 다양한 이론과 모델이 공존하게 된다.

미래는 불확실하다. 지식 너머에 있다. 하나가 아니라 여럿일 수도 있다. 다원론적 관점은 시나리오 전문가들이 경제구조나 산업 기술의 미래를 전망할 때 기본적으로 내세우는 전제이기도 하다(Lempert et al., 2003). 합리성만을 염두에 둔다면, 가용한 여건에서 가장 가능성이 높은 하나의 미래 상태를 짚어 내는 것이 이득이다. 하지만 불확실한 상황에서는 이러한 분석적 접근이 한계가 있다. 예측이 실패할 위험을 관리하려면, 자기 판단의 한계를 넘는 비판적 사고가 필요하다. 통찰력을 가져야 여러 갈래로 미래 상태가 전개될 수 있는 가능성을 공평하게 탐색할 수 있기 때문이다.

변화하고 복잡한 세계에서는 다원적인 복잡성과 불확실성과 애매모호한 세계를 품고 가야 한다. 복잡 시스템 전문가인 폴 플섹과 트리샤 그린할프도 불확실한 미래에 대해 다원적 접근을 권고한다(Plsek and Greenhalgh, 2001). "환원주의를 지향해 온 습성 때문에 사태를 예정된 순서에 따라 수습해 보려는 것이 우리의 본성이다. 애매모호한 것은 시원하게 정리해야 하고, 모순되는 것의 고리를 끊고, 더 확실하고 더 동질적 결과를 추구해서, 결국 단일 시스템의 영역에 자리 잡는다. 그러나 복잡 시스템 과학은 종종 다원적 접근이 효과적이고, 시스템에 고유한 방향성이 발현되도록 시간과 타협하며 기다릴 필요가 있다는 것을 알려 준다." 옥스퍼드대학 경영학 교수인 안젤라 윌킨슨도 전통적 예측기법이 갖는 방법론적 한계를 보완하기 위해서 시나리오 기법의 필요성을 제시하였다(Wilkinson, 2009). "[전통적] 예측 기법에는 분석의 잣대와 언어가 미리 주어져 있어서, 중립적이고 외적으로 표현이 가능한 것을 추구한다. 반면 시나리오 기법은 분석의 기본 단위를 다시 생각해 보도록 권장하고 새로운 공통 어휘를 만들어 내도록 지원한다. … [전통적] 예측 기법에서는 불확실성의 깔때기 안에 있는 구조화된 역학에 관심을 갖는다. 반면 그 바깥에는 관심이 없다. 그리고는 문화의 심연, 저 깊은 신화적 요소 … 작용하는 믿음들에 눈뜨지 못한다."

결정론적 방법은 단순한 방식으로 세계를 이해하고 예측하고 통제하려는 의도가 있어서 부분적으로 효과를 보기도 하지만, 복잡한 현실의 변화와 예측에 실패하기 쉽다. 대신 다양한 시나리오의 가능성을 염두에 두고 상황의 변화에 대응한다면, 변화에 빠르게 적응할 수 있다. 하이브리드 방식이 결정론적 방법의 연장선상에서 통계적 유연성을 확보하고자 고안된 것이라면, 시스템적 접근 방법은 결정론적 방법을 넘어선 개념 틀에서 유연하게 상황에 대처하려는 시도이다. 결정론적 관점이 선형적이고 연역적이고 분절적이고 통제와 예측성에 기반을 둔 것이라면, 시스템적 관점은 비선형적이고 귀납적이고 종합적이고 개방적인 토대 위에서 세상을 바라보는 것이다.

선형적 사고에서 벗어나야

날씨·정치·경제위기와 같이 복잡한 현상을 선형적 외삽기법을 적용해서 예측해 보면 적중률이 크게 떨어진다. 변동이 심한 상황에서는 추세가 급변하는 시점을 미리 내다봐야 하는데, 통상적인 시계열 예측 기법으로는 한계가 있다고 마이클 클레망과 데비드 핸드리는 고충을 털어놓는다(Crements and Hendry, 2005). "불확실하지만 익숙한 위험을 회피하는 데에는 통계적 기법이나 결정론적 기법들이 어느 정도 도움이 되겠지만, '모른다는 것을 모르는' 위험에 대해서는 전혀 도움이 되지 않고 이를 모델에 반영하기도 어렵다."

단순한 선형적 사고로는 집중호우를 당해낼 수 없다. 장마전선이 남북으로 오르내리던 2013년 7월 중순, 남부는 폭염으로 매일 열대야와 한낮 고온으로 몸살을 앓던 터다. 전선대는 경기도와 강원도에서 황해도 사이를 왔다 갔다 하며 국지적으로 호우를 뿌렸다. 당시 모델의 예상 자료들은 번번이 호우 위치와 강도를 예측하는 데 실패했던 터라, 전선대가 남북으로 이동하는 추세가 주 강수대의 내일 예상 위치를 잡는데

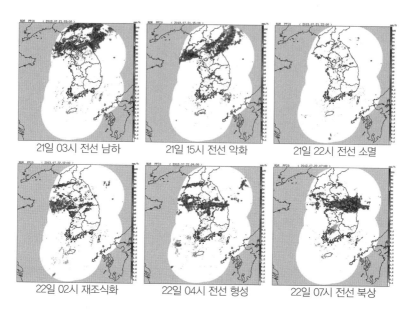

[비구름의 비선형적 변화(2013년 7월 21일~22일 동안 주요 시점별 기상레이더 반사도 영상)]
우리나라는 북태평양고기압 북쪽 가장자리에 위치하면서 비구름이 발달했다 쇠약해지기를
반복하면서 남북으로 진동하여, 강수대의 위치와 강도가 큰 폭으로 변했던 사례. 7월 21일 오
후, 강수대는 북한에서 서서히 남하한 후, 밤에는 경기도에서 소멸했다. 다음날인 22일 새벽
강수대가 충청지방부터 다시 발달하며 다시 북상했다.

중요한 단서가 되었다. 대기는 비선형적으로 움직이고 비정형적으로 발
달하거나 쇠약해진다는 것을 알고 있다 하더라도, 막상 예보를 판단할
때가 되면 선형적인 프레임으로 되돌아오려는 유혹을 받게 된다. 7월
20일 오후 예보 토의에서는 전선대가 남으로 이동하는 추세를 반영하
여, 다음 날인 21일 호우대의 예상 위치를 잡았던 것이다.

　그런데 정작 21일 오후가 되자, 강수대가 북한에서 서서히 남하하더
니 경기도에서 약해진 후 레이더에서 그 모습이 사라져 버렸다. 그래서
21일 오후 예보토의에서는, 당초 예보와는 달리 익일의 호우 예상 강수

　　　　　　　　　　　　　　사람과 기술의 협업

량을 줄여 잡았는데, 결론적으로 이 수정 예보가 상황을 더 악화시킨 꼴이 되었다. 22일 새벽이 되자 한때 소멸한 듯한 강수대가 충청지방부터 발달하며 이번에는 다시 북상하는 것이 아닌가. 결국 실황을 쫓아가며 선형적으로 수정한 호우 예상위치는 여지없이 빗나가고 말았던 것이다.

안젤라 윌킨슨은 예보와 포사이트(foresight)의 차이를 설명하면서, 익숙해진 상황에서는 예보할 수 있지만 전혀 새로운 상황이 벌어지면 그 예측방법은 실패하고 지식의 경계를 넘어서는 통찰적 예지력이 필요하다고 말한다(Wilkinson, 2009). "예보란 과거의 증거로부터 추론이 가능한 미래의 지식에 관심을 갖는다. 불확실성은 '아는 것이 없다', 즉 '지식이 없다'는 것으로 치부된다. [양적인] 변화의 속도가 빠르더라도 안정적으로 성장하는 기간에는 예보라는 것이 나름 타당성을 갖는다. 하지만 복잡하고 혼돈하고 애매한 상황에서는 예보를 지나치게 믿다가 치명적인 실수를 범할 수 있다. … 예보에서 시간의 흐름은 선형적이다. 과거에서 현재로 그리고 미래로 흐른다. 반면 시나리오 기법에서 흐름은 여러 방향으로 전개된다. 과거에서 미래로 갔다 다시 현재로 되돌아오는 식이다. 또한 순환적이다."

익숙한 상황에는 습관적으로 행동하지만, 예기치 않은 상황에 봉착하면 비로소 습관의 잠에서 깨어나 생각하게 된다고 실용주의 철학자 존 듀이는 지적한 바 있다(Dewey, 1916). 변화와 부침이 심한 현상을 예측하려면 습관적으로 체화된 방식에서 벗어나 통찰력을 발휘해야 한다. 동양의 기업가들이 서양의 기업가들과 달리, 예보보다는 통찰을 선호하고, 변화에 대한 생물학적 적응력을 중시하는 것도 일리가 있다(Foo and Foo, 2003).

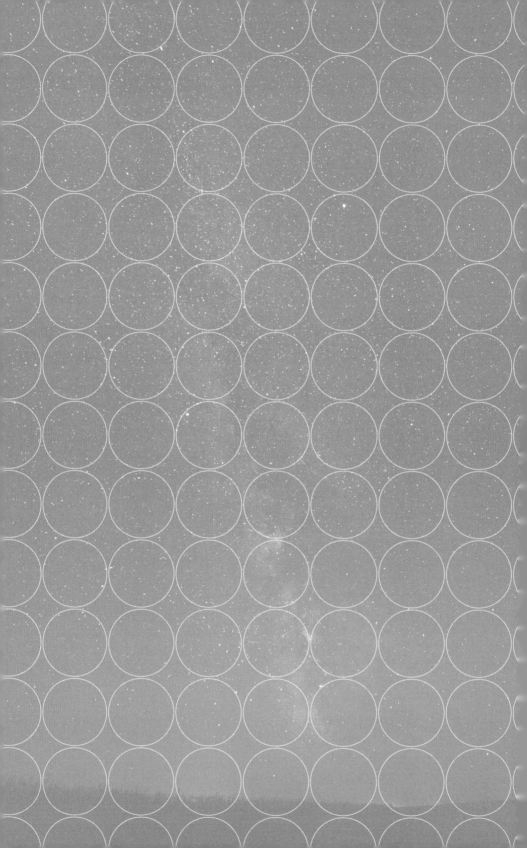

Chapter 04

전문가 집단 지성

"지식을 구하려면 매일 하나씩 더해야 하고,
지혜를 구하려면 매일 하나씩 버려야 한다."

– 노자

함께 판단하는 업무 "

예보업무 현장은 작은 사회

일기예보 생산과정을 보면, 마치 복잡한 수술에 참가하는 의료진처럼 여러 전문가가 집단적으로 의사결정을 내린다. 집단은 전문성과 다양성을 모두 취할 수 있어서 복잡하고 변동하는 상황에 효과적으로 대응할 수 있다(Tran, 2004). 공동의 신뢰와 충성을 바탕으로 지식·정보·경험을 공유하고, 다른 관점에서 대안을 찾고, 검증할 기회가 많다.

그러나 전문가별로 의견이 갈리면 결론을 맺기가 어렵고, 다른 사람의 영향을 받아 극단적인 대안을 추종하거나 위험을 무릅쓰기도 한다. 집단적 사고의 영향을 받아 예보 판단에도 편견이 개입한다. 시간과 정보가 제한된 근무여건에서는, 불확실성에 따른 불안과 스트레스가 심해지고 합리적인 판단 과정이 제대로 작동하기 어렵다. 또한 컴퓨터 지식도구나 전문가시스템이 제시하는 정보를 해석하는 과정에서 자동화의 편견이 가세한다. 전문적인 지식을 응용하는 것이 예보전문가의 기본적인 임무이기는 하지만, 판단을 흐리게 하는 편견을 극복하는 것도 예보전문가가 갖추어야 할 중요한 덕목이다.

스위스 기상청에서 오래 근무한 기상전문가 마르코 가이아와 리오넬 폰타나는 유럽 예보 전문가 총회에서 예보업무 현장의 특성을 다음과 같이 소개했다(Gaia and Fontannaz, 2008). "일기예보 업무는 대부분 현장 예보실에서 이루어진다. 예보전문가는 자신을 둘러싼 기술 시스템과 상호 작용하고, 이것이 예보 판단에 큰 영향을 미친다. 예보전문가의 의사결정 과정은 소프트웨어, 하드웨어, 주변 환경, 리브웨어(liveware)와 같은 외적 요인에 지속적으로 노출되어 있다. 여기서 소프트웨어는 매뉴얼을 비롯한 각종 제도적 기반이다. 하드웨어는 기술적 도구를 포함한 각종 시스템이다. 주변 환경은 조직 문화를 비롯한 사회적 요인이다. 리브웨어는 운영자와 관계를 맺는 주변 동료들이다."

일기예보 업무 현장의 또 다른 특징은 교대근무 하는 팀을 두어, 24시간 상황을 감시하고 돌발적인 사태에 즉각 대응할 채비를 갖추고 있다는 점이다. 병원 응급실, 소방서, 경찰서, 군부대를 비롯하여 각종 위기관리센터도 공통적으로 교대 근무체제를 갖추고 있다. 예보실에서 근무하려면 특별한 신체적 특성과 정신적 기질이 필요하다. 핀란드 기상청에서 활동하는 기상전문가 티모 엘킬라의 얘기를 들어 보자(Erkkila, 2009). "불규칙한 작업 시각표를 참아 내야 한다. 불확실성을 감당해야 하고 예외적인 상황에도 상시 대비해야 한다. 근무시간 안에 여러 가지 단호한 결정을 내려야만 한다. 주어진 시간 안에 작업을 끝내야 한다."

사안에 대해 충분히 숙고하기 어려운 여건에서 판단해야 하기 때문에, 기상전문가는 상시 불확실한 상황에 노출되어 있다. 불확실성의 강도는 판단에 필요한 정보가 부족하거나, 상황이 불투명하고 난해할 때 더욱 심해진다. 불확실한 상황에서 여럿이 한 팀이 되어 판단하고 결정을 내려야 하는 업무 특성은 비단 기상예보실에서만 볼 수 있는 것은 아니다. 클레인 연구소의 경영전문가 비앙카 한과 동료 연구진이 예로 든 것처럼, 전장의 사령부, 원전 통제실, 비행기 조정실, 기업의 정보센터에서도 이와 유사한 문제를 안고 있다(Hahn et al., 2002). 의사들도 환자의 몸 상태를 진찰할 때에 흔히 자료와 시간이 모자란다. 특히 저명한 전문의에게는 특진이 몰리기 때문에 한 명의 환자를 문진하는 데 몇 분 이상 집중하기 어렵다.

베를린공과대학 심리학 전문가인 줄리안 마롤드와 동료 연구진은 의료전문가들이 불확실성의 문제를 해소하는 방식에 관심을 가지고 조사하였다(Marold et al., 2012). "정보가 부족한 것이 원인이라면 정보를 보충하는 방식으로 문제를 풀어 간다. 사안에 대한 이해가 부족한 것이 원인이라면, 전문가들 간의 토론을 통해 의견을 수렴하여 불확실성을 줄여 보려는 경향이 있다." 이 점에서 기상 전문가도 의료 전문가와 크게 다르지 않다. 위험 기상이 닥치면, 기상전문가들은 현지 상황을 파악하기 위해 분주하게 움직인다. 현지에 전화를 걸거나, CCTV를 모니터하거나, 레이더나 위성 영상을 주시하고, 자동관측 계기판에서 눈을 떼지 않는다. 조금이라도 더 빨리 더 많이 정보를 입수해야 상황의 불확실성을 줄이고 판단에 확신을 더할 수 있다. 자료 공백의 문제가 어느 정도 해소되면, 또 다른 단면의 불확실성이 고개를 내민다. 영상 패턴이나 수치모델 계산 자료에 대한 해석의 다양성이다.

전문가마다 생각이 다르다

영상 패턴

원격탐측기기는 기본적으로 대기를 투과하는 전자파의 반응을 측정한다. 전자파는 대기의 상태에 따라 투과하는 전파 특성이 달라지므로, 전자파의 대기 전달과정에 대한 원리를 알면, 대기의 상태를 간접적으로 탐측할 수 있다. 문제는 이 원리가 복잡해서 전자파의 신호를 영상으로 가시화 하거나 전통적인 기상요소로 변환하는 과정에 상당한 불확실성이 개입한다는 것이다. 또한 신호영상을 해석해서 기상학적 의미를 찾아내는 방법도 전문가마다 다를 수 있다. 위성 영상이나 레이더 영상들은 MRI나 CT 영상과 흡사하다. 방사선 전문의가 영상 패턴에서 종양이나 암의 단서를 찾듯이, 기상전문가들도 영상 패턴에서 위험기상의 신호를 찾아낸다. 전문가의 지식과 경험에 따라 판독 결과는 개인 별로 상당한 차이를 보이기도 한다. 이 때문에 같은 영상을 보면서도 판독하는 신호나 의미는 다를 수 있다.

같은 레이더 화면을 놓고도 초보자와 전문가는 각기 다른 신호를 찾는다. 전문가마다 잘 보는 영상 패턴이 따로 있다. 기다란 선이나 뭉쳐진 빵 모양이 있는가 하면, 여러 패턴이 섞여 혼란한 모양을 띠기도 한다. 하나의 강수 시스템에는 여의도 10배 면적에 달하는 호우 세포들이 여럿 포진해 있다. 그 사이에는 실크 천 같은 펑퍼짐한 비구름이 드리워 있다. 개별 호우세포는 더 작은 난류 조직으로 쪼개지고, 개별 난류조직은 더욱 작은 운동계로 분화한다. 크기 스펙트럼의 최종 말단으로 가면, 수많은 빗방울이나 눈송이가 바람을 따라 이리저리 혼란하게

전문가 집단 지성

날린다. 이것들이 집단적으로 반사하여 만들어진 레이더 영상은 복잡한 패턴으로 짜여 있다. 레이더 영상을 통해 전문가들이 해석하는 기상학적 신호와 의미도 다를 수밖에 없는 이유다. 그래서 호우나 대설 특보를 발표할 상황에 이르면, 기상 전문가들은 레이더 영상 앞에 모여 각기 전문적인 의견을 제시하고 토론을 통해 상황의 심각성 정도와 특보 발령 여부를 판정하게 된다.

수치모델 계산 자료

한편 수집한 상황자료를 종합하여 고급 정보를 획득하려면 모델이 필요하다. 여러 시각 장애인이 각기 만져 본 코끼리의 부위는 단편적이고 독립적이다. 그러나 코끼리의 전체상 또는 이상적인 모델을 미리 정립해 둔다면, 개별적인 자료들도 퍼즐 조각을 맞추듯 의미를 부여받는다.

수치모델을 활용하면, 서로 다른 지역이나 시간에 관측한 자료들을 종합적으로 분석하여 현재 대기상태를 입체적으로 파악할 수 있다. 또한 시공간적으로 촘촘하게 미래의 대기 상태를 계산하여 일기변화 과정을 미리 그려 볼 수 있다. 슈퍼컴퓨터에서 매일 계산하는 각종 분석 자료들은 하루에만 수만 장에 이른다. 앞으로 열흘간의 날씨를 예보하기 위해서, 예보전문가들은 이 중에서 핵심이 되는 몇 장을 골라낸다. 분석에 쓸 수 있는 시간이 평소에도 고작 한두 시간에 불과하기 때문이다. 눈이나 비가 내리거나 강풍이 불어 재해 가능성이 늘어나면, 유관기관과 소통해야 할 일이 늘어난다. 위험 상황을 관리하는 데 더 많은 시간을 투자해야 하기 때문에 분석 시간은 더욱 줄어든다.

슈퍼컴퓨터에서 뽑아낸 많은 자료 중에서 그날의 상황에 적합한 자료를 골라내는 작업은 계절이나 기상현상에 따라 달라진다. 문제는 여기서 그치지 않는다. 기상전문가의 네트워크는 인터넷과 기상통신망을 통해 전 세계적으로 연결되어 있다. 주요 국가기관의 기상용 슈퍼컴퓨터에서 생산한 기상 분석 자료들이 병존하기 때문에 선택의 문제를 더욱 복잡하게 만든다. 다른 수치모델들이 다른 계산 결과를 내놓기 때문에, 다른 수치모델 자료를 사용하는 전문가마다 분석해 낸 기상상황과 전망도 다를 수밖에 없다. 예측 불확실성이 커서 불가피하게 다양한 수치모델의 안내를 받아야 한다면, 미리 모델의 예측오차 특성을 통계적으로 조사하여 그 결과를 전문가들과 공유할 필요가 있다. 예측 불확실성에 대한 임의적인 판단의 여지를 줄이기 위해서다.

모델 결과 해석

한편 같은 분석 자료를 취급하더라도 관점에 따라 자료의 해석결과는 달라질 수 있다. 우선 예보하는 지역이나 대상이 다를 수 있다. 서울을 맡은 전문가와 부산을 맡은 전문가는 서로 다른 지리적 특성을 감안해야 하기 때문이다. 상공 10㎞ 위의 난류를 고민하는 항공기상 전문가가 고층 일기도에 집중한다면, 춘천지역 국도의 안개를 걱정하는 전문가는 지상 일기도에 치중한다. 목표하는 예측 기간도 다를 수 있다. 내일 당장 수도권에 큰비를 걱정하는 전문가가 연직불안정 구조나 하층의 수증기 유입 통로에 관심을 보이는 데 반해, 다음 주간 한파를 걱정하는 전문가는 상층의 기류 소용돌이와 중층 기압의 변화 추이에 관심을 보일 것이다.

관심사가 비슷한 전문가라도, 개인의 경험과 지식수준에 따라 선호하는 자료가 다르다. 전문가 집단의 규율이나 전통도 선택의 범위에 영향을 미친다. 기상학 이론은 일반적인 선택의 가이드를 주는 데 그친다. 다른 요인이 같다 하더라도, 전문가 개인의 업무처리 방식이나 취향에 따라서 선택한 자료는 다를 수 있다. 오랫동안 현장에서 예보업무를 맡아 본 찰스 도스웰도 비슷한 견해를 보였다(Doswell, 2004). "우리의 기대가 우리의 인지능력과 판단과정에 영향을 미친다. 이 기대감은 전문가가 예보를 생산하는 과정에 깊숙이 관여하고 있다. 같은 지식과 역량을 가지고 있다고 가정하더라도, 예보전문가마다 경험하는 날씨가 다르기 때문에 같은 상황을 다르게 인지하는 경우가 생긴다."

교대 근무 방식도 자료 해석의 다양성을 늘리는 요인이다. 예보실에 근무하는 기상전문가들은 정해진 스케줄에 따라 하루 24시간 일과를 여러 조가 분담하여 몇 시간 간격으로 교대 근무를 하게 된다. 후임조는 전임조에서 판단한 예보 가운데 상황이 달라진 부분을 수정하게 된다. 계속해서 찰스 도스웰의 논평을 직접 들어 보자. "순차적으로 교대하는 예보조가 경험하는 날씨는 서로 다르다. 그들이 체감하는 상황의 변화와 위험 수준도 다를 수 있다. 인수인계 하는 과정에서 전임조가 생산한 예보를 후임조는 다른 시각에서 바라볼 수 있다."

집단사고의 폐해 "

동질화의 문제

혼자서 생각하는 것과 여럿이 함께 생각하는 것은 다르다. 여러 전문가가 함께 의사결정에 참여하면, 다른 사람의 생각이나 태도가 나의 판단에 영향을 미친다. 호주기상청에서 오래 근무한 기후전문가 네빌 니콜스는 집단사고의 특징을 다음과 같이 요약했다(Nicholls, 1999). "전문가 집단은 결속력, 보호받으려는 본능, 따돌림에 대한 걱정 때문에 가급적 동질적 의견을 갖게 된다. 종종 집단의 리더가 처음에 제안한 생각을 추종하기도 한다. … 한편 집단은 소속 구성원의 의견을 단순 평균한 것보다 더 극단적인 의견을 내놓게 되어, 집단이 내린 판단은 정확도가 떨어진다."

집단의 의견은 무시하기 어렵다. 보이지 않는 압력이다. 독자적으로 판단하여 실패한 경우보다는 다수의 견해를 따르다가 실패한 경우에 더욱 관대한 것이 집단의 속성이다. 개인의 입장에서도 혼자보다는 여럿이 함께 가는 것이 안전하기 때문에, 집단의 의사에 쉽게 동조하는 경향을 보인다. 일찍이 경제학자 존 메이널드 케인즈도 집단사고 때문에 덜컥 결정을 내렸다가 결국 후회하게 되는 상황을 다음과 같이 지

전문가 집단 지성

적한 바 있다(Keynes, 1935). "결과가 실패로 끝났을 때 세간의 평가는 냉혹하다. 남들보다 뛰어나게 성공하는 것보다는 남들과 똑같이 실패하는 것이 평판을 지키는 데 유리하다는 것이 널리 알려진 상식이다." 태풍이 해안 도시로 상륙한다든지 집중호우로 도심지역이 잠기는 위험기상 현상이 예상된다고 대다수 전문가가 보고 있는데도, 집단 의사와 반대되는 의견을 제시하기란 쉽지 않을 것이다. 엊그제부터 전임 예보팀이 줄곧 위험을 예고한 상황에서, 후임 예보팀이 그 예보를 뒤집어 위험이 줄어들 것으로 예보를 수정하려면 엄청난 집단사고의 심리적 압박에 맞서야 한다.

제한된 정보만으로 신속하게 결정을 내려야 하는 상황에서는 분석적으로 사고하기 어렵다. 합리성을 확보하는 데 한계가 있다. 직관과 경험과 즉흥적 느낌이 판단을 좌우하기 때문에, 기껏해야 제한적인 합리성(bounded rationality)을 추구할 수밖에 없다. 레이든대학 공공행정학 교수 우리엘 로젠탈과 유트랙트대학 공공행정학 교수 폴 하트는 의사결정자들의 비합리적 단면을 다음과 같이 보여 준다(Rosenthal and Hart, 1991). "위기국면에서 의사결정 과정에는 가치, 규범, 과거 경험, 현재 지식, 주관적 성향, 심리적 개인 특성까지도 모두 판단에 영향을 미친다. … 한편 정부나 기업에서는 많은 카산드라들이 고위직에서 박탈당했다. 그들이 제기한 경고나 주의로 상사들이 골머리를 앓거나 공개적으로 난처한 입장에 처했기 때문이다."

카산드라는 그리스 신화에 나오는 비운의 여인이다. 신들로부터 예언하는 능력은 받았으나, 설득력은 빼앗긴 것이다. 파리스가 트로이를 침략할 거라고 카산드라가 예언했건만, 트로이 사람들은 이를 외면했다. 집단사고의 영향을 받으면, 주변에서 설령 제대로 예보해 주더라도 귀가 멀어 믿지 않게 된다는 것을 카산드라의 이야기에 빗대어 설명한 것이다. 위기상황에서 의사결정자들은 전문가의 의견을 구하는 과정에서 더욱 복잡한 상황에 빠진다. 경영진은 물론이고 전문가들마저 의견이 분분해서, 경영진이나 전문가 그룹 모두 집단적 사고와 편견에 빠지기 쉽기 때문이다. 우리엘 로젠탈과 폴 하트는 미국 우주왕복선 챌린저호의 공중 폭발 사고를 이러한 문제의 연장선상에서 바라본다.

"공학자를 비롯한 전문가들은 핵에너지나 현 원자로의 연료봉에 노출된 특정 위험이나 결함에 대해 좀 더 신중한 대응과 보완조치를 요구했었다. 전문가의 경고를 외면한 것이 우주왕복선 챌린저호가 공중에서 폭발하게 된 직접적인 핵심 원인 중 하나로 지목되었다. 모톤 티오콜 엔지니어들은 저온에서 O형 벨트의 오작동에 대한 문제를 관리부에 경고했지만, 받아들여지지 않았다. 당초 과학전문가들은 발사를 연기하기로 결정했지만, 미 항공우주국의 관리들이 이러한 결정을 철회하라고 강력하게 요구했기 때문이다."

담합이 너무 견고하면 집단 사고 안에 외부세계의 불가지(不可知)한 영역이 끼어들 여지가 없어진다. 그래서 결국 "모른다는 것을 모르는" 사건이 벌어진다. 외부의 충격은 놀라움으로 다가오고, 때는 이미 늦어 상황의 변화에 적응하기 어려워진다. 영국 스트라스 클라이데 대학의 경영학과 교수인 키 반 데르 헤이즌도 집단 사고의 한계를 다음과 같이 설명했다(Heijden, 2000). "합의란 매일 적용해 온 일상적인 사고방식을 염두에 둔 것이다. 그러나 예기치 않은 일이 벌어졌을 때 성공적으로 대응하고자 한다면, 관습적인 프레임에서 벗어나 상황을 폭 넓게 조망할 필요가 있다. 위험에 대한 신호나 단서를 감지하려면, 이것들이 집단 사고 안에 이미 자리 잡은 요소들과 어떤 식으로든지 관련되어 있어야 한다. 집단이 가진 고정관념을 뛰어넘지 못한다면, 그 집단은 터널처럼 좁은 사고의 영역 안에 갇혀 결국 새 환경에 적응하는 데 필요한 역량을 계발하지 못할 것이다."

교대근무를 통해 상황을 공유해야 하는 전문가 집단에서는 전임조와 후임조 간에 인수인계 하는 과정에서 집단적 동질화 경향이 나타나기도 한다. 전임조와 교대한 후임조도 의사결정을 통해 각각 독립적인 예보 판단을 내리지만, 결국 전임조에서 넘겨받은 예보에 가깝게 따라가는 편향된 특성을 보인다고, 런던시립대학 경영학 교수 로이 바첼러도 지적한 바 있다(Batchelor, 2005). 경험이 부족한 초보 예보관들은 난해한 기상상황에서 독자적으로 판단하기보다는 선배 예보관이나 팀 전체의 의견을 좇는 경향이 있다. 잘못 판단해서 실수라도 하면 자리가 온전하지 못하다. 로이 바첼러가 지적한 바와 같이, 도전적으로 낸 예보가 적중했을 때 받는 보상보다는 빗나갔을 때 입는 상처가 훨씬 크기 때문이다.

네덜란드 기상청의 위험기상 조정관 프랑크 크루넨버그도 상급자의 성향이나 관심에 따라 집단의 의사결정 결과가 달라질 수 있다는 점에 주목한다. 의료 전문가들의 의사결정 과정에서도 이런 수직적 구조의 문제점을 찾아볼 수 있다. 줄리안 마롤드와 동료 연구진이 조사한 바에 따르면, 경직된 위계구조는 의사결정 과정에서 치명적인 약점을 보인다(Marold et al., 2012). 정보 소통 채널이 막히고, 의견을 적극적으로 개진하지 않는다는 것이다. 선임자가 오판할 가능성이 있다는 것을 인지하고

서도 직접 따져 볼 용기가 나지 않게 된다. 특히 지위가 낮은 초임 의사들의 행동에 부정적인 영향을 미친다. 그뿐만 아니라 현장에서 선임자들이 임기응변의 방식을 통해 직접 문제를 해결하는 과정에 작용하는 편견은 고스란히 신규자들이 습득한 내면적 지식에도 담기기 쉽다.

사안이 불확실할 때, 상급자가 특정 방향으로 담론을 이끌어 가면 이에 대해 반론을 제기하기는 쉽지 않다. 특히 경험이나 직관이 끼어들 여지가 많은 상황에서는 논리적으로 자기의 의견을 제시하기도 쉽지 않다. 누구도 다른 사람의 의견에 반론을 제기할 수는 있으나 이를 입증하기는 어려운 여건이라면, 상급자에 맞설 명분은 더더욱 충분하지 못하다. 또한 전번의 예보 실패에 대한 상급자의 질책이 과도하면, 다음번 예보를 판단할 때에도 실패의 두려움이 앞서 자기의 역량을 충분히 발휘하기 어렵다. 그 대신 최악의 판단을 피하고 싶은 소극적인 마인드가 자리 잡는다.

그래서 예보토의 시간에 선임자는 가급적 말을 아끼고 마지막에 가서야 짤막하게 의견을 제시하는 경우가 많다. 물론 결정의 순간에는 가차 없이 결론을 내려야 하지만, 토론 과정에서는 다양한 목소리가 나올 수 있도록 배려할 필요가 있다. 만약 선임자가 시작부터 결론에 가까운 단정을 내리면, 그 후 상황이나 논점이 달라지더라도 궤도를 수정하는 게 힘들어진다. 또한 선임자를 무턱대고 믿고 따르는 경우라면, 다른 방향으로 상황이 전개될 가능성을 폭 넓게 따져 보기 어려울 것이기 때문이다.

전문가 집단 지성

결론의 유보

한편 여러 전문가가 의사 결정과정에 참여하면 그만큼 책임은 분산되지만 다각도로 의견을 검토하느라, 촌각을 다투는 경보 발령 시점이 상당히 지연될 수 있다고 프랑크 크루넨버그는 지적한다(Kroonenberg, 2010). 이런 문제는 예상하지 않은 방향으로 상황이 전개될 때 특히 심해진다. 이것은 비단 기상 전문가만 안고 있는 문제는 아니다. 불확실한 상황에 처하면 누구나 공통적으로 겪게 마련이다. 노벨경제학상 수상자인 허버트 사이몬은 관리자의 습성을 다음과 같이 지적했다(Simon, 1987).

"경영인들도 흔히 어려운 상황에 봉착하면 결론을 미루는 행태를 보인다. 특히 대안들이 모두 다 부정적인 결과를 낳을 것으로 예상될 때 그러한 습성을 보인다. 사람들에게 조금 다른 두 마리 악마 중에서 하나를 고르라고 요청해 보라. 그들은 통계학적 원칙과 확률을 준용하여 둘 중에서 보다 손실이 적은 것을 취하지 못한다. 대신 판단을 미루고 좋은 결과를 담보할 대안이 나올 때까지 찾아 나선다. 부정적인 대안 중에서 하나를 선택해야 한다는 것은 딜레마다."

장마철 국지적인 강한 소나기를 예로 들어 보자. 장마전선이 남북으로 오갈 때마다 동서로 이어진 강수대도 함께 이동하는 것이 보통이다. 그런데 한여름에는 워낙 대기가 불안정하고 공기가 수증기를 다량으로 함유하고 있어, 기회만 생기면 국지적인 호우세포가 발달하여 한두 시간에 호우주의보 기준인 70㎜를 넘는 경우가 허다하다. 북태평양 고기압이 확장하는 국면에서 전선성 강수대를 위주로 강수예보를 냈는데, 한밤중에 전선대에서 북쪽으로 멀리 떨어진 곳에서 갑자기 레이더 반사도가 증가한다고 가정하자. 그리고 현지 주변의 지상 강수량은 이제 겨우 5㎜ 안팎의 적은 강수량을 기록했다고 치자. 더욱이 주변에 우량계도 띄엄띄엄 배치되어 있어, 국지적인 기상 현상을 확인하기 어려운 입장이라면 어떻게 대처해야 할까?

이런 상황에서 전문가들은 다양한 입장에 서게 된다. 일부 이론적 경향이 강한 전문가들은 당초 예보 시나리오를 고수하자고 할 것이다. 관측 자료가 확증적이지도 않은 상황에서, 전국적인 예보 구도를 흐트러뜨릴 명분도 약하다고 본 것이다. 레이더 반사도에도 여러 가지 잡음이 섞여 있어 약한 비를 호우로 오인한 경험이 있었다면 판단을 더욱 주저하게 될 것이다. 반면 실황을 중시하는 전문가들은 레이더 반사도 패턴이 예사롭지 않음을 근거로 제시하며, 호우 특보 기준을 넘기 전에 빨리 특보를 발령하자고 할 것이다. 예전에도 이렇게 불확실한 상황에서 시간을 머뭇거리다가 사고를 당한 경험이 있었다면 더욱 서두를 것이다. 양쪽의 의견이 팽팽한 가운데 불확실성은 크고 대안을 심층 분석할 시간은 부족해서, 결단을 내리기 어려운 처지에 봉착하기 쉽다.

전문가 집단 지성

지나친 확신을 경계해야 "

확증 편견

전문가 집단은 집단사고로 인한 편견의 작용으로 판단에 오류를 범할 가능성이 많은 경우에도, 종종 자신감이 넘치고 자기들이 내린 결론이 맞는다는 데 의심하지 않는다. 경영학자들도 관리자들이 확증편견에 빠지면 "판단 결과를 통제할 수 있다."고 착각하는 경향을 보인다고 지적한다(Das and Teng, 1999). 판단이 실패하더라도 뒤처리를 할 수 있다는 자신감에 젖는다는 것이다. 생리적인 측면에서 보면, 성공에 도취되었을 때 찾아오는 희열(euphoria)로 인해 헛된 자만심에 빠지는 것과 다르지 않다. 코넬대 경영학 교수 에드워드 루소와 와튼 스쿨의 마케팅학 교수 폴 슈메이커는 기업 환경에서 일어나는 집단 의사결정과정에도 유사한 문제가 나타난다고 지적한다(Russo and Schoemaker, 1992).

"1970년대 쉘 경영진은 젊은 지질탐사전문가들이 석유나 가스 매장 위치를 너무 자신 있게 제시하는 바람에, 허탕을 치고는 수백만 달러의 손실을 안게 되어 곤경에 처했다. … 미국의 유수 제조회사는 사내 조사팀이 일당 23~35단위만큼 매상이 오를 것이라고 자신 있게 예측한 것을 받아들여, 예측값의 오차범위가 작다는 기대 하에, 이 정보를 최대한 활용하여 자동화 설비를 갖추는 데 대규모로 투자했다. 그러고 나서 얼마 안 돼 전 세계적으로 불황이 닥쳤다. 판매량은 손익분기점 이하로 떨어졌고, 엄청난 손해를 보았다. 최고의 생산 설비를 갖추려다가 최악의 패자가 된 것이다."

시간이 부족해서 주의가 끌리는 정보에만 의존한 나머지 범하기 쉬운 판단의 오류를 심리학자들은 '확증 편견'으로 분류한다. 정보가 적어도 문제지만 많아도 문제다. 여러 전문가의 의견을 많이 들어도 사정은 마찬가지로 어렵다(McCown, 2010). 이처럼 정보의 홍수에 빠져 충분히 검토하기 어려운 때에는 최근 기억에 남아 있는 정보를 우선 취급하는 경향이 있다. 확증 편견이 지배할 때 전문가 팀이 갖게 되는 대표적인 증상으로 네 가지를 들 수 있다.

첫째, 예보가 틀릴 수 있다는 가능성이 시야에서 사라진다. 둘째, 다양한 대안을 모색하는 데 소홀해진다. 셋째, 다른 의견에 대해서도 충분히 그 이유를 살펴볼 정신적 여유가 없다. 넷째, 집단 의사결정 과정에서 자신감이 지나치게 확산된다. 확증 편견은 교대근무 팀 간 인수인계 과정을 거치면서 더욱 증폭하는 경향이 있다. 예를 들면 호우 특보나 대설특보를 발령해야 할 만큼 기상상황이 악화되어 있을 때, 집단 토의과정을 거치고 그 결과를 다음 조에 인계하는 과정이 반복되면서, 예상 강수량이나 적설이 계속 부풀려지는 때가 있다. 위험기상 현상에 대한 예보를 간과했다가 실제로 그 현상이 나타나 입게 될 외상의 정도가 심각하다는 것이 한 방향으로 집단사고의 편견을 부추긴다.

네빌 니콜스도 장기예보 토의과정에서 나타나는 확증 편견을 예시한 바 있다(Nicholls, 1999). 기후예측 분야에서는 장기예보 정확도가 낮고 예보의 근거로 제시하는 과학적 이론도 다양하므로, 여러 전문가들이 집단적으로 내리는 판단을 중시하는 경향이 있다. 전문가들마다 가용하는 모델결과도 다르고, 모델 자료를 통계적으로 해석하는 방식도 다르다. 그럼에도 불구하고 일단 합의를 통해 장기예보를 도출하게 되면, 전문가 집단은 자신이 내린 최종 예보결과에 대해 과도하게 자신감을 갖게 된다. 예보를 내기 전까지 괴롭혀 온 불확실성의 문제가 일거에 해소된 듯한 착각에 빠지기 쉽다.

　루소와 슈메이커는 사람들이 가진 상상력이 제한되어 있다는 데 주목한다. 상황이나 사건이 앞으로 어떻게 전개될 것인지에 대한 모든 가능성을 전부 살펴보기 어렵기 때문에, 자기들이 판단한 예보에 대해 지나치게 자신하는 경향이 있다고 진단한 바 있다(Russo and Schoemaker, 1992). 게다가 가용한 정보마저 부족하면, 상상력의 한계는 더욱 좁아질 수밖에 없다. 비근한 예가 자동차와 비행기 사고로 인한 사망률의 비교를 들 수 있다. 신문 방송에 매일 등장하는 자동차 사고에 대한 이야기로 인해서 사건의 빈도에 대한 왜곡된 시각을 갖게 된다. 통상 자동차 사고로 사망하는 사람 수가 비행기 사고로 사망하는 사람 수보다 훨씬 많음에도 불구하고, 사람들은 비행기가 더 위험하다고 믿는 경향이 있다. 드물기는 하지만 일단 비행기는 사고가 나면 전 세계적으로 대형 뉴스화제가 되는 데 반해, 자동차 사고는 도처에서 매일 일어나기 때문에 비행기 사고만큼 항간의 주목을 받지 못하기 때문이다.

　관측 사각지대에서 벌어지는 기상현상들도, 가용한 정보가 부족하기 때문에 예보 판단을 흐리게 하는 요인이 되기도 한다. 프랑크 크루넨버그는 강수형태의 예보를 사례로 들어 설명한다(Kroonenberg, 2010). "어는 비가 내리거나 비나 눈이 섞여 내리면서, 국지적으로 강수형태가 지역별로 크게 달라질 때에도, 예보 전문가들은 목전의 실황과 다른 예보 판단을 내리는 데 망설인다." 국지적인 기상현상이 발생하더라도, 관측망이 성글어서 목전에서 이런 사건을 직접 확인하지 않는 이상 관심에서 멀어지고 아무래도 그 현상의 발생 확률도 낮게 판단하기 쉽다. 예를 들면 소나기는 매우 국지적으로 일어나고 한 시간 안에 발달하여 비를 뿌리고 사라지는 돌발성을 보이기 때문에, 당장 눈앞에서 이런 일이 벌어지지 않으면 소나기의 발생 확률을 낮게 예상하기 쉽다.

대표성의 제한

예보전문가는 종종 현재 상황과 유사한 과거 사례를 찾아 상호 비교하며, 현재 상황이 앞으로 어떻게 흘러갈지 상상해 본다. 문제는 대기의 흐름이 매우 복잡하고 불규칙하기 때문에 유사한 패턴을 찾기가 쉽지 않다는 데 있다. 일찍이 에드워드 로렌즈도 대기운동의 예측성을 연구하기 위해, 과거 기록을 뒤져 유사한 일기도를 찾아내고자 했으나 결국 그 뜻을 이루지 못했다(Lorenz, 1969). 기준을 강화하면 비슷한 일기도를 찾기 어렵고, 유사성의 기준을 완화하면 비슷한 패턴을 찾기는 하겠지만, 그만큼 패턴의 대표성은 떨어져 검색의 취지가 퇴색한다.

위성사진이나 레이더 영상에 나타난 대기의 흐름은 매 순간마다 매우 복잡하고 가변적이다. 그럼에도 불구하고 기상전문가들은 유사한 패턴을 식별하여 기억했다가 예보에 응용한다. 유사성의 정도는 다분히 주관적이고 정성적이다. 몇 개 안 되는 주요 식별 인자를 놓고 유사성의 정도를 따져 본 데 불과하다. 그렇기 때문에 이러한 패턴인식 과정에는 필연적으로 대표성의 오차가 따른다. 판사들이 피의자의 처벌 수위를 판정하는 과정에서 인종·성별·직업과 같이 피의자가 속한 사회적 범주에 따라 영향을 받을 수 있다는 조사결과도 대표성의 편견과 무관하지 않다(심준섭, 2006).

베테랑 예보 전문가들이 자신의 경험과 기억을 도구 삼아 자신 있게 낸 예보도 종종 실패로 귀결된다. 일단 비슷한 사례를 찾았다고 확신하면, 그 사례가 제시하는 기록에 집착하게 된다. 그리고는 시야가 좁아져 현재와 비슷한 상황이지만 다른 방향으로 전개하는 시나리오는 등한시 여기기 쉽다. 여러 전문가들이 함께 일하는 예보현장에서, 특히 선임자가 대표성의 편견에 빠진다면 집단 사고와 맞물려 판단의 균형이 깨지기 쉽다. 범죄 심리학자 스캇 프레이서는 《왜 목격자의 증언을 믿기 어려운 것인가?》라는 제하의 강연에서 목격자의 왜곡된 기억으로 인해 멀쩡한 사람을 혐의자로 오인하는 사례들을 지적했다(Fraser, 2012). 사람들은 현실의 일부만을 뇌의 여러 곳에 분산 저장해 놓았다가, 전체 현실을 재현하려면 저장하지 못한 부분에 대해서는 인위적으로 구성해서 전체 기억을 만들어 낸다는 것이다. 즉, 기억이란 실체라기보다는 가공한 것(constructed memory)이라는 것이다. 우리가 확신하는 기억조차도, 실상은 우리가 상상해 낸 허구가 섞여 있다. 따라서 과거에 직접 경험한 기상현상이라도 그 기억이 완전한 것은 아니기 때문에, 최근 진행하는 기상 현상과 유사한 패턴을 과거의 경험 데이터베이스에서 찾아내 응용하는 동안에도 세심한 관찰과 주의가 필요하다는 점을 시사한다.

미국 국립 스톰경보센터의 선임예보관 찰스 도스웰도 유사 패턴을 찾기 위해 애쓰는 예보 전문가의 처지를 다음과 같이 기술하고 있다(Doswell, 2004). "특정 날씨 상황을 유사 패턴 중 하나로 분류할 수 있다면, 그 패턴에 대해 전부터 알고 있던 특성을 감안하여 날씨 예상 시나리오를 유추할 수 있다. … 일기예보에서 매일의 날씨는 독특하고, 다시같은 형태로 재현하지 않는다. 그러므로 예보관들은 매우 작은 표본, 현실적으로는 단 하나밖에 존재하지 않는 표본을 다룰 수밖에 없는 통계적 함정에 빠져 있다." 다시 말해 기상전문가들은 태생적으로 통계 표본의 한계와 대표성의 편견에서 헤어나기 쉽지 않다는 고충을 대변한것이다.

과거 경험의 프레임

프랑크 크루넨버그는 오랜 기간 예보 현장 근무를 통해서 예보전문가들이 과거 프레임에 갇히는 경우를 종종 보아 왔다(Kroonenberg, 2010). "새로운 정보가 들어오더라도 이전에 가졌던 생각과 맞아 떨어지지 않는다면 받아들이기 어렵다. … 엊그제 사건에 시각이 고정된 나머지, 오늘 일어나거나 내일 일어날 수 있는 국지적인 위험 기상현상에 대해눈을 감게 된다." 네빌 니콜스도 이러한 문제를 다음과 같이 지적한다(Nicholls, 1999). "예보관들은 통상 다양한 모델 예측 시나리오를 참조하게되는데, 이 중 처음 대면한 예측 시나리오에 더 많은 가중치를 둔다는것이다. 그리고는 후에 참조한 예측 자료가 처음 검토한 예보안과 상충

전문가 집단 지성

하게 되면, 나중에 본 자료를 무시하는 경향이 있다." 과거 경험의 프레임이 기준이 되어 새로운 정보가 나타나더라도 여기서부터 조금씩 수정해 가게 된다. 기준이 잘못되면 이어지는 판단에도 편견이 따른다. 그뿐만 아니라 상반된 증거가 나오더라도 프레임에 어울리지 않으면 폐기되기도 한다. 이러한 경향은 합리적이고 과학적인 방법을 의사결정에 적용할 때도 나타난다(Das and Teng, 1999).

최근의 경험이나 유사 패턴에 의존한 나머지, 예보 판단의 폭이 좁아지거나 상상력이 둔해지는 경우도 적지 않다. 흔히 겨울철 한파예보를 낼 때, 예보전문가들도 가을에서 겨울로 바뀌는 계절변화에 미처 적응하지 못하고 실제보다 높게 기온을 예상하는 때가 있다. 그러다 한겨울이 지나 봄이 도래하면, 이번에는 실제보다 낮게 기온을 예보하는 경향이 없지 않다. 우리나라는 여름철에 연 강수량의 절반 이상을 기록한다. 봄과 가을에는 상대적으로 강수량이 작다. 그리하여 봄에서 여름으로 계절이 옮겨 가는 과도기에는 강수량을 과소 예보하고, 여름에서 가을로 접어들 때는 과대 예보하는 경향도 없지 않다.

교대 근무하여 전임조의 강수예보를 인수받은 상황에서, 관측 강수량이나 컴퓨터의 예측 강수량이 급격히 늘어나면, 예보관은 최근 정보를 반영하여 십중팔구 내일까지 총 예상 강수량을 늘려 잡는다. 하지만 종종 최근 예측 자료나 최근 실황보다는 모델이 어제 예측한 강수량이 더 실측에 가까운 경우도 종종 있다. 경영 컨설턴트인 샤이엔 카바나와 다니엘 윌리엄스도 이러한 인지적 편견의 문제를 다음과 같이 지적했다(Kavanagh and Williams, 2014). "예보전문가는 가장 최근에 관측한 값에서 출발하여, 새로운 정보나 지식을 참고하여 예측값을 보정해 가는 경향을 보인다. 가장 최신의 실측치가 반드시 예측의 기준점이 되어야 할 이유는 없다. 최근 관측 자료가 지나치게 크거나 작아지면, 전체 예보가 그 방향으로 크게 흔들린다. 그래서 최신 관측값 대신, 최근 일정 기간의 평균값을 출발점으로 삼는 것이 바람직하다.”

경보를 발령했는데 오보가 되어 양치기 소년이 되어 버렸다거나, 호우 경보를 낼 상황은 아닌 것으로 판단했는데 갑자기 집중호우가 쏟아져 언론으로부터 호된 비난을 받고 나면, 유사한 상황을 다시 맞게 되었을 때 평상심으로 예보 업무에 임하기는 어려울 것이다. 다음은 네덜란드 기상청의 한 예보전문가가 겪은 사례를 스위스기상청의 기상전문가 마크로 가이아와 리오넬 폰타나가 전해 온 것이다(Gaia and Fontannaz, 2008).

“2006년 10월 3일 전선을 동반한 비구름 일단이 접근하자 당직 예보전문가는 위험 기상현상이 발생할 수 있다는 생각이 들었다. 하지만 컴퓨터의 예측 프로그램이 계산해서 보내온 두 가지 상반된 정보를 보고 나서 머뭇거렸다. 고 분해능 모델과 앙상블예측모델의 예상결과가 달랐던 것이다. 그 와중에 최근 불유쾌한 예측 실패 경험이 떠올랐고, 최종 결정을 내리는 데 결정적인 변수로 작용했다. 그 예보전문가는 2주 전에도 유사한 기상 상황에 처해 있었다. 당시 호우 경보를 발령했지만 오보로 판명되었다. 쓴 잔을 마신 바로 그 경험이 이번 상황에서는 또 다른 문제를 불러왔다. 이번에는 경보를 내리지 않았는데, 실제로는 스위스 알프스의 남쪽기슭에 위치한 티치노의 중부지대가 급작스런 호우로 침수되어 많은 피해를 입게 된 것이다.” 최근의 생생한 경험으로 각인된 프레임에 갇혀, 새로운 상황변화에 둔감해진 탓이다. 그 예보전문가가 지난번에 경보를 발령하지 않았음에도 호우 피해를 경험했다면,

이번에는 유사한 처지에서 거꾸로 과잉 대응했을 것이다.

예보가 기상전문가의 손을 떠나 방송이나 신문을 통해 국민에게 전파되면, 그 예보는 나름의 생명력을 갖는다. 비가 그친 후 여기 저기 버섯이 솟아나듯이, 뉴스는 공간을 건너뛰며 이동하기도 한다. 인터넷에서는 시간에 구애 없이, 네티즌이 클릭할 때마다 빛의 속도로 정보를 퍼 나른다. 전달과정에서 의미가 달라지고 때로는 왜곡되기도 한다. 이 과정을 그 누구도 통제하기 어렵다. 차후 분석에서 예보가 적중할 가능성이 낮아졌다손 치더라도, 이미 발표한 예보를 주워 담기 어렵다. 그래서 위험기상의 발생 여부가 불확실한 상황에서는 판단을 내리기가 더욱 어렵고, 언론 보도를 통해 형성된 여론의 시선과 비판은 다음 예보에도 영향을 미치기 쉽다.

예를 들면 기상청에서 "이틀 후에 태풍이 국내로 상륙할 가능성이 있지만 그 강도나 접근 경로는 유동적이다."라는 정보를 발표했다고 가정해 보자. 그런데 어느 방송이나 민간기상회사가 한발 나아가 "이 태풍이 과거 태풍 루사나 매미만큼 강력한 힘을 가졌고 큰 피해가 우려된다."고 자극적인 스토리를 발표했다고 하자. 설령 실제 상황은 그다지 나쁘지 않은 쪽으로 전개되고 있다 하더라도, 이미 돌아다니는 유언비어를 주워 담을 수 없다. 미국 기상청에서도 2015년 겨울 뉴욕시에 큰 눈을 예고한 적이 있었는데, 그 후 미디어를 거치면서 이번 대설은 역사적인 대기록이 될 것이라고 계속 확대 양산되었다.

예를 들면, 빌 드 브라시오 뉴욕 주지사는 더 오니언 방송 인터뷰에서 마치 대기록을 확신하는 듯한 발언을 했다. "인정사정없이 무자비하게 우리를 노려보는 눈의 여신의 화마가 곧 우리 주 5개 구역에 뻗쳐,

연약한 우리의 삶을 황폐하게 만들어 놓을 것이다." 일단 예보가 이렇게 방송을 통해 극단적인 방향으로 치달은 후에는, 최신 기상상황을 반영하여 예보를 수정하더라도 대중의 인식을 바꾸기 어렵다. 당시 기상당국은 온대저기압이 더 동편하고 북상 속도도 빨라지는 흐름을 감지하여 뉴욕시의 예상 적설을 줄여 나갔지만 결과적으로 뒤늦은 조치가 되고 만 것이다.

프랑크 크루넨버그는 예보전문가의 고충을 다음과 같이 토로한다 (Kroonenberg, 2010). "한번 발표한 예보에는 날개가 달려 있다. 본 의도와는 다르게 예보의 내용이 와전되는 것을 종종 경험한 예보전문가들은 학습효과 때문에 섣부른 경보 발표를 자제하는 경향이 있다. 경보 기준에 도달할 징후가 농후해 보여도, 상황이 좀 더 악화되어야 비로소 경보를 발표하는 경우도 생길 수 있다. 언론의 지나친 관심과 뒤이은 오보의 비난 쓰나미를 경험한 예보전문가는 필경 다음 예보상황에서 이 선행 학습의 프레임에서 벗어나기 어렵다. … 국민적 관심이 높은 기상상황에서, 학계나 민간의 예보전문가들도 기상당국의 예보와 대응과정을 상시 지켜보고 있다는 점도 고려해야 할 중요 인자이다."

전문가 집단 지성

분산 네트워크와 상황 공유 "

분산 네트워크 환경

여럿이 한 팀이 되어 예보를 판단해야 하는 근무 환경에서는 전체 팀이 같은 상황을 인지하고 공유해야 혼선을 피하고 공동의 목표를 추구할 수 있다. 같은 상황을 놓고도 서로 해석이 다르면, 기민하게 상황에 대응할 수 없다. 여러 사람이 물리적으로 멀리 떨어져 있다면 소통은 더욱 어려워진다. 더욱이 원격으로 떨어져 있는 각종 관측 기기, 컴퓨터, 자동화 도구의 지원을 받아야만 한다면, 분산 네트워크상에서 상황을 인지하는 작업은 더욱 도전적인 과제가 된다.

네트워크 계층

일기예보는 전 세계적으로 분산되어 있는 기기와 전문가들 간의 원격 협업의 산물이다. 기상청 예보 본부는 세계대전을 지휘하는 연합 사령부나 다름없다. 전국적으로 분포한 지상 관측소, 해상의 부이, 기상 레이더에서는 촉각이 신경계를 통해 두뇌로 전달되듯이, 시시각각 변화하는 기상 상황 정보를 내보낸다. 충북 진천에 소재한 기상위성 수신 센터에는 천리안 기상위성이 보내온 각종 구름 영상 정보를 중계한다.

외국에서 관측한 각종 기상자료도 고속 기상통신망에 실려 속속 기상센터에 모인다. 그리고 충북 오창에 위치한 슈퍼컴퓨터는 다양한 경로로 수집한 자료를 분석하고 처리하여 그 결과를 다시 예보센터로 내보낸다. 본부와 지방 기상청에서 근무하는 예보관들은 여러 곳에 산재해 있는 기상센터와 다양한 관측 정보를 공유하고, 매일 정기적으로 영상회의를 통해 공유한 정보를 해석하고 논의하여 예보를 결정한다. 제주 서귀포 태풍센터에서는 슈퍼컴퓨터의 분석자료와 최신 관측자료를 해석하여 태풍의 동향을 감시하고, 경로와 강도를 예보한다.

현재에서 미래 시점으로 예측해야 할 기간이 늘어나면, 상황 인지에 필요한 공간영역도 넓어져야 한다. 일주일간의 날씨를 예측하려면, 북반구 반대편까지 감시해야 한다. 한 달 또는 한 계절의 기후를 예측하려면, 적도지역과 남태평양의 해양 상태뿐만 아니라 고도 30㎞ 상공의 성층권 기류까지도 감시해야 한다. 특히 황사·방사능·화산재와 같이 국경을 넘나들며 대기를 오염시키는 기상현상들에 대해서는 인접한 국가 간 긴밀하게 상황 정보를 공유해야 한다.

지식경영 분야에서는 지식자원을 크게 자료(data), 정보(information), 지식(knowledge)의 세 가지로 구분한다(Kahn and Adams, 2000). 자료는 문자 그대로 관측하거나 경험한 것을 원시적인 형태로 정돈한 것이다. 정보는 컴퓨터를 비롯한 각종 분석 도구를 이용하여 자료를 해석한 결과다. 정보가 의사 결정 과정에 쓰이고 유익한 가치를 창출하는 단계에 이르면 지식이라 볼 수 있다. 전문가에 따라서는 정보와 지식을 혼용하여 사용하기도 한다. 기상정보의 성격을 감안한다면, 기상정보의 네트워크도 다음과 같이 세 가지로 구분할 수 있다.

전문가 집단 지성

첫째, 관측 자료의 네트워크가 있다. 국경 없는 기상현상의 속성상 관측망은 전 세계적으로 펼쳐져 있다. 둘째, 컴퓨터가 계산한 예측 결과나 전문가가 판단하고 종합한 각종 분석 자료의 네트워크다. 전문가들은 이 자료를 확보해야 예보할 수 있기 때문에 이 네트워크에 항상 연결해야 한다. 마치 의사들이 화상회의를 통해 원격 진료하듯이, 일기예보전문가들도 원격으로 토론하고 다른 지역의 기상상황을 함께 고민하기도 한다. 셋째, 최종 생산한 예보자료의 네트워크다. 언론과 방재 유관기관은 일기예보와 각종 기상정보를 대중에게 전달하는 주요 매체이다. 방송에서 일기예보를 전하는 기상캐스터나, 강풍으로 해안 도로를 폐쇄해야 하는 지방자치단체 방재담당자들도 역시 이 네트워크 선상에 있다.

한편 전문 고객들은 이 네트워크를 통해서 예보를 다양한 분야에 응용한다. 예를 들면, 토목전문가는 댐의 수위를 조절하는 데 강수량예보를 활용하고, 해상 관제사는 강풍과 파고예보를 여객항로를 통제하는 데 참고한다. 서로 다른 네트워크는 가상의 개념일 뿐, 물리적 공간에서는 하나의 통신망을 통해 모두 얽혀 있다. 예를 들면 예보자료를 조회하다가 분석 자료를 찾게 되는 경우도 있다. 좀 더 심층적인 판단이나 확인이 필요한 경우도 있기 때문이다.

분산 네트워크의 문제

정보통신 기술이 발전하고 센서 기술이 융합하면서, 현대인의 작업 공간은 더욱 더 분산된 네트워크 환경에 내 몰리고 있다. 현대 전쟁도 무인기가 대거 등장하며, 이를 조종하는 사람과 첨단 기기가 원격으로 분리된 환경에서 벌어진다. 만약 네트워크에 장애가 발생하면 자료가 누락되거나 지연된다. 네트워크의 장애는 없다 하더라도, 네트워크에 연결된 파트너들이 같은 정보를 서로 다르게 해석한다면 협동하는 데 문제가 생긴다.

미세먼지 예보제를 시험하기 시작한 초기에는 환경부 국립환경과학원에서 미세먼지 예보를 담당하고, 기상청에서는 종전부터 해오던 황사예보를 각기 따로따로 담당했다. 황사는 주로 직경이 4~10μm 사이의 큰 입자들로 구성되어 있다면, 미세먼지는 직경이 2μm 내외로 황사보다는 훨씬 작은 입자로 이루어져 있다. 당시에는 먼지 농도를 감시하는 데 PM$_{10}$이라는 먼지 입자농도 측정장치가 주로 쓰였다. 문제는 직경이 10μm보다 작은 입자는 모두 탐지하기 때문에 미세먼지와 황사를 서로 구분하기 어렵고 판별과정에 불확실성이 따른다는 것이었다.

한번은 중국에서 날아온 황사 때문에 먼지 농도가 200$\mu m/m^3$ 가까이 상승했는데, 기상청에서는 황사주의보 기준에 한참 미달했기에 별도의 정보를 발표하지 않았다. 당시 미세먼지가 건강에 미치는 부정적인 영향이 널리 알려지면서 미세먼지 예보에 대한 국민적 관심이 고조되어 있었던 터라, 국립환경과학원에는 언론사의 질의가 쇄도했다. 양 기관이 이 같은 상황을 공동으로 인지하고 있었다면, "옅은 황사로 인한 먼지 농도 상승 때문에 일어난 일시적인 현상으로 우려할 만한 상황은 아니다."고 언론을 통해 발 빠르게 설명해서 쉽게 사태를 마무리할 수도 있었을 것이다. 그러나 당시에는 양 기관이 각기 독립적으로 상황을 감시하고 각기 언론사의 문의에 대응하는 과정에서 일부 혼선이 빚어지기도 하였다. 그 후 양 기관은 통합 예보팀을 구성했고, 기상청에 합동 사무실을 마련하여, 공동으로 상황을 공유하고 대응하기로 조치를 취했다.

2013년 11월 11일 휴일 아침, 서울 삼성동 고층 아파트 단지에 민간 헬기가 추락하는 사고가 일어났다. 사고 헬기가 김포공항을 출발할 당시 수도권에는 아침 안개가 끼기 유리한 기상조건을 갖추고 있었다. 하지만 광역 관측망으로는 국지적인 안개 현상을 탐지하는 데 한계가 있었다. 특히나 종착지인 한강계류장과 김포공항 사이의 경로 상에는 별도의 시정계가 설치되어 있지 않아, 무선 전화로 출발지와 종착지의 목측 기상 상황을 공유하는 것이 고작이었다. 당시 신문기사에서는 김포 관제소, 한강계류장, 조종사가 각각 파악하는 기상상황이 다르다는 점을 지적하였다. 여러 사고 원인이 복합적으로 작용했겠지만, 상황 공유가 부족한 것도 사건에 적지 않은 영향을 미친 것으로 짐작할 수 있다.

교대 근무하는 곳에서는 인수인계하는 시간대가 상황 공유에 특히 취약하다. 리드대학 의학 교수 레베카 랜들과 동료 연구진은 병원에서 담당 의사들이 교대 근무하는 과정에서 제대로 인수인계가 안 되어 일어나는 사고 건수가 전체 사고건수의 15~20%에 이른다는 조사 결과를 언급한 바 있다(Randell et al., 2010). 기상청에서는 오전 8시와 오후 8시에 각각 전임조와 후임조가 임무를 교대한다. 교대 시간은 통상 20~30분 걸리는데, 여름철에는 기상 변화가 심해 다루어야 할 정보가 늘어나므로 그 짧은 시간 동안 충분히 소통하기 어렵다. 특히 장마철에는 새벽이나 아침나절에 호우가 집중하는 경향이 있어서, 후임조가 예보업무를 인수하면서 곧바로 호우 특보를 발표해야 할 경우도 있다.

메리 커밍스는 걸프전쟁에서 일어났던 다음 사례를 인용하며, 상황 공유에 실패하면 어떤 일이 벌어지는지를 극명하게 보여 주었다. "일차

걸프 전쟁이 한창이던 1994년, 미군은 '위안을 주자'는 작전명을 갖고 이란 북부 쿠디시의 100만 명의 난민을 대상으로 인도적 지원을 하던 참이었다. 이 작전의 일환으로 미군은 비행금지구역을 설정하고 쿠르드족에 대한 이라크의 공격을 차단하고자 꾀하였다. 비행금지구역은 미 공군 공중경보통제기 AWAc가 지원하고, F15 전투기가 구역에 침입한 적기를 타격하기 위해 발진 대기하고 있었다. 1994년 4월 14일 두 대의 미군 블랙호크 헬기가 미군, 프랑스군, 영국군, 터키 지휘관, 쿠르드 낙하부대원을 태우고 이 구역을 통과하던 중이었는데, 두 대의 미 F15전투기가 이들에게 오인 발포하여 타고 있던 26명 전원이 사망하였다. … 팀워크의 문제가 이 상황에서 아군을 공격하게 한 결정적인 요인이었다. F15전투기들은 AWAc통제기로부터 아군의 임무 수행 정보를 받지 못한 것이다. … 각 팀원들은 정보를 효과적으로 공유하지 못했고, 결국 AWAc통제기와 F15전투기 간에 서로 다른 의사결정과정을 거치면서, 부정확하고 치명적인 결과가 나타난 것이다."

계속해서 메리 커밍스는 "우량 의사결정의 토대를 튼튼히 하려면 고도의 상황인지 능력과 함께 높은 수준의 집단적 상황공유 능력이 필요하다."고 지적하면서, 그 대안으로 네트워크 통합 전략(network centric warfare)을 제시했다. 전장에서 지식자원을 효과적으로 연결하거나 네트워킹 하여 전력을 증강하기 위한 것이다. 정보 공유와 협업을 작전의 핵심요소에 포함시키고, 집단적 상황 인지능력을 키워 궁극적으로 성공적인 작전을 이끌고자 한 것이다.

분산 네트워크 환경에서 사람과 기계가 효과적으로 협업하기 위해서는 몇 가지 조건이 필요하다. 메리 커밍스는 적정한 자동화 비율, 유연성 확보, 신뢰와 시스템의 성능 유지, 주의력의 적정 배분, 정보 과잉 부담 해소를 필수 조건으로 제시했다. 이외에도 분산 의사결정 방식과 복잡성의 대응체계, 판단의 편견 해소, 운영자의 감시와 관리, 책임감과 투명성도 못지않게 중요한 조건으로 제시했다. 네트워크 통합 전략의 개념은 비단 군사작전뿐만 아니라, 일기예보 분야를 비롯하여 분산 네트워크를 운용하는 대부분의 현대 비즈니스에도 시사하는 바가 적지 않다.

분산 네트워크 환경의 약점을 보완하는 방법을 다음 절에서 논의하기에 앞서, 장점에 대해서 간략하게 언급하고자 한다.

첫째, 자원의 분산은 시스템의 회복 탄력성과 지속가능성을 확보하는 데 도움이 된다. 중앙에서 네트워크를 관리하고 모든 정보를 중앙에서 처리하면 업무 효율은 높아지지만, 장애에는 더욱 취약해진다. 중앙에서 문제가 발생하면 모든 것이 일거에 마비되고 만다. 또한 정보와 자원이 중앙으로 집중하기 때문에, 현장의 상황에 탄력적으로 대응하는 데 한계가 있다. 시스템의 생존을 위해서는 예비용 자원과 안전장치가 필요하다. 네트워크를 분산하고 대체 처리 수단을 확보하는 데 어느 정도는 중복 투자가 불가피하다. 중복 투자는 경쟁을 자극하여 혁신을 촉진하기도 한다. 위기에 봉착했을 때, 대체 수단을 확보하는 데도 유리하다.

둘째, 인지적 측면에서는 원격 소통이 집단적 사고를 피해 가는 수단이 된다. 집단적 사고에 빠지면 자기 확신에 더해서 안전보다는 모험을 감행하는 경향이 있다. 이러한 경향은 특히 집단이 서로 대면하면서 감정을 나누고 토론할 때 심화된다. 하지만 분산된 토의 환경에서는 감정이 없는 무미건조한 기기의 지원을 받는다. 또한 원격으로 사이버 공간에서 논의가 진행되면 동료 전문가 간에도 대면회의보다 집단의 압력에서 자유롭기 때문에 확증편견을 완화할 수 있다고 호주 국방부 군사전문가 메튜 페월은 주장하기도 하였다(Fewell and Hazen, 2005).

상황 공유가 협업의 시발점

관측 자료와 분석 자료의 해석과정은 개인마다 근무환경마다 상당한 차이를 보일 수 있다. 분산 네트워크 환경에서 일어나는 정보의 혼선과 독선적 판단을 피하려면, 같은 상황을 공동으로 인지하는 시스템을 구축해야 한다. 또한 IT 통신 기술을 동원하여 현장의 상황정보가 신속하게 중앙으로 모이게 하고, 중앙에서 분석한 전황이나 조치사항들을 네트워크에 물려 있는 담당자들에게 빠르게 전달해야 한다. 짧은 시간 안에 대용량의 계산 작업을 수행할 수 있는 고속컴퓨터도 필수 요소다.

병원·소방서·기상청·경계초소를 비롯해서 24시간 감시가 필요한 곳에서는 교대근무가 필수적이고, 시간적인 차원의 상황공유 문제도 해결해야 한다. 서로 다른 시간대에 근무하는 전문가들이 인수인계하기 위해 만나게 되면, 시간의 차이를 넘어서서 통시적인 관점에서 변화하는 상황을 공유해야 하기 때문이다. 흔히 전임자가 처리한 업무 내용과 특이 사항을 후임자와 공유하기 위한 방편으로 다양한 인지적 인공물(cognitive artifacts)을 동원한다. 예를 들면 미 해군에서는 전임자가 감시한 상황정보를 로그(log)에 적어 오프라인으로 후임자와 공유하는 방식을 사용한다. 로그에는 중대한 사건, 발생 시간, 인지한 직원, 조치사항이 적혀 있다.

교대근무자의 표준작업절차(standard operating protocol)에는 인지적 인공물을 활용한 상황 공유 방법을 자세하게 다루고 있다(Randel et al., 2010). 정보표시반, 전자 칠판이나 전자 모니터도 인지적 인공물의 일종이다. 여럿이 팀을 이루어 근무하는 곳에서는 대형 정보표시반을 설치하여, 이해당사자들이 전국적인 상황과 전개과정을 한눈에 파악할 수 있도록 한다(한국원자력안전기술원, 2011). 전력이 분산된 전투 환경에서도 가시화 도구를 효과적으로 활용하여, 팀원 간에 상황을 신속하게 이해하고 공유하도록 한다(Hayes, 2004). 전력거래소의 통제센터에서도 극장 스크린만한 대형 화면에 전국의 전력 송전 흐름을 그물망처럼 표시하여, 전문가들이 전력 수급상황을 한눈에 파악하고 공유하도록 하고 있다.

전국 각지에 산재한 원자력 발전소, 화력 발전소, 수력 발전소의 위치와 함께 발전량과 전송량이 시시각각 업데이트 된다. 2012년 9월 중순, 때늦은 고온과 원전장애로 전력예비율이 부족해지자, 전력거래소 통제센터는 기온 1도의 증감에도 극히 예민한 반응을 보인 적이 있었다. 화력 발전기를 기동하려면 최소한 몇 시간 전에 전력수요 증가를 미리 예측해서 사전에 조치를 취해야만 한다. 전력거래소는 물론이고 산업통상자원부, 정부 상황실, 기상청 예보실을 비롯해서 유관기관 담당자들이 같은 상황을 집단적으로 공유하고 공동 대응함으로써, 대규모 정전 사태를 막을 수 있었다.

교통관제센터에도 대형 정보표시반이 설치되어 있다. 전력 송전현

황도 대신 여기에는 전국 주요도로의 교통량이 그물망처럼 펼쳐져 있다. 전국 주요 톨게이트를 기점으로 하여 사방으로 퍼진 도로망 위에 정체구간, 지체구간, 정상구간이 다른 색으로 발광하며 감시자의 시선을 유도한다. 눈이 많이 내리면, 제설차의 위치와 도로의 제설상태가 스크린에 나타난다. 교통 상황을 관제소 직원뿐만 아니라, 톨게이트 사무소, 주요 도로 위의 경찰에 이르기까지 누구나 같은 상황을 인지하기 위함이다. 이 같은 시도는 비단 긴급하게 위험을 관리하는 분야에만 한정된 것이 아니다. 최근에는 유전공학과 같이 여러 분야의 과학전문가들이 공동으로 연구하는 실험실에서도 다중 콘솔 정보화면을 활용하여 연구 진행 상황과 과제 접근 방식을 공유한다(Kulyk et al., 2009).

동작구 기상청 기상센터에도 대형 정보표시반이 설치되어 있다. 지방과 본부의 예보센터가 동일한 자료화면을 띄워 놓고, 분산된 네트워크에 접속한 예보팀원들이 원격으로 기상상황을 공통으로 인지하도록 지원한다. 기상위성의 구름 영상, 레이더의 강우 영상, 지상 기상분포도가 시시각각 달라지는 현재 일기의 흐름을 보여 준다. 이어서 슈퍼컴퓨터에서 계산한 예상일기도는 현재에서 가까운 미래로 일기의 변화상을 보여 준다. 대형 기상정보 스크린에 마주 앉은 기상 전문가는 수시로 과거에서 현재를 거쳐 미래까지 포괄적인 시간 범위를 넘나들며 4차원적인 기상 분포를 머릿속에 그려 본다. 주의를 끄는 특이 기상현상이 식별되더라도, 미리 기상 상황을 파악해 왔기 때문에 원격 영상 회의를 통해 신속하게 대응책을 협의하여 결론에 도달할 수 있다.

영국기상청 예보센터에서는 본부의 선임 예보전문가가 선택한 모델 분석 자료나 해석 요점, 주요 상황 지표들을 예보부서의 전 직원이 상

　　　　　　　　　　　　　전문가 집단 지성

시 모니터 할 수 있도록 지원하고 있다. 심지어 그가 작성 중인 예보해설이나 판단문구도 그대로 내부 통신망을 통해 내보낸다. 선임예보관이 생각하는 과정을 다른 예보관들이 공유함으로써 상황을 효율적으로 공유하기 위함이다.

트웬티대학 인지시스템공학 전문가 올가 굴릭은 공간·시간·사회의 세 가지 축 위에서 인지과정을 논의하였다(Kulyk, 2010). 기상청 예보센터의 대형 정보표시반은 이러한 관점에서 고른 기능적 요소를 갖고 있다. 먼저 지도위의 레이더 영상이나 각종 관측 자료는 지정학적 공간 안에서 벌어지는 기상상황을 식별하도록 유도한다. 둘째, 컴퓨터에서 시뮬레이션한 동영상은 기상장의 현재에서 가까운 미래까지 변화상을 보여준다. 기상위성의 구름 동영상은 가까운 과거에서 현재까지 대기의 흐름을 제시한다. 셋째, 화상회의를 통해 동일한 스크린 정보를 보면서 서로 다른 분야의 전문가들과 의견을 나누는 과정에서, 각자 어떤 자료를 보고 어떤 생각을 갖고 어떤 준비를 하려 하는지를 이해하게 해 준다. 동일한 기상자료를 놓고서도 전문가마다 과학적인 견해가 다양할 수 있어서, 기상 상황을 공유하고 대응 행동에 대한 의견의 일치를 보기까지는 상당한 토론과 논의를 거쳐야만 한다. 인지적 인공물에 표출하는 정보가 너무 많거나 지나치게 다양하면 오히려 정보를 판독하거나 상황을 공유하는 데 지장을 주고, 자동화 편견을 조장하는 부작용이 커질 수 있다는 점도 유의할 필요가 있다(Goddard et al., 2012).

분산된 네트워크 환경에서 상황을 효율적으로 공유하려면, 인지적 인공물을 적절히 활용하는 것에 못지않게 상황 감시에 영향을 주는 관측과 분석환경을 표준화하는 것도 중요하다. 수치모델은 자료동화기술과 연동하여 예측뿐 아니라 감시업무를 표준화하기 위한 핵심 기반으로 자리 잡았다. 관측자료 중에서 원격탐측자료는 일반 관측자료만큼 표준화된 여건을 마련하기가 쉽지 않다. 원격 탐측 기술은 최 첨단과학을 접목하는 만큼, 기술발전 주기가 짧다. 제작사별로 탐측자료의 성질도 제각각이다. 새로 기기를 도입할 때마다 자료 특성이 달라진다. 하지만 자료동화 기술이 꾸준히 발전하여 대부분의 기상 위성 탐측 자료가 수치예보에 효과적으로 쓰이면서, 지역 규모의 기상상황에 대한 전문적 해석의 차이도 많이 줄었다.

다음 단계로, 레이더자료와 낙뢰탐측자료가 수치예보에 본격적으로 활용되면, 국지적인 기상 상황에 대한 전문가적 공감도도 점차 향상될 것이다. 객관적인 모델을 이용하여 상황을 이해하고 판단하면 예보업무에 관여하는 전문가들 간에 공유하는 정보의 일관성과 통일성을 확보하는 데 도움이 된다. 모델은 다양한 관측자료를 체계적으로 정돈하고 통합하기 위한 엔진 구실을 할 뿐 아니라, 자의적인 분석이나 의견의 난립을 막고 대신 표준 예측 시나리오를 제시하는 구심점의 역할도 한다. 하지만 모델이 실황에서 많이 벗어날 경우에는 분석 편차에 대한 대책이 필요하다.

축구나 농구 경기와 같이 여럿이 한 팀이 되어 공동의 목표를 이루기 위해서는 상황을 인지하는 능력 외에도, 소통, 조정, 대리 역할, 상호 점검, 내부 환류, 집단 방향설정과 같은 다양한 능력이 필요하다 (National Research Council, 2012). "농구 시합에서 팀원을 보지 않고도 쉽게 패스하는 것을 보면, 팀원들이 서로 말을 하지 않고도 일련의 복잡한

전문가 집단 지성

작업을 함께 수행할 수 있음을 알 수 있다. 팀원들은 상황을 공동으로 인지하며 효과적으로 상황을 통제하는 것이다. 예를 들면, 남은 경기 시간, 상대 팀의 전력, 옆에서 뛰는 동료의 처지나 공을 넘겨받고자 하는 의욕을 빠르게 간파한다." 일기예보와 같이 지적인 분석 작업이 주류를 이루는 집단 활동에 대해서도, 궁극적으로는 다양한 기능적 측면을 동시에 지원하는 방향으로 인지적 인공물을 설계하는 것이 바람직하다.

집단 지성을 활용하려면 "

물이 흐르듯이

물은 순수하다. 맛도 없고 색깔도 없다. 그래서 중립이다. 물에 무엇인가를 섞으면 금방 드러난다. 그러다가 시간이 지나면 다시 중화된다. 예보 토의에 참여하거나, 방대한 자료의 바다에서 정보를 제련하는 예보 전문가의 자세도 이러한 물에 비유할 수 있다. 어깨에 힘이 들어가서는 마음대로 되지 않고 혼자의 외침이 되어 버린다. 마음이 한 방향으로 기울어지면 그만큼 자연의 전체상에서 멀어져 간다. 토론을 특정한 방향으로 유도하거나 이해관계를 설정하는 순간, 상황에 대한 지배력을 잃는다. 균형이 깨져 어느 한곳으로 치우치면 문제가 생기고 병이 난다. 일기예보, 경기예측, 증시전망을 비롯해서 어느 분야든지 판단 과정에 편견이 개입하면 자료 분석 과정에서 신호대신 잡음을 중시하는 오류에 빠지고, 결국 예측 실패로 귀착한다.

인지적 편견에 따른 판단 오류를 줄이기 위해서는, 누구나 이러한 편견에 빠질 수 있다는 점을 자각하고, 교육을 통해서 편견의 원인과 폐해를 학습하는 수밖에 없다. 이와 병행하여, 인지적 편견을 예방하는 심리적 기법도 도움이 될 것이다(Kebbell et al., 2010). 대안 가설의 분석 기

　　　　　　　　　전문가 집단 지성

법이나 시나리오 기법도 이에 속한다. 인지적 편견도 마음에서 비롯한 것이기 때문에, 그 편견을 치유하는 방법도 마음에서 찾아야 할 것이다. 마음이 순수하면 사회적 환경이나 주변의 편견이나 압력에도 자유로울 수 있고, 중립적 입장을 견지하며 다양한 정보를 비판적으로 분석할 수 있다. 그리고 신호와 잡음이 섞인 혼돈한 현실 안에서도, 국면이 전환하기 시작할 때 나타나는 미세한 흐름에 대해서도 예민한 촉수를 내밀 수 있다.

물은 항상 낮은 곳을 채우며 흐른다. 언제나 실패할 수 있다는 낮은 자세를 가르친다. 지위가 높다고 해서 수직적인 관계에서 바라보며 토의에 임한다면 실무 직원들의 이야기를 가감 없이 수렴하기 어렵다. 중심을 잃고 성급하게 어떤 방향으로 의견을 몰아가는 때를 특히 조심해야 한다고 줄리안 마롤드와 동료 연구진도 경고한다(Marold et al., 2012). 편견에 휘둘려 오판할 가능성이 높기 때문이다. 평소 동료들과 지식과 경험을 공유하는 기회를 많이 가지면 가질수록 수평적인 토론의 효과도 커진다. 비양카 한과 동료 연구진도 일기예보 업무 현장에서 만난 선임 예보관의 특성을 다음과 같이 적었다(Hahn et al., 2002). "경험 많은 예보관은 위험기상 현상이 발생했을 때, 자신만의 경험으로 어려운 사태를 독점하지 않는다. 오히려 이 기회를 잘 살려서 동료들과 착안점을 함께 발견하고, 소통하고, 지식을 공유한다는 점을 보여 주었다."

노자의 《도덕경》 78장에 나오는 다음 경구는 물처럼 낮은 자세로 수평적인 관계를 유지하며 토론 참가자의 의견을 존중하도록 권유한다 (Smith, 1991). "단단하고 견고한 것을 녹이는 데 물만 한 것도 없다. 약한 것이 강한 것을 이기고, 부드러운 것이 딱딱한 것을 넘는다." 노자는 한

걸음 더 나아가 《도덕경》 17장에서 지도자의 최고 덕목을 논하면서 다시 부드러움을 강조한다. "지도자의 최고경지는 사람들이 그가 지도한다는 것을 느끼지 못할 때 이루어진다. 지도자가 말없이 행하고 그의 뜻을 이루었을 때, 사람들은 말한다. 이 모든 것이 우리가 잘해서 이룬 것이라고." 토론과정에서 리더가 자기의 뜻을 거칠게 관철하기보다는 다른 사람의 공감을 얻어 결국 바람직한 결론에 도달하는 것에 비유할 수 있다.

심리학자들은 판단에 감정이 개입하면 경험이나 직관에 끌려가기 쉽다는 데 대체로 동의한다(Bosman, 2006). "판단의 속도가 중요한 국면에서는 직관이 전면에 등장한다. … 분노가 치미는 때와 같이 상대방의 답변을 기다릴 겨를이 없거나, 문제를 빨리 해결하고 싶은 욕구가 일어날 때는 특히 그러한 경향이 심해진다." 정서적 분위기에 따라 직관이 사고에 작용하는 비중도 달라진다. 흔히 긍정적인 분위기에서는 직관이 앞서고, 부정적인 분위기에서는 분석적 사고의 비중이 커진다고 한다. 또한 두려움을 느낄 때는 직관이 억눌려 경직된 가운데 판단하기 쉽다고 한다.

시간이 충분할 때는 최선의 해법을 찾으려는 긍정적인 분위기보다는, 최악의 상황을 염두에 둔 부정적인 분위기가 분석적 사고의 안내를 받는 데 유리할 것이다. 시간이 없거나 사안이 불확실할 때는, 초조한 분위기보다는 긍정적인 분위기를 조성하는 것이 직관의 힘을 빌리는 데 유리할 것이다. 하지만 어느 경우든지 간에 직관에는 인지적 편견이 따르기 때문에 가장 좋은 방법은 평온함을 유지하며, 상황을 있는 그대로 느끼고 받아들이는 것이다. 회의의 결론에 도달할 때까지 팀원들이 서로 감정을 절제할 때, 가장 바람직한 판단 결과가 나왔다는 연구 결과도 이러한 논지를 뒷받침한다(Tran, 2004).

프랑크 크루넌버그도 감정을 절제하고 평정심을 유지하라고 권고한다(Kroonenberg, 2009). "예보전문가는 사회적 맥락에서 활동하고 사회의 수요에 부응하여 맞춤 서비스를 제공할 수 있다. 하지만 인간적 요인때문에 상식적 판단과 정보의 논리적 일관성을 외면하거나, 다양한 모델이나 기법으로 구한 객관적 정보를 소홀히 다루는 약점도 갖게 된다. 이러한 문제를 피하면서 인간적 요소의 장점을 최대로 살리고자 한다면, 극단적인 감정을 절제하고 평정심을 유지해야 한다." 설명 책임성을 강조하는 것도 감정이 판단에 미치는 부정적 영향을 줄이는 데 도움이된다(Lerner et al., 2015). 여러 전문가 앞에서 자기가 판단한 이유를 설명하도록 한다면, 분노와 같은 일시적인 감정에 끌려다는 것을 피하는 대신판단에 중요한 자료에만 집중하도록 유도할 수 있다는 것이다.

앞서 2장에서 살펴보았듯이, 과학적 방법은 그 자체가 설명 책임성을 확보하기 때문에 감정의 영향에서 좀 더 자유로울 수 있다는 점에 주목할 필요가 있다. MIT공과대학의 전략전문가 피터 생지와 동료연구진도 불확실하고 복잡한 세계에서는 섣부른 판단을 유보하고 대신 상황을 주의 깊게 탐색해 볼 것을 권고한다(Senge, 2005). "상황을 관찰할 때는 그 의미를 찾기 위해 성급한 결론을 유보하고 일견 무관한 듯한 여러 자료들과 부대끼며 씨름할 수 있어야 한다. 그래야 새로운 시각에서 사물이나 상황을 바라볼 수 있고, 경직된 사고의 위험에서 벗어날수 있다." 특히 자동화 기기의 도움을 받아 판단해야 하는 현대의 의사결정 환경에서는, 반응 탄력성(response flexibility)을 회복해야 자동화의 편견에서 벗어날 수 있다(Glomb et al., 2011).

반대 의견을 발굴해야 한다

지혜를 구하려면 자신의 세계 안에서 쌓아 올린 지식을 버리고, 대신 그 자리에 다른 사람의 생각을 받아들일 수 있어야 한다. 수피파 교리에서도 비슷한 지침을 찾아볼 수 있다(Pourdehnad et al., 2006). "자신의 생각과 모순되는 입장에 설 수 있다면 그만큼 현명해질 수 있다. 그래서 최고 경지에 이르면 타인의 생각을 진정으로 받아들이게 된다. … 이것이 마음을 정제하기 위한 시작이자, 정신적으로 높은 경지에 도달하는 유일한 방법이다."

지식이 확장하는 과정에도 필히 외부의 행위자가 관여한다고 키반 델 헤이즌은 심리학의 도움을 빌어 다음과 같이 말한다(Heijden, 1997). "암묵적 지식을 드러나게 하기 위해서는, 외부의 행위자를 불러들여 아직 관계를 갖지 못한 경험적 지식 조각을 공동체나 사회의 지식 체계와 맞닥뜨리게 해 주어야 한다. 이것이 교사나 건전한 위원회가 해야 할 일이다. 심리학자 레브 세메노비치 비코츠키는 근접발달 영역(zone of proximal development)의 개념을 도입하였다. 교사가 조금 지도해 주었는데 어린 학생이 현재의 이해 수준을 뛰어넘어 더 많은 것을 깨닫게 된다는 점을 설명해 보인 것이다."

《주역》의 문점(問占)이 각성의 기회를 주는 과정도 비슷한 맥락이다(정병석, 2007). 무작위 방식으로 괘를 선택하고 그 의미를 구하는 동안에, 자신이 통제할 수 없는 새로운 행위자가 그동안 잠자고 있었던 근접발달영역을 깨운다고 볼 수도 있다. "어떤 피치 못할 선택을 할 경우 나 아닌 어느 누구도 결단을 할 수 없을 경우, 그 결단이 자신 이외 어떤

전문가 집단 지성

사람도 책임을 가지지 않을 경우, 문점은 매우 중요한 조언과 참고 자료의 역할 … 텍스트의 괘효사가 제공하는 정보를 통하여 자기 자신을 돌아보고 스스로의 문제를 해결할 가능성을 발견하게 된다. 사실 그것은 이미 자신의 잠재의식 속에 들어 있던 것인데, 텍스트에 의해서 구체화된 것이라고 할 수 있다. 주역은 자신의 마음속에 있는 것을 거울처럼 비춰 주므로, 그 속의 지혜와 당신의 지혜는 서로 공명한다고 말하는 것이다."

예보전문가들이 집단적으로 토의하고 판단하는 과정에서 집단 편견으로부터 벗어나려면, 우선 반대의견에 귀를 기울여야 한다. 스캇 암스트롱도 악마의 옹호론(devil's advocate)을 도입해서 찬성 일색인 안건에는 일부로라도 반대의견을 찾아내라고 권고한다(Armstrong, 2001a). "반대 의견이 성립하는 배경과 이유를 이해하도록 노력하고, 예보가 실패할 수 있는 개연성을 끊임없이 탐색해 보아야 한다." 나와 의견과 다르더라도 그 의견의 타당성을 검토해 보아야 한다. 그래야 상황이 나의 생각과 다르게 흘러가더라도 빨리 적응할 수 있다.

경영 컨설턴트인 줄리언 트레저는 《소리 건강을 지키는 8가지 방법》이라는 제하의 강연에서 "듣는다는 것은 적극적인 행위"라고 보았다(Treasure, 2010). 대화할 때 특정 "목적"을 염두에 두고 "폐쇄적인 방식"으로 듣는 대신, "함께"하는 자세로 대화의 여정을 즐기면서 "개방적인 방식"으로 들으라고 충고한 바 있다. 긴장하며 토론에 임하지 않는다면, 반대의견을 충분히 경청할 수 없다. 깊이 있는 상황의 분석과 심도 있는 토론이 어렵다. 희미하지만 큰 흐름을 암시하는 결정적인 신호를 놓치기 때문이다. 의사결정자들은 자기들에게 부정적인 예측 결과가 나오면 우선 부정하고 보는 경향도 없지 않다. "비록 예보가 부정적인 내용을 담고 있더라도, 예상되는 결과를 시나리오 또는 미래에 대한 이야기 형식으로 짚어 준다면, 큰 반발 없이 대안으로 제시할 수 있다."고 스캇 암스트롱은 제안한다.

폴 사포가 예보전문가의 덕목 중 하나로 "빨리 결정하고 부지런히 수정하라."고 권고한 것도, 반대 의견을 존중하는 자세와 상통한다. 예보라는 것이 연구와는 달리 제한된 자원으로 결정할 수밖에 없기 때문에, 만일 만족할 만큼 분석하지 못했더라도 신속하게 결정해야 한다. 하지만 일단 결론을 내린 후에는 그 예보를 반증하는 증거를 부지런히 수집해야 한다. 가설에 들어맞지 않는 자료에 대해서도 관심을 갖고, 자료의 신뢰 여부를 따져 보면서도, 동시에 나의 가설에 문제점은 없는지 의문을 던질 수 있어야 한다. 언제라도 상황의 변화에 따라 예보를 수정할 수 있도록 대비하라는 것이다.

수시로 상황변화에 따라 예보를 수정해 가려면 불가불 종전의 입지에서 자유로워져야 하고, 이 과정을 반복하는 동안에 자연스럽게 과거 경험의 프레임에서 비롯한 편견을 줄일 수 있다. 그럼에도 불구하고 확증 편견에서 벗어나기는 어렵기 때문에, 다음 절에서 살펴보겠지만, 다양한 의견을 청취하면서 자신의 견해를 비판적으로 바라보는 기회를 늘려야 한다(Das and Teng, 1999).

전문가 토의 중에 한 방향으로 치우치지 않으려면 나 자신의 생각과 가정과 한계에 먼저 도전해야 한다. 예보전문가의 생각도 모델에 불과하다. 세상을 보는 하나의 프레임일 뿐이다. 그 프레임을 통해 걸러진 정보도 주관과 경험의 세계에 갇힌 제한적 지식이다. 우리는 도넬라 메

전문가 집단 지성

도우의 다음 권고에 귀를 기울일 필요가 있다(Meadows, 2009).

"여러분이 알고 있는 모든 것도 모델이고, 우리 각자가 알고 있는 모든 것도 모델일 뿐이라는 것을 기억하라. 모델의 한계를 벗어나야 한다. 다른 이들로 하여금 당신의 가정에 도전하도록 허용하고, 그들의 가정을 당신의 가정과 함께 고려하라. 가능한 하나의 설명이나 가설이나 모델을 고집하는 챔피언이 되기보다는, 가능한 한 많은 대안을 수집해라. 그리고 그 대안들을 동등한 입장에서 따져 보고, 증거를 찾아 잘못된 것이 밝혀진 대안을 폐기하라. 그렇게 함으로써 당신의 에고에 뿌리를 둔 가정을 폐기해야 하는 증거를 정서적으로 온전하게 받아들일 수 있게 될 것이다."

고대 중국인들이 무작위로 추출한 숫자의 조합으로 주역의 패턴을 찾아 현재 당면한 문제를 이해하거나 미래의 변화를 읽는 과정도, 자신의 지식과 아집에서 벗어나 전혀 새로운 각도에서 상황을 바라보려는 "패러다임 전환"의 수단으로 이해해 볼 수도 있겠다. 극작가인 몬도 섹터는 주역의 신탁에서 핵심적인 역할을 하는 "무작위"의 의미를 다음과 같이 전한다(Sector, 1998). "무작위 수를 꺼내는 과정을 통해서 신탁을 구하는 자가 의도적으로 원하는 궤를 만지지 못하게 만든다. 그리하여 각 상황이나 사안마다 전혀 기대하지 않은 관점이나 새로운 시나리오가 탄생한다. 개인적인 욕구나 국면은 차단하는 대신, 바로 무계획적인 해석이나 결단을 끌어내는 것이다. 즉, 동적인 문제를 해결하는 데 참신한 방향성과 자생적이고 창의적인 접근 방법을 제시한다."

스티브 모리지와 스티브 프레이어도 "예보란 생산하는 것이 아니라 창조하는 것이다."라고 주장하였다(Morlidge and Player, 2009). 계속해서 "조직 내의 다양한 사람들과 다양한 지식과 경험과 동기를 교류해야 창작 과정이 활기를 띨 수 있다."고 부연한 것도, 토론 과정의 종합적(holistic) 특성을 의식한 것이다. 여러 전문가들이 토의를 통해 합의에 이르는 과 정은 단순한 의견의 취합도 아니고, 더욱이 일방적인 의견의 일치도 아 니며, 한 차원 높은 종합을 향한 창의적 활동이라는 것이다.

다양한 의견을 가감 없이 종합해야

스캇 암스트롱이 예보 핸드북에서 권고한 바와 같이, 예보하기 전에 가능한 모든 위험기상 시나리오를 설정할 수 있어야 예보 편견 을 줄일 수 있다. 폴 사포는 이를 다른 말로 '불확실성의 깔때기(cone of uncertainty)'의 외연을 적정하게 설정하라는 말로 대신하고 있다. 외연을 너무 좁게 잡으면 목표물을 놓치지 쉽고, 너무 크게 잡으면 제한된 시간 안에 대안을 충분히 탐색하기 어렵다.

시나리오나 대안을 준비하는 과정에서, 2장에서 상술한 바와 같이, 앙상블 예측 기법을 활용하면 예보의 불확실 정도를 정량적으로 산정 할 수 있다. 일반적으로 예보 정확도를 모르거나, 예보 상황이 불확실 하거나, 예보실패가 큰 부담이 될 때 앙상블 예측 기법은 특히 유용하 다(Armstrong, 2001b). 다수의 의견이나 시나리오를 종합하여 의견을 수렴 하기 위해서는 다음 몇 가지 원칙을 고려할 필요가 있다.

첫째, 컴퓨터 모델의 도움을 받을 수 있다면, 가능한 한 이론이나 가정이 다른 모델의 결과들을 종합적으로 검토하는 것이 효과적이다.

폴 사포는 "아무리 강력하고 매력적인 제안이라 하더라도 가볍게 받아들이도록 사고를 유연하게 가져갈 필요가 있다."고 제안한다(Saffo, 2007). 그렇지 않으면 그 제안이 전체 집단의 사고를 지배하여 집단 편견을 부추기기 때문이다. 기상모델에서는 초기조건, 물리과정, 경계조건을 각각 다르게 설정하여 다양한 예측 시나리오를 산출한다. 앙상블 예측 기법을 활용하려면 컴퓨터나 전문가 시스템의 계산 결과를 종합할 수도 있지만, 다양한 전문가의 주관적 판단에만 맡길 수도 있다. 물론 양자의 조합도 가능하다. 자동화 기기나 정보시스템의 지원을 받기 어려운 처지에서는 순전히 전문가 토의를 통해서 합의에 이를 수밖에 없다. 이런 때는 다양한 경력과 전문성을 가진 예보전문가를 초빙하는 것이 바람직하다. 하지만 현실에서는 분석 자원과 시간이 제약되어 있어, 무작정 대안을 늘려 가는 데 한계가 있다. 그렇더라도 최소한 5가지 이상의 대안을 종합적으로 검토하라고 스캇 암스트롱은 권고한다.

둘째, 각 예측 시나리오들은 상호 독립적이어야 한다. 시나리오를 산출하는 과정에서 가정한 초기조건, 외부 강제력, 경계조건이 상호 독립적이어야 한다. 판단과정에서 편견을 줄이기 위해서는 가능한 한 이질적인 대안 시나리오를 확보해야 한다. 그러나 극값은 특정 방향으로 편차를 늘리기 때문에, 대안 중에서 양 극단은 폐기한다. 심사위원들의 평점 중에서 가장 높은 값과 낮은 값을 제외하고 평균을 취하는 것과 같은 이치다. 전문가 집단은 특유의 프레임을 갖고 선별적으로 정보를 공유하는 경향이 있어서 다양성을 훼손하지 않도록 유의해야 한다(Tran, 2004). 집단적 판단에는 확증편견이 작용하여 이미 친숙한 관점과 상반된 정보를 공유하는 데 인색해지므로, 이종의 전문성이나 기질을 가진

전문가를 팀원으로 끼워 넣어야 한다. 또한 집단은 이미 알고 있는 것을 주로 다루지 새로운 제안을 달가워하지 않는다. 따라서 영향력 있는 전문가로 하여금 대안을 제시하게 하거나, 해당 집단을 대변하는 토론 참가자의 숫자를 줄여 집단의 압력을 무마하는 것이 효과적인 해법이다.

셋째, 지식과 경험을 활용하여 각 예측 시나리오에 부과하는 가중치를 조정한다. 개별 예측 시나리오의 특성을 잘 모르는 경우에는 시나리오마다 동일한 가중치를 두더라도 상당한 효과를 거둘 수 있다. 미 해군 합동 태풍경보센터에서는 여러 모델의 태풍예상경로에 다양한 가중치를 두고 예측 성적을 비교한 실험을 수행한 바 있다. 일반적으로 단순한 산술 평균만 취하더라도 높은 예보 정확도를 보였다. 심지어는 어쭙잖은 가중치를 두어 시나리오를 평균했을 때 결과가 더욱 부정적으로 나왔다(개인서신). 전문가들의 의견을 종합해야 할 경우에도, 한 전문가에게 같은 예보를 여러 번 물어본다면, 판단의 일관성을 확인할 수 있다. 반복적으로 질문하는 과정에서 전문가들끼리 의견을 서로 공유한다면, 델파이 기법과 유사한 방식으로 개인적 편견을 효과적으로 줄여 갈 수 있다.

넷째, 예측 불확실성을 따져 본다. 예측 실패의 이유를 작성해 보는 것도 불확실성의 크기를 산정하는 데 도움이 된다. 전문가의 비공식적인 의도나 기대성향을 미리 파악해 두면, 그 전문가가 제시한 의견을 더 많이 이해할 수 있다. 일기예보처럼 교대근무를 통해 정기적으로 예보를 생산하는 분야라도, 예보를 수정할 때마다 언제 누가 왜 그렇게 판단했는지 기록해 두고 그 과정을 음미해 보면, 전문가의 예보 특성을 파악하는 데 도움이 된다(Armstrong, 2001a). 일단 불확실성의 크기를 산정한 후에는, 다시 이 값을 최소한 두 배 이상 늘려 불확실성의 수위를 높여야 한다고 스피로스 마크리다키스는 권고한다(Makridakis et al., 2010). 사람들이 자신의 판단을 과신한데다 집단 사고의 영향으로 불확실성의 크기를 과소평가하는 폐단을 피하기 위함이다.

다섯째, 불확실성이 높은 상황에서는 보수적으로 예보한다. 여러 의견이 난립하거나 서로 대립할 때는, 최종 예보 판단 결과가 관행적인 지표나 기준에서 크게 벗어나지 않도록 하는 것이다(Armstrong, 2001a). 예를 들어 오랜 가뭄 후에 장맛비를 예보해야 하는 상황에서는 지속적으로 건조한 날이 이어지는 지속성을 예보의 기준으로 삼을 수밖에 없다. 폴 사포는 불확실성이 높은 때를 가려서, 심할 경우 예보를 아예 생산하지 않도록 권고한다(Saffo, 2007).

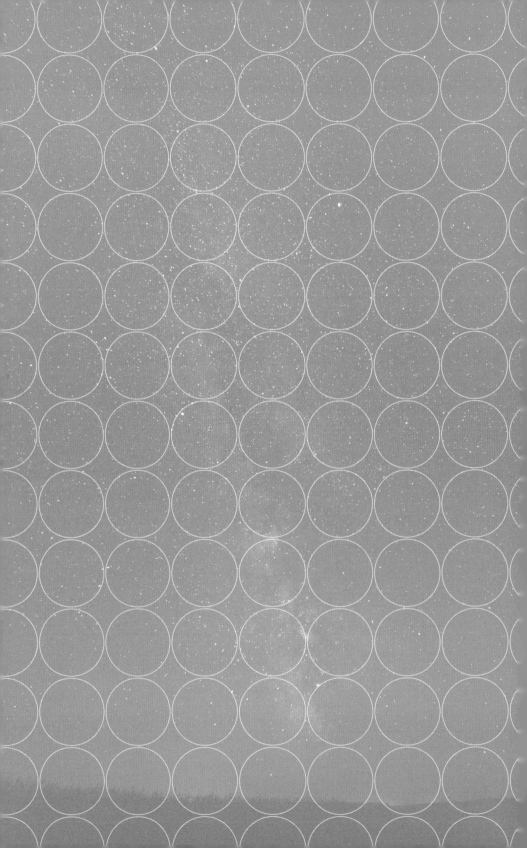

Chapter 05

자연과의 대면

"일어날 수 있는 모든 불운을 감안하면서,
불운이 닥치더라도 곧바로 패배하지 않도록 적절한 준비를 해왔다면,
용감하게 불확실성의 그늘 속으로 진군해 가야 한다."

– 칼 본 크라우제비츠

극단적인 상황 "

생각할 겨를이 없을 때

날씨가 순탄할 때도 있지만 급박하게 요동치는 경우도 있다. 시간당 몇 십㎜씩 강한 비가 한곳에 집중된다든지, 강풍이 몰아친다든지, 강한 황사가 중국에서 몰려온다든지, 시간당 5㎝씩 도로에 눈이 쌓인다든지, 갑자기 해무가 몰려오며 해안도로가 한 치 앞도 분간하기 어렵게 안개가 자욱이 낀다든지, 우박이 내리거나 번개가 친다든지, 일 년 열두 달 위험 기상현상으로부터 온전히 자유로운 시기는 없다. 특히 여름철, 강한 소나기에 동반된 뇌전·우박·강풍·호우는 이삼십 분 안에 상황이 급격하게 악화되기 때문에 수분 안에 위험 수준을 판단하고 적절한 특보를 발표하지 않으면 상황을 통제하기 어려운 지경에 이른다.

일례로, 2013년 7월 4일, 장마전선은 남해상에 걸쳐 있었고, 중부지방은 고기압 가장자리에서 대기의 에너지는 언제라도 터질 듯 폭발 직전에 있었으나, 고기압이 뚜껑을 막는 역할을 해 주면서 당일 저녁까지도 특이한 기상 동향은 보이지 않았다. 그런데 미약한 상층 골이 중부 쪽으로 동진해 가면서 레이더 영상에는 경기 동부지방에 콩알만 한 소나기 구름대가 나타났다. 처음에는 잠시 지나가는 소나기로 보였으나,

점차 강수 강도가 거세지더니 30분도 채 안 돼 강수량이 50㎜를 넘어서자 기상센터에서는 긴급하게 호우 특보를 발표했다. 결국 그 비구름은 3~4시간 동안 한자리에 머무르면서 170㎜라는 많은 비를 뿌린 후에야 소멸했다.

이러한 위험 기상 현상들은 일과 중에만 찾아오지는 않는다. 오히려 심야나 휴일에 갑자기 나타나기도 한다. 위험 기상을 감시하고 적시에 경보를 발표하는 작업은 매우 도전적이다. 급박하게 돌아가는 상황에 대해 짧은 시간 안에 신속한 결단을 내려야 하기 때문이다. 이런 극심한 스트레스 환경은 비단 기상분야에만 있는 것은 아니다. 산불 진화, 조난 선박에 대한 긴급 구난활동, 공항에 이착륙하는 여객기의 관제, 항만에서 선박의 피항이나 출항 통제, 적과의 교전이나 테러 진압에 나선 특수부대 활동에서도 모두 비슷한 문제에 직면해 있다. 메리 커밍스가 제시한 사례를 살펴보자.

"1998년 7월 3일, 290명의 승객과 승무원을 태운 이란항공 655편이 이란의 반다 아바스 공항을 이륙하여 아랍 에미리트 두바이를 향해 날기 시작했다. 불행하게도 그 비행기는 목적지에 끝내 가지 못했다. 미 해군 이지스함 빈센스가 호르무즈해협에서 이 여객기를 격추했고, 탑승객이 전원 사망했다. … 사람-기계 전문가 시스템이 워낙 복잡하다 보니 두 가지 정보를 잘못 해석한 것이 화근이 되어, 함장이 오판한 것이다. 첫째, 그 여객기가 고도를 낮추고 있다는 보고를 받은 시점에서, 실제로는 고도를 높이고 있었다. 다시 말해 공격모드 신호가 아니었다. 둘째, 민항기와 전투기를 구분하여 아군과 적군을 식별하는 과정에서 적군으로 오인한 것이다. … 임기응변에 의존하는 탐색적 판단기법(heuristics)은 유용하고 강력한 도구이기는 하지만, 편견과 오류를 동반한다. 특히 방대한 자료를 짧은 시간 안에 처리할 경우에는 오판의 가능성도 커진다. 여기에는 자료의 대표성 결핍, 초기정보로 각인된 관점의 고착, 가용한 정보의 한계라는 세 가지 요인이 결부되어 있다. 빈센스호 사건은 실전적 판단요소들이 서로 잘못 엮이면 정보가 분산된 전장에서 어떤 문제가 일어날 수 있는지를 보여 준다."

극심한 스트레스와 싸워야 하는 근무환경에서 일어나는 의사결정의 문제점을 우리엘 로젠탈과 폴 하트는 다음과 같이 지적한다(Rosenthal and Hart, 1991). "스트레스가 커질수록 의사결정자들은 상황을 유연하게 인지하는 능력이 점차 감퇴하는 경향을 보인다. … 위기상황이 닥치면 다양한 정보나 의견이 충돌하여 생겨나는 인지적인 혼란을 조급하게 떨궈 버리고 싶어진다. … 여럿이 함께 결정할 처지가 되면 동질적 의견으로 수렴하는 집단사고의 편견이 작용한다. … 그 밖에도 과거 경험이나 다른 피난처에서 유사한 패턴을 찾아내어 불확실성을 해소해 보려 하거나, 정서적으로 가까운 지인이나 즐겨 찾는 소스에서 나온 정보를 우선적으로 신뢰하는 습성도 보인다."

부연하여 전문가들이 위급한 상황에서 맞이하는 의사결정의 특성을 다음과 같이 묘사한다. "당면한 위기로 인해 스트레스를 받으면, 전문가들도 사안이 다양한 방식으로 전개될 가능성을 합리적으로 검토할 여유가 없다. 또한 자기들의 임무가 구체적인 사안에까지 명시되어 있지 않기 때문에, 때로 월권하여 지나친 정책 간섭을 하기도 한다. 전문가들도 위기 상황에서는 충분히 분석적인 판단을 내릴 여유가 없으므로, 그들이 제공하는 정보의 한계를 이해하고 정보의 품질에 대한 기대수준을 낮추어야 한다."

법을 강제로 집행하거나 치안을 담당하는 직무도 예외가 아니다. 정보가 매우 부족하고 생각할 여유도 없는 긴박한 상황에서 판단을 내려야 할 때가 많다. 범죄수사 전문가 프레드 르랑은 현장 수사관의 고충을 다음과 같이 토로했다(Leland, 2009). "주변 상황이 긴박하게 전개되거나, 담당자가 방심하고 있을 때 돌발적인 상황에 직면하게 되면 미처 대비할 여유가 없다. 그리고는 점차 드러나는 결정적인 단서를 놓치게 된다."

블랙스완과 퍼펙트스톰

위기상황은 소위 도널드 럼스펠드 전 미 국무장관이 명명한 "모른다는 것을 모르는 일"이나 나심 니콜라스 탈랩이 명명한 "블랙스완" 같은 사건이 벌어질 때 정점에 이른다. 상상할 수도 없는 일이 일어났을 때, 우리의 대비도 가장 취약하다. 이럴 때는 예상과 조금 달라지는 듯한 일탈의 신호에도 예민하게 주의를 기울여, 위험의 전조를 찾아내서 발 빠르게 패러다임을 바꾸어 대응하지 않으면 상황을 관리하는 데 실패하기 쉽다.

기상분야에서는 집중호우 예보나 특보를 발표할 때가 이런 경우에 속한다. 특히 국지성 호우는 기상분야의 블랙스완에 가깝다. 물론 과거에도 국지성 호우가 여름철에 종종 나타난다는 것은 이미 알려져 있으나, 기후변화가 심화되면서 과거 기록을 경신하기 때문이다. 태풍 루사가 남해안으로 북상할 때, 강원 동해안에서 일일 강우량이 900㎜에 육박한 것이 대표적인 예다. 물론 국지성 호우는 여러 가지 요소들이 우연히 상승 작용하여 극단적으로 발전하는 "퍼펙트 스톰(Perfect Storm)"과 대비해 볼 수도 있겠다. 이례적인 강원 동해안 호우도 북상하는 태풍이 몰고 온 난기, 때마침 남하한 동해북부 해상의 한기, 태백산맥의 바람 버팀목, 이 3박자가 우연히 맞아떨어져 일어난 우발적 사건으로 볼 수도 있다.

원래 퍼펙트 스톰은 세바스챤 융커가 1991년도에 쓴《헬로윈 폭풍》을 각색하여 만든 영화 제목으로, 허리케인이 몰고 온 열대 수증기, 저기압의 남서풍, 북서쪽 고기압 주변을 따라 남하한 한기가 합세하여 폭발적으로 발달한 저기압 폭풍을 지칭한 것이다. 그 후 이 용어는 경제학자들 사이에서 미약한 요소들도 우연히 한데 결합하면 음의 환류 고리가 형성되어 극단적인 경제 파국을 몰고 올 수 있다는 비유로 사용되어 왔다.

하지만 블랙스완이나 퍼펙트스톰도 이론적인 개념일 뿐, 현실세계에서는 양자를 구별하기가 쉽지 않다. 스탠포드대학의 경영과학 교수이자 공업위험 분석가인 엘리자베스 빠떼 코넬은 실용적인 관점에서 이 문제를 바라본다(Paté-Cornell, 2012). 특정 현상이 블랙스완인지 퍼펙트스톰인지를 구분하는 것보다는 그런 현상에 동반한 위험의 실마리를 사전에 인지하고 적절하게 대응하는 것이 최선이라는 것이다. 지진 분야가 대표적인 사례다. 애리조나대학 기상학 교수 다니엘 사례위자와 콜로라도대학 기상학 교수 로저 필케는 지질학이 현상을 예측하기보다는 상황에 따라 대응하려는 방향으로 발전해 왔다고 보았다(Sarewitza and Pielke, 1999).

"지질학은 미래를 예측하고자 하지 않는다. 학제적 전통에 따라서 기복이 심한 과거의 기록에 집중한다. … 과거 기록에서 개별 지진 사례가 차지하는 비중 또한 변동이 심하다. 표본 중에서 하나의 사례만 달라져도, 전체 표본의 통계와 추세도 민감하게 반응한다. 이처럼 과거 기록, 변동성, 자료해석에 집중하는 기질은 현상을 분류하고 불변의 규칙을 찾으려는 환원주의의 목적과는 본질적으로 다른 것이다. … 복잡 시스템을 예측한다는 것은, 아무리 관측을 많이 하더라도 유한할 수밖에 없는 과거 기록 안에서, 종잡을 수 없이 변동하는 관계를 규정하려는 시도다. 환원주의 과학의 예측과는 달리, 이런 유의 예측은 시간과 장소에 따라 다르게 대응해야만 한다."

블랙스완이나 퍼펙트스톰 같은 극단적인 위험 현상에 대비하려면, 어떻게 하든지 변화의 초기 단계에서 단서가 될 만한 신호를 찾아내는 것이 관건이다. 엄청난 변화가 아무리 급격하게 진행된다 하더라도, 초기에는 미약하게 출발할 것이기 때문이다. 사람의 실수로 일어나는 재앙도 대부분 사전에 전조가 있고, 주의만 기울인다면 어느 정도 위험을 산정할 수 있다고 엘리자베스 빠떼 코넬은 주장한다(Paté-Cornell, 2012).

미국의 9·11 여객기 테러사건이 발생하기 몇 달 전부터 이미 아랍 국적의 사람들이 미국 내에서 대형 비행기를 조종하는 훈련을 받다가 적발된 적이 있었다. 그리고 우주왕복선 챌린저호가 공중 폭파되기 이전부터, 이미 위험을 경고한 보고서도 나와 있었다. 외부 충격에 의해 외장 타일이 훼손될 확률이 작기는 하지만, 선체를 파국으로 몰고 갈 위험이 크다는 것이었다. 동 일본 쯔나미와 원전 방사능 누출사고가 발생하기 훨씬 전인 1611년에도, 이미 20미터의 초대형 지진해일이 주변 해역에서 발생한 기록을 현지인들은 알고 있었다.

자연과의 대면

존 카스티가 제시하는 게임 체인저(game changer)도 선행인자와 유사한 개념이다(Casti et al., 2011). 게임 체인저는 미약한 신호지만 상황을 지배하는 핵심 요소로서, 정국의 변화가 극적으로 반전하는 흐름을 미리 알려 주는 단서이기도 하다. 설령 극단적인 사건을 직접 예측하기는 어렵다 하더라도, 그런 일이 벌어질 만한 배경에 대해서는 어느 정도 사전에 분석할 수 있지 않겠느냐는 기대를 해 보는 것이다.

"관측을 통해 나타난 변화의 양상은 거시적인 배경의 흐름과 예측 불가능한 잡음이 결합한 결과다. 배경판세의 형태나 회전축이 변화하는 추세는 여러 가지 방법을 동원하면 어느 정도 파악할 수 있고, 특정한 타이밍에 극단적인 사건이나 다른 사건으로 전개할 가능성의 실마리를 찾을 수 있다는 것을 믿는다. 그래서 극단적인 사건을 예측해 보자는 것은 그 사건을 주도하는 배경의 흐름을 전망해 본다는 것이지, 그 사건을 자세히 예측할 수 있다는 것은 아니다. 이런 사건을 직접 예측하는 것은 카드나 별이나 수정 구슬을 이용하여 점을 치는 것에 비유할 수 있다. 복잡 시스템의 과학전문가가 처리할 수 있는 영역은 아닌 것이다."

극단적 현상이라 하더라도 예측 가능한 성분과 우연적 성분이 공존한다. 예측 가능한 요소는 게임 체인저나 선행인자를 찾아 접근하고, 우연적 요소는 불확실성의 영역으로 그 존재를 인정하고 끌어안고 갈 수 밖에 없다. 엘리자베스 빠떼 코넬은 우선 예측 가능한 성분에 대해서 다음과 같이 설명한다(Paté-Cornell, 2012). "참으로 상상하기조차 힘든 사건들은 사전에 예측할 수는 없더라도, 단서가 될 만한 힌트는 갑자기 나타나기도 하고 서서히 드러나기도 한다. 예를 들면 새로운 바이러스가 출현했다는 의료당국의 보고나 정보당국의 첩보처럼 말이다. 이성적인 상상력도 그래서 위험 요소를 찾아내고 위험수준을 파악하는 데 중요한 역할을 한다. 첫째, 체계적인 분석을 통해서 아직 일어나지 않은 시나리오를 그려 볼 수 있고, 둘째, 단서가 될 만한 특이 신호를 인지하고 전파하는 데 도움이 되기 때문이다."

또한 퍼펙트 스톰이나 블랙스완과같이 예측이 곤란한 성분에 대해서도 각각 대응하는 방식을 다음과 같이 설명한다. "퍼펙트 스톰에 대비하려면 위험 시나리오 요소들에 대한 장기간의 관측 기록을 확보해야 하고, 한계 확률과 조건 확률을 신중하게 산정해야 한다. 덧붙여 여러 위험요소가 동시에 발생할 가능성을 감안하면, 사전에 위험 관리 전략을 탄탄하게 하고 위기상황에 능동적으로 대응할 수 있다. … 반면 블랙스완은 사전에 전혀 인지할 수 없다. 그러나 단서는 나타나기 마련이고, 이를 적절히 관측하고 해석한다면 목전의 위험에 신속히 대처할 수는 있다. 이때에도 이성적으로 상상해 보고, 입수한 정보의 신뢰 정도에 따라 확률을 보정해 준다면 위험을 산정할 수 있다."

하이파대학 심리학 교수 라나 립쉬즈와 오나 스트라우스는 의사결정 과정에서 불확실성을 해소하는 방식을 세 가지로 정리하였다(Lipshitz and Strauss, 1997). 첫째, 불확실성을 줄이려고 노력한다. 정보를 추가로 찾아내거나, 결정을 미루거나, 다양한 기법을 이용하여 예측성을 높이고자 한다. 좀 더 적극적인 방식으로는 업무절차를 표준화하거나 혁신 요소를 도입하여 불확실성의 원천을 제어하는 것이다. 둘째, 불확실성을 받아들이고 대처한다. 대안을 선택할 때 불확실성을 감안한다. 또는 일어날 수 있는 위험을 추정하고 관리한다. 셋째, 불확실성을 외면한다.

이 중에서 세 번째 방식은 관심 밖의 문제이므로 논외로 한다. 첫

자연과의 대면

째 방식에 대해서는 이미 3장과 4장에서 자세하게 다루었다. 다양한 상황을 상정하여 컴퓨터로 시뮬레이션해 보거나, 여러 전문가의 의견을 폭 넓게 들어 보는 것도 결국 의사결정 과정의 불확실성을 줄이기 위한 것이다. 이 방식은 불확실성의 크기가 관리할 수 있는 범위 안에 있을 때 쓸 수 있다. 한편 예측 불확실성이 크고 예측 실패의 확률이 높은 경우에는, 둘째 방식으로 전환할 수밖에 없다. 예보 정확도를 높이기 위해 노력하기보다는, 고객에게 다가가 만약의 예보 실패에 대비해 내성을 키우도록 권고하는 것이 효과적이다.

예를 들면 지진은 예측하기 어렵다. 과거 기록도 미래에 대한 힌트가 거의 되지 못한다. 최신의 관측 상황에 따라 신속하게 대처해야만 한다. 시프로스 마크리다키스는 지진에 대응하는 방식에 비유하며 다음과 같이 말한다(Makridakis et al., 2010). "예측에 기대기보다는 미리 대비하라. 당신이 운이 좋아 선진국에 살고 있다면 토목공학자들이 건물을 튼튼하게 지어 웬만한 지진이 나더라도 견딜 수 있을 것이다. 그러나 후진국에 산다면 자신의 운명을 우연에 맡기고 어떤 결과가 나오더라도 당할 수밖에 없다. … 예측에 기대어 계획을 정교하게 세우는 것만이 능사가 아니고, 여러 가지 가능성을 염두에 두고 비상계획을 마련해 두어야 한다."

매우 불확실성이 높은 현상에 대해서는 예측 실패의 위험도 매우 높기 때문에, 보험을 들거나 투자를 다변화하거나 자금 유동성을 높여 위험을 줄여 가는 것이 합리적이다(Fildes, 2010). 야간이나 휴일은 방재 관리가 특히 취약하므로, 많은 비가 예상될 경우, 방재기관에 연락하여 미리 비상 인원과 응급 기자재를 확보하는 것도 같은 이치다.

상황 대응의 방식 "

내면적 판단과 외면적 판단

갑작스럽게 대두된 문제를 해결하기 위한 접근 방법은 크게 내면적 판단과 외면적 판단의 두 부류로 나눌 수 있다. 내면적 판단에 직관과 경험을 활용한다면, 외면적 판단에는 분석을 활용한다. 극단적인 사건이나 돌발적인 사태에 직면하면 내면적 판단의 역할이 커진다. 반면 심사숙고할 시간이 조금이라도 남아 있다면 외면적 판단도 가능하다.

우리가 잘 아는 과학적 원리나 논리에 근거를 둔 사고 과정, 즉 과학적 탐구 방법이 대부분 외면적 방법에 속한다. 한편 군사작전, 소방작업, 환자진료, 비행 조정, 아이스하키 경기와 같이 숨 가쁘게 그때그때 상황에 대처해야 하는 격한 활동 분야에서는 내면적 판단 방식을 많이 구사한다. 강제 법 집행, 혐의자의 수색, 자연재난에 처한 인명 구조 과정도 사정이 비슷하다. 그때그때 상황에 따라 바로 바로 판단하고 결정을 내려야 하는 만큼 시간에 쫓긴다. 분석할 시간이 항상 부족해서, 차분하게 조사하기 어렵다.

전문가들이 자료가 부족해서 고전하는 이유는 크게 세 가지로 압축할 수 있다(Knaap, 2008). 첫째, 시간이 부족해 수집한 자료량이 작다.

자연과의 대면

둘째, 상황이 불확실해서 처리해야 할 자료 수요가 증가한다. 셋째, 자료의 신뢰도가 낮다. 결정을 서둘러 내려야 하는데 자료는 부족한 처지에 놓이면, 직관이나 임기응변의 방식이 중요한 역할을 한다. 뉴욕 허드슨강 주변에 비상 착륙하는 데 성공한 여객기 조종사 체슬리 스렌버거(Chesley Sullenberger)가 내린 결정은 전형적인 내면적 판단에 속한다.

뉴욕 라구아디아 공항을 이륙한 지 1분도 채 안 되어서 기러기 떼에 부딪쳐 양쪽 엔진이 멈춘 비상 상황에서도, 기민하게 대응하여 4분 만에 안전하게 모든 승객을 구출한 것이다. 인지심리학자 게리 크레인의 설명에 따르면, 첫 1분은 공항 관제사가 되돌아오라는 제안을 받고 나서, 이 제안이 불가하다고 판단하는 데 소비했다(Klein, 2014). 다른 대안은 주변 공항으로 활강하는 것이었는데, 이 역시 불가하다고 판단하는 데 잔여 시간의 일부를 써야 했다. 그리고는 허드슨 강에 불시착할 수밖에 없다는 단안을 직관적으로 내린 것이다.

프레드 르랑은 내면적 판단의 특성을 다음과 같이 설명한다(Leland, 2009). "이것들은 일견 쉽게 이해할 수 있는 듯 보이나, 쉽게 체득할 수 있는 능력은 아니다. … '직관적'과 '내면적'이라는 두 단어에는 뭔가 부족한 부분이 있는 듯한 오해를 부른다. 비과학적인 것 같고 우연에 의존한 방법처럼 보이기도 한다. 사람과 대치한 갈등 국면에서 하나 더하기 하나는 둘이 아니다. 그런데도 우리는 모든 상황에 대해 분명한 정답을 추구한다. … 직관적 결정은 내적으로 이해한 정보와 전략적 판단을 통해서 즉각 내려진다. 급변하는 상황을 분석하고 여기에 새로운 정보를 종합하고, 경험으로 얻은 패턴을 활용한 결과다. 이것이 자연적 또는 내면적 판단 방식의 전형적인 특징이다."

미국기상청의 기상전문가 닐 스튜어트와 동료 연구진은 예보전문가의 습성을 조사하였다(Stuart et al., 2007). 그리고 학생과 교수가 서로 학습하는 성향이 다르듯이, 예보업무가 연구 활동과는 다르다는 점에 주목하였다. "학생은 통상 목표를 추구하는 학습자다. 구체적인 사례를 찾아 조사하고, 이론을 응용해 본다. 반면 교수는 지식을 추구하는 학습자다. 이론을 먼저 이해하고 나서 현실세계에서 경험해 본다. 학생과 교수 간에 이 같은 성향의 차이로 인해 학생의 학습효과도 지장을 받는다. … 같은 맥락에서 연구자와 예보전문가 사이에도 기질의 차이가 있다. 연구자들은 이론적 개념을 중시하며, 지식을 추구한다. 반면 예보전문가는 실세계의 구체적인 사례에 흥미를 보이고, 목표 지향적인 판단을 한다."

매번 당면하는 일기예보 문제는 다르다. 종전과 똑같은 방식으로 처리할 수 없다. 기상전문가는 아무리 상황이 복잡하더라도 제한된 시간 안에 예보를 결정해야 하므로 내면적 판단 요소를 무시할 수 없다. 특히 돌발 홍수나 폭설, 강풍과 같은 위험 기상이 닥치면, 특보를 발표하는 과정에서 내면적 판단이 주류를 이룬다. 주민의 안전과 재산을 지켜 내야 한다는 목표를 최우선으로 삼고, 촌각을 다투어 조치를 취해야만 한다. 이런 여건에서는 사례들을 일반화하여 이론을 세련하는 것보다는, 개별 사례에 집중하고 가장 적합한 대응 방안을 도출하는 것이 우선이다. 그리고 나서 대응 방안에 문제가 있다면 다시 신속하게 수정해 간다.

그래서 기상전문가는 역사가처럼 개별 사례에 대한 독특한 스토리를 기억하고 있다가, 적절한 기회가 되면 다시 생생하게 되살리고 재해석하는 것이다. 예보전문가는 목표하는 시점의 원근에 따라서, 외면적 판단과 내면적 판단을 적절하게 구사한다. 오늘 내일의 단기예보분야에서는 외면적 판단을 주로 하고, 몇 시간 앞의 초단기 예보분야에서는 내면적 판단에 상당 부분 의존하는 경향이 있다.

외면적 판단 기법을 사용하면 일반적으로 예보 정확도가 높아지지만, 이론의 한계를 넘어서는 예외적인 상황에서는 큰 오차를 유발한다. 반면 내면적 판단 기법을 사용하면 결정적인 실수는 피할 수 있다는 것이다. 예보 정확도는 다소 떨어지지만, 특이 상황에서도 지나친 오보를 양산하지는 않는다고 찰스 도스웰은 논평한다(Doswell, 2004). 내면적 판단은 다분히 개인적 경험을 통해 축적되므로, 지식을 체계적으로 확장하거나 타인에게 전수하기 쉽지 않다(McCown, 2010). 또한 내면적 판단에는 주관이 많이 개입하므로 같은 상황이라도 다르게 대처할 수 있어, 일관성이 떨어지는 취약점을 갖는다.

네빌 니콜스도 이와 비슷한 문제를 지적했다(Nicholls, 1999). "시간이나 자료가 부족하여 직감적인 판단을 할 수밖에 없는 극단적인 환경에서, 전문가들은 종종 직관적 방법의 일관성을 견지하기 어려운 경향을 보인다." 평소에 판단 절차나 규칙을 명문화하여 정돈하고, 가급적 정량적인 수치로 표현해 놓으면 내면적 판단이 갖는 주관적 한계를 보완하는 데 도움이 된다.

직관과 숙련

마르코 가이아와 리오넬 폰타나는 전문가와 초보자의 차이에 대해 다음과 같이 적었다(Gaia and Fontannaz, 2008). "양자 모두 유사한 판단 절차를 가지고 있다. 그러나 전문가는 더 많은 작업 수단을 구사할 수 있어서 더욱 다양한 방식으로 사태를 검토한다. 즉 전문가들은 자료에 대해 탐색적인 질문을 던지고, 효과적으로 자료를 분석하고, 적합한 패턴과 핵심요소를 찾아낸다. 전문가는 직관도 많이 사용한다."

허버트 사이먼은 체스 전문가의 특성을 다음과 같이 피력했다 (Simon, 1987). "숙련된 체스 전문가는 순간적으로 체스보드에서 수를 읽고, 다음 착수를 결정한다. 체스 전문가는 매 경기마다 패턴이나 블록의 형식으로 정보를 식별하고 처리하고 기억한다. 그랬다가 다음 경기에서 수읽기를 할 때 이것들을 직관적으로 꺼내 쓰는 것이다." 체스 고수가 다루는 패턴의 수는 5만 개가 넘는다. 이것들은 특별한 방식으로 장기기억 저장고에 쌓여 있다가 필요할 때마다 즉각 재생된다는 것이다 (Simon and Chase, 1973).

고영회 박사도 《전문가 자리를 비전문가가 차지할 때》라는 제하의 칼럼에서 프로와 아마추어의 차이를 다음과 같이 비교하였다(고영회, 2014). "오래전 일인데, 일본에서 바둑 기사를 상대로 뇌파 실험을 했다. 바둑을 둘 때 프로 기사와 아마추어 기사 가운데 누가 더 많이 생각하는가를 측정하는 시험이었다. 상식으로 보면 프로 기사가 머리를 더 많이 쓸 것이라 생각하기 쉽지만, 실험 결과는 이러한 상식과는 달랐다. 중요한 수를 두어야 할 때에도 전문 기사는 먼저 수를 생각해 내고 그 수가 타당한지를 확인하는 것에 그치므로 시간이 그리 오래 걸리지 않았다. 반면에 아마추어 기사는 여러 가지 수를 생각해 내느라 머릿속이 바빴다고 한다. 이처럼 전문가는 해결책을 빠르고 정확하게 찾는다. 반면 비전문가는 시간을 많이 쓰면서도 정답을 제대로 찾지 못한다. 전문가는 그 분야를 공부하고, 실제 활용하여 그 지식이 몸에 밴 사람이다. 지식이 몸에 밴 사람은 직관으로 정답을 찾는다. 이것이 전문가와 비전문가의 차이다."

직관은 즉흥적인 생각이다. 공식도 없고 구조도 없는 사고방식이다. 분석적인 판단이나 신중한 계산을 거치지 않고도 떠오르는 착상이다(Smith and Shefy, 2004). 전문가들이 대체로 공감하는 직관의 기본적인 특징은 다음과 같다(Knnap, 2008). 즉각적으로 여과 없이 작동한다. 분석에 선행한다. 합리적인 생각이나 정량적인 계산과 같은 의식이 끼어들 여지가 적다. 무의식이나 잠재의식에서 생각의 재료를 주로 꺼내 쓴다. 개별적인 기억보다는 전체적인 패턴이나 구조를 먼저 찾아낸다.

비양카 한과 동료 연구진도 현장 인터뷰를 통해 확인했다시피, 경험이 풍부한 기상전문가들은 직관의 힘을 갖고 있다(Hahn et al., 2002). "그들은 후각·촉각·시각을 비롯해서 모든 감각을 동원하여 업무를 수행한다. 집에서건, 아침 출근길에서건, 차 안에서건, 어디서건 가리지 않고 그들은 단서를 찾아낸다. 일상생활에서 포착한 재료들은, 특히 대기 중에서 급격하게 일어나는 상황 변화를 감지하는 데 효과적으로 쓰인다. 예를 들면 어느 예보관은 아침에 대문을 걸어 나올 때 한 줌의 공기 냄새를 맡아 보고는 뭔가 격렬한 기상현상이 일어나지 않을까 의심하기도 하였다."

기상청 예보관들도 사정은 다르지 않다. 초가을 아침에 일어나 창문을 열었을 때 한기가 느껴지면, 직감적으로 남해상으로 근접하는 태풍이 많이 북상하기는 어렵겠다는 생각이 고개를 든다. 여름철 저녁 퇴근길에 끈끈하고 후덥지근한 지열이 올라오는 것이 느껴지면, 오늘 밤에 예상하는 비가 제법 사납고 어딘가에는 국지성 호우가 쏟아질 거라는 예감이 든다. 상층 한기가 내려온 후 아침 내내 맑던 하늘에 하나둘 낮은 구름이 시야에 들어오면, 한낮에 소나기 가능성을 검토해 볼 생각이 떠오른다. 겨울철 아침 서풍이 불어오며 제법 포근하게 느껴질 때 어딘가 하늘에서 깨알 같은 눈이 한두 송이 날리기 시작하면, 조만간 지면에 2~3㎝ 눈이 쌓일 거라는 상상이 떠오른다.

미크로네시아에 사는 폴리네시아인들은 타고난 항해사들이다. 그들은 파도와 대기와 다가올 위험을 온몸으로 느낀다. 스승 피우스 마우 피아일루에게서 항해술을 전수받은 엘리자벳 린세이가 《인류유산의 기획전시》라는 제하의 강연에서 전하는 스승의 얘기를 들어 보자(Lindsey, 2011). "마우는 미크로네시아에서 팔루라는 직책을 가진 항해 지도자였다. 전 세계로 나아가 파도를 찾아가는 위대한 탐험가였다. … 그들은 전통적으로 아무런 계기관측 도구를 사용하지 않고도 작은 카누를 타고 태평양 한가운데로 나아가 2000㎞ 이상 되는 먼 곳으로 항해하는 능력을 가졌다. 파도의 흐름과 방향, 새들의 군무 방식, 별들의 운항과 같이 다양한 자연의 패턴을 종합하고 분석하는 능력을 가졌다. 구름 하부의 조그만 색상의 변화에서도 자연의 흐름을 읽고 정확하게 항해했다. … 카누의 선체는 자궁과 같다. 거기서 파도의 흐름과 리듬과 방향을 가장 섬세하게 느낄 수 있다. 마우는 진정 온몸으로 외부의 신호를 받아들였다. 다섯 살 때부터 훈련을 받은 덕택이다."

경험이 많은 예보전문가는 분석과 직관을 상황 판단과 인지에 적절히 활용한다. 심리학자 케네스 해몬드는 사안의 성격과 인지적 판단의 적합성에 따라 판단의 효과도 달라진다고 보고, 사안의 구조적 특징과 불확실성의 정도에 따라 다양한 조합으로 분석적 방법과 직관적 방법을 혼합하여 사용할 것을 제안한다(Hammond, 1988). 양자의 비율은 이분법이 아니라 연속적인 스펙트럼 선상에 놓여 있다. 문제가 이론적으로 잘 정의되어 있고 상황의 불확실성이 낮으면, 분석적 방법이 효과적으로 작동한다. 반대의 극단으로, 문제를 정의하기 어렵거나 상황이 불확실하면 직관이 전면에 나선다. 문제가 잘 정의되어 있더라도 상황의 불확실성이 높거나, 문제 자체가 애매모호하고 상황의 불확실성이 높으면, 분석과 직관이 공존하는 준 합리적인(quasi-rationality) 판단 영역으로 옮겨 간다.

논의의 연장선상에서 오크라호마대학 예방의학교수 로버트 햄도 당면한 시간과 주요 판단인자(cue)가 문제의 성격을 결정한다고 보았다(Hamm, 1988). 예를 들면, 시간이 많고 인자가 적으면 정형화된 분석기법이 유리하다. 반면 시간이 없고 인지적 인자가 많을 때는 직관적 기법에 의존할 수밖에 없다는 것이다.

닐 스튜어트와 동료 연구진은 직관과 관행의 관여 정도에 따라 예보 방법을 다섯 가지로 구분하였다(Stuart et al., 2007). 첫째, 직관적 방법이다. 혁신적이고, 창의적이고, 결단력을 갖는다. 둘째, 규칙에 따르는 방법이다. 창의성은 제한적이고 직관보다는 지침에 더 많이 의존한다. 셋째, 관행에 따르는 방법이다. 비정상적인 상황에서 유연성이 떨어진다. 넷째, 기계적인 절차에 따른다. 생산물의 형식과 마감 기일을 따르는 데만 관심이 있다. 다섯째, 업무에 관심이 없다.

첫째 방법은 직관이나 임기응변의 방법을 창의적으로 응용하는 것으로, 숙련된 전문가가 구사할 수 있는 방법이다. 숙련된 전문가는 직관을 많이 활용하는 데 반해, 초보자들은 규칙이나 절차에 따라 예보하는 경향이 있다. 셋째와 넷째 방법은 상당 부분 자동화 시스템과 관련이 있다. 기상분야에서는 초단기예보를 지원하는 각종 추적시스템들이 이에 해당한다. 비구름을 포착하는 레이더 영상들을 동영상으로 살펴보면, 앞으로 수 시간 동안 비구름이 이동할 방향과 모양과 강도를 어느 정도 추정할 수 있다. 비구름의 근본 역학은 비선형적인 속성을 갖고 있지만, 몇 시간 앞을 예보하는 데는 선형 근사가 어느 정도 먹힌다는 뜻이다.

특히 셋째 방법으로는 소위 영상 패턴 매칭(pattern matching) 기법이 자주 동원된다. 정보기기의 도움을 받아 레이더 영상이나 위성사진을 전후 시간대별로 비교하면 선형적인 이동 패턴을 찾을 수 있고, 이 규칙을 다음 시간대에 적용하면 단기적인 변화를 추적할 수 있다. 비전문가라도 영상 패턴 매칭 도구의 도움을 받으면, 기계적으로 초단기 예보를 생산할 수 있다. 하지만 시간이 좀 더 흐르면 비선형 효과가 흐름을 지배하며 선형적 가정은 무너지고, 패턴 매칭 결과와는 딴판으로 시스템이 이동하거나 발달하거나 쇠약해진다. 둘째 방법은 첫째와 셋째 방법의 특징을 혼합해 놓은 것에 가깝다.

멘탈 모델

시스템 응용 컨설턴트 재이크 샤프먼도 지적했듯이, 현장에서는 시간에 쫓겨 반성할 시간이 없고, 즉흥적인 대안으로는 복잡한 문제가 해결되지 않아, 결국 같은 실패가 재차 일어나는 음의 환류 고리가 고착되

자연과의 대면

는 점을 경계해야 한다(Chapman, 2002). 이 문제를 피하려면 평소에 미리 대비책을 마련해 두어야 한다. 자동차 열쇠나 여권 같은 것을 미리 정해 놓은 서랍에 보관하여, 급할 때에도 잃어버리지 않도록 습관을 들이는 것과 같은 이치다. 이러한 습관은 평소 여유가 있을 때 분석적인 방법을 구사하여, 미래의 문제를 미리 상정하여 대안을 생각해 둠으로써 닥쳐올 미래의 불확실성의 수준을 낮춰 보기 위함이다.

이는 신경과학자이자 음악가인 다니엘 레비턴이 《스트레스를 받는 때에도 평정심을 유지하는 방법》이라는 제하의 강연에서 "사전진단 (pre-mortem)"이라는 취지로 소개한 것으로, 노벨경제학상 수상자인 대니 카네만이 제시한 "선제적 복기(prospective hindsight)"와 유사한 개념이다 (Levitin, 2015). 예보전문가도 평소에 자료를 축적하고, 경험한 것을 몇 가지 패턴으로 미리 정돈해 놓는다. 예보 판단과정에 개입하는 주관적인 기준이나 가정도 객관적이고 정량적인 형태로 가급적 대체하여, 주관적 편견이 개입할 수 있는 여지를 줄여 놓는다.

비양카 한과 동료 연구진도 예보전문가의 습성을 다음과 같이 설명한다(Hahn et al., 2002). "그들은 폭풍우가 지나간 후 피해상황을 직접 관찰하며, 인명 사상, 시설 손해, 교통 장애를 비롯한 파급효과를 감지하는 것이 중요하다는 점을 잘 알고 있다. 이러한 예외적인 위험기상 현상에 대한 데이터를 축적함으로써 실제 현실에서 맞닿게 되는 상황을 더욱 충실하게 진단할 수 있다."

앞서 소개한 체스 고수와 마찬가지로 각 분야마다 전문적인 식견을 가지고 문제해결에 능한 전문가들이 있다. 그들은 소위 '멘탈 모델'이라는 복잡한 지식체계를 갖고 효과적으로 해당 분야의 문제를 풀어 간다.

노스 웨스턴대학 심리학 교수 데드르 젠트너는 멘탈 모델을 "이해하고 생각하고 예보하는 데 도움을 주는 전문지식이나 상황 정보의 결정체"라고 정의하였다(Gentner, 2001). 멘탈 모델은 과거에 학습한 경험 규칙의 데이터베이스다. 현재 상황을 타개하는 데 최적의 사례를 기억에서 끄집어내서 당시 대처한 방식을 써 본다. 좀 더 생각할 여유가 있으면, 조치한 결과를 예상해 본다. 예상대로 잘 진행하지 않을 것 같으면 다른 대안을 써 본다.

경험 많은 예보전문가는 평소 체험과 시행착오를 통해 체득한 멘탈 모델을 활용한다고 닐 스튜어트와 동료 연구진은 설명한다(Stuart et al., 2007). "전문가들은 분석적 방법과 직관을 혼합한 인식촉발 의사결정 모델(recognition-primed decision model)을 사용한다. … 초보자들은 컴퓨터 모델 결과에 지나치게 의존하고, 사고의 범위가 좁고, 판에 박힌 처리 절차를 사용하고, 상황에 끌려다니며 관측 자료를 쫓아다니기 급급하다. 한편 전문가는 그날의 핵심 주제를 찾아내고, 포괄적인 관점에서 접근한다."

미 해군 연구소의 인공지능전문가 그레고리 트랩톤은 기상현상과 같이 가변적이고 동적인 시스템을 예측하는 데 멘탈 모델이 유용하다고 보았다(Trafton, 2004). 기상전문가들은 복잡한 기상영상이나 많은 수치와 기호가 얽힌 일기도에서도 핵심적인 특징과 관계를 금방 식별해 낸다. 동시에 멘탈 모델을 구동하여 머릿속에서 기상변화에 대한 3차원 개념도를 그려 내고, 나아가 앞으로의 변화를 유추해 낸다.

인지심리학 전문가 게리 크레인과 베스 크랜딜은 멘탈 모델을 통해서 상황을 인식하는 과정, 즉 현 상황과 유사한 사례 또는 패턴을 인식하는 과정에는 4가지 비교 판단이 동시에 진행된다고 보았다(Klein and

Crandall, 1996). 첫째, 의사 결정하는 목적 또는 가치 기준이 비슷해야 한다. 둘째, 상황을 지배하는 주요 인자의 구성이 비슷해야 한다. 셋째, 예상한 결과가 비슷해야 한다. 넷째, 대응 조치가 비슷해야 한다.

이 중에서 현 상황과 멘탈 모델이 다른 부분이 식별되면, 분석을 통해서 예상하는 결과를 수정하고 대안 조치를 취하게 된다. 멘탈 모델을 현실과 비교해 보고, 현실에서 채취한 환류 정보를 통해서 모델을 수정해 가는 동적인 과정을 반복한다. 예를 들면, 의사가 환자를 진단할 때에도 몇 가지 징후를 우선적으로 조사한다. 그러나 같은 질병을 가진 환자라도 증상은 각기 다르다. 임상 경험으로 체득한 주요 인자와 다른 부분이 발견되면, 종전의 지식을 수정해 가면서 적절한 치료법을 찾게 된다.

일기예보의 관점에서 멘탈 모델의 4가지 구성요소를 좀 더 자세히 살펴보자.

첫째, 위험 기상이 우려되는 상황에서는 기상특보를 준비하게 된다. 인명 피해를 줄이는 것이 특보의 제일의 목표가 된다. 다음으로는 재산의 손실을 경감하는 것이다. 통상적인 기상 상황에서는 예보나 정보를 발표하는데, 국민의 편익이 주요 목표가 된다. 일기가 갑자기 변하거나, 특이한 현상이 나타날 때는 정보를 발표한다. 언론이나 세간의 호기심이나 궁금증을 해소하기 위해서다. 때로는 예보나 특보를 발표한 이유를 설명한다. 오보에 따른 비판에 대응하고, 해명하기 위함이다. 기상 상황에 따라서는 여러 가지 목표를 동시에 고려해야 할 때도 있다. 사회적 여건과 기상당국의 사정에 따라 같은 기상 상황이라도 고려해야 할 우선순위가 달라지기도 한다.

둘째, 기상전문가는 대기과학의 이론과 실무 경험을 종합하여, 기상 현상에 관한 개념 모델(conceptual model)을 머릿속에 정리해 놓는다. 개념모델은 유사한 기상 현상 사례 모음에서 공통적인 특성을 찾아내 정리한 것이다. 공통부분을 늘리면 그만큼 다양한 현상에 대한 탄력성이 떨어진다. 그렇다고 공통부분을 지나치게 줄이면, 이번에는 탄력성이 너무 커져 개별 현상의 구체성을 소화해 내기 어렵다. 따라서 양 극단 사이에 균형이 필요하다. 같은 조건이라면 변수가 적고 간명한 개념모델이 이해하기 쉽다. 실수도 줄이고, 비용도 절감하는 데 유리하다. 특히 여럿이 팀을 이루어 예보생산에 참여하거나, 자료가 부족해서 불확실성이 높을 때에도 단순한 방법이 효과적이다(Armstrong, 2001a). 그래서 개념모델은 몇 개 이하의 요소들로 단순하게 구성하여, 쉽게 기억할 수 있고, 다양한 상황에서도 빠르게 패턴을 인식할 수 있도록 설계하는 것이 보통이다.

전문가마다 개념 모델을 정돈하는 방식도 다르다. 의사결정나무(decision tree)나 부트스트랩(bootstrap)이라는 도식을 사용하여, 주관적 판단절차를 객관화하기도 한다(Armstrong, 1983). 예보전문가의 책상 앞에는 특정 기상현상을 유발하는 선행조건(precursor) 또는 지표(indicator)를 정리한 점검표가 비치되어 있다. 숙련된 전문가는 재즈 연주자처럼 이것들을 머릿속에 담고 있다가 자유자재로 변주한다. 기술사업화 컨설턴트인 브렛 알리스테어의 말을 빌리면, 선행인자나 지표들은 "문제를 파악하여 가능한 해결책을 마련하는 과정에서 핵심적인 역할"을 한다(Alistair, 2013). 문제는 이 지표들이 지시하는 대로 미래가 전개되지 않는 경우가 있다는 것이다.

　　　　　　　　　　　　　　　　　　　자연과의 대면

어떤 지표도 완벽할 수 없기 때문에 "복수의 지표(multiple fallible indicator)"를 사용하여 오류의 위험을 분산할 필요가 있다(Doswell, 2004). 다른 전문가는 기상현상을 지배하는 핵심 요인(ingredient)을 제시한다. 뇌우 예보 점검표가 대표적인 사례다. 주요 기상센터에서는 대기의 연직 불안정도, 연직 방향의 풍속과 풍향 차이, 대기 하층의 수증기량, 종관적인 강제력을 따져 보기 위한 점검표를 비치하고 있다. 여름철이 되면 점검표의 기준과 대기 상황을 비교하며, 뇌전·우박·돌풍·호우에 대한 특보 판단을 하게 된다. 겨울 대설, 돌발 홍수를 비롯해서 예보 분야별로 핵심 요인을 정리한 자료가 많이 나와 있다(Wetzel and Jonathan, 2001; Doswell et al., 1996).

그런가 하면 특정 기상현상을 단순한 형식으로 그려 내는 개념 모델도 많이 있다. 찰스 도스웰은 전선모델을 이러한 부류의 대표적인 예로 꼽는다(Doswell, 2004). 20세기 초 노르웨이 학파가 처음 창안한 이후, 지금까지도 다양한 진화를 거듭하며 이 모델은 일기예보의 기초 이론으로 자리 잡았다. 전선은 따뜻한 공기와 차가운 공기 사이에 형성된 면이다. 전선면을 사이에 두고 전면과 후면에는 다른 날씨가 나타난다. 흔히 온대저기압 주변에서 전선을 분석할 수 있다. 전선모델을 응용하면, 온대저기압의 중심 위치와 강도에 따라 주변의 날씨를 예상할 수 있다. 뇌전을 동반한 폭풍우에 대한 개념도도 유사한 사례다(Moller et al., 1994). 일기예보 실무 교과서에 나오는 대부분의 개념도도 이러한 부류에 속한다(이우진, 2006a)

셋째, 앞서 소개한 대부분의 개념모델은 예상하는 시나리오를 담고 있다. 이를테면 뇌우 예보 점검표는 당장 깊은 소나기구름이 발달할 것인지를 따져 본다. 뇌우를 동반한 폭풍우 모델은 개개 호우세포가 어떤 방향으로 이동하고 병합하고 발전해 가는지를 시각적으로 보여 준다. 전선모델은 한랭전선과 온난전선이 어떤 단계를 거쳐 진행할 것인지 미래 흐름의 시나리오를 담고 있다. 따라서 개념모델을 현실에 응용해 보는 동안에 자연스럽게 미래의 추세를 전망할 수 있게 된다.

넷째, 기상 상황에 맞서 예보하는 이유나 중시해야 할 가치 척도에 따라서 개념 모델에서 제시하는 각종 조건을 만족하면, 적합한 조치를 취하게 된다. 위험 기상 현상에 대해서는 특보를 발표한다. 많은 피해가 예상될 때는 TV 방송사에 긴급 자막방송을 요구한다. 설령 특보 기준에는 도달하지 않더라도 사회적 파급효과가 클 경우에는 언론사나 방재유관기관과 유선 소통하여 별도의 주의를 촉구한다. 옅은 황사나 안개와 같이 국민의 관심이 필요한 사안에 대해서는 기상정보를 제공하여 사안에 대한 이해를 돕는다. 예보가 실황과 달라질 때는, 해명자료나 설명 자료를 배포하여 상황의 변화에 대한 이해를 구한다.

전문분야의 멘탈 모델과 직관의 힘은 하루아침에 얻어지는 것은 아니다. 오랜 기간 동안 반복적인 학습과 끊임없는 환류 과정을 통해서만 획득할 수 있다고 심리학자들은 강조한다(Dane and Pratt, 2007). 직관적 판단 능력과 기예를 발전시키기 위해서는, 학습기회가 열릴 때마다 경험을 지식으로 전환하는 환류과정이 제대로 작동해야 한다(Smith and Shefy, 2004). 컴퓨터를 활용한 전문가시스템이나 인공지능 프로그램도 전문가가 직관과 분석을 반복하며 지식을 축적해 가는 과정을 모방한 것이다(Simon, 1987).

불확실성을 껴안는 방법 ”

자연은 엄정하다

타자로서의 자연은 인간에게 호전적이지도 않고, 그렇다고 친절하지도 않다. 노자는 《도덕경》 5장에서 "천지는 어질지 않으니 만물을 짚강아지처럼 여기고"라고 하면서 자연이 사사로움이 없다는 점에 주목한다(김홍경, 2003). 노벨 물리학자인 리챠드 파인만은 《우주왕복선 챌린저호의 공중 폭파 사건에 대한 진상보고서》에서, "자연은 인간의 실수에 속지 않는다. 그래서 사고를 내지 않는 완벽한 기술을 갖추려면 인간관계에 연연하지 말고, 자연을 움직이는 실체에 집중해야 한다."고 지적했다(Greenpeace, 2012). 단국대학교 철학과 유헌식 교수는 자연의 준엄함에 대해 다음과 같이 설명한다(유헌식, 2014). "타자는 자기가 던지는 그물에 충실하게 걸려들지 않아 … 자연의 사전에 양보와 관용이라는 단어는 존재하지 않는다." 자연은 예보의 표적에서 수시로 벗어난다. '아차!' 하는 순간 예기치 않은 상황으로 돌변하고, 극심한 경우에는 인명과 재산의 손실로 이어진다.

봄이 가까워지던 2012년 3월 24일 아침, 북쪽을 지나던 기압골의 영향으로 서울에는 소나기처럼 요란한 눈이 내렸다. 그리고는 빠르게 날씨가 호전되어 구름 한 점 없는 파란 하늘이 전개되었다. 기압골이 지나간 후에는 상층에 찬 공기가 유입되므로 일사로 대지가 달궈지면 대기가 불안정해질 수 있다는 우려가 없지 않았지만, 빠르게 회복한 실황 때문에 이러한 걱정도 잠시 잊혔다. 당일 예보는 "낮 동안 맑음"이었다. 아침 해가 머리를 내민 지 두세 시간도 안 된 10시 전후 서쪽 하늘부터 다시 낮은 구름이 하나둘 나타나더니, 정오에 이르자 구름층이 두터워지고 하늘이 어두워졌다. 그리고는 강한 소낙성 춘설이 내렸던 것이다. 예고에 없었던 눈으로 행락객들은 적잖이 놀랐고, 기상청 콜센터에는 상황을 묻는 전화가 쇄도했다.

여름의 한가운데서 온습한 남서풍이 지속적으로 유입한 가운데, 2012년 7월 15일 서쪽에서 기압골이 접근하자 장마전선이 활성을 띠면서, 남부지방에서는 비구름 일단이 목포에서 순차적으로 동진하면서 큰비를 내렸다. 부산지방에도 오전 한때 호우경보가 발령되었다가, 몇 시간 안 돼 비구름이 동해안으로 빠져나가자 경보는 해제되었다. 당시 남서풍은 계속 유지되며 수증기는 계속 공급되고 제주도 남쪽해상에서 부산방향으로 길게 또 다른 비구름 일단이 형성되는 조짐이 없지 않았으나, 실황이 워낙 빠르게 호전되다 보니 호우 재개 가능성은 별 눈길을 끌지 못한 것이다. 하지만 몇 시간이 지나서 이 비구름이 또 다른 호우를 몰고 왔고, 부산지방에는 다시 특보가 발령되었다. 다행히 큰 피해는 없었으나 자칫 큰 침수피해로 이어질 뻔했다.

두 사례 모두 상황이 돌변하고 난 후에는 무엇이 잘못되었는지 명백해지지만, 사전에는 여러 가지 가능성이 좀처럼 드러나지 않았을 뿐만 아니라 조그만 힌트들은 있었으나 좀처럼 주목받기 어려웠던 경우

자연과의 대면

다. 더욱이 상황이 빠르게 호전되는 분위기에서 대안 시나리오를 충분히 따져 보기 어려운 유혹을 받았다. 자연은 수시로 우리를 조롱하고 시험한다. 시간이 지나면, 우리의 상황판단과 대응방식이 적절했는지 명명백백하게 판가름 난다. 실패는 학습의 기회가 되기도 하지만, 때때로 실패의 결과는 가혹하다. 다음에 제시할 사례들은 자연의 시험으로 함정에 빠졌을 때, 치러야 할 혹독한 대가를 보여 준다.

일본 도쿄에서는 2013년 1월 14일 8∼13㎝의 많은 눈이 내렸다. NHK 보도에 따르면, 미처 대비할 겨를도 없이 버스와 전철이 끊기고, 항공기도 멈춰 섰다. 밤늦게 까지 도심이 마비되고, 차량 추돌과 미끄럼 사고로 수백 명이 부상당했다. 겨울 들어 처음 맞는 눈인데다, 이처럼 많은 적설량은 2006년 이후 최고 기록이었다. 도쿄는 1월 평균기온이 영상이어서 눈이 많이 내리지 않는 지역이다. 당일 예상 기온도 0도 안팎이라 비나 눈이 올 수 있는 애매한 상황이었다. 비 대신 눈으로 내릴 가능성이 크지 않은 상황에서는 일단 눈으로 쌓였을 때 빚어질 사회적 혼란이 극심하더라도 눈 예보를 주저하게 될 것이다. 또한 큰 눈이 내린 빈도가 매우 희박한 기후 조건에서 큰 눈을 예보하면 톱뉴스를 장식할 게 뻔하고, 만약 예보가 실패라도 하는 날에는 사회적으로 크나큰 조롱거리가 될 것이다. 당시 일본 기상 당국도 고민이 많았을 것이다. 결국 눈 대신 비가 올 것으로 예보했는데, 결과적으로는 눈으로 쌓이면서 극심한 교통대란으로 이어지고 말았다.

한편 미국 뉴욕에서는 기록적인 많은 눈이 올 것으로 예보했다가 결과적으로 과잉예보가 되어 방재 당국이 곤욕을 치른 적도 있었다. 플로리다에서 미 북동부 해안을 따라 발달하는 저기압의 영향으로, 2015

년 1월 27일 뉴욕시에는 많은 곳은 20㎝ 가까운 적설을 기록하는 데 그쳤으나, 이보다 북동쪽에 위치한 롱아일랜드 지역에서는 90㎝ 이상 많은 눈이 내렸다. 문제는 전날 밤 11시를 기해 뉴욕시가 지하철을 폐쇄한 데서 비롯했다. 대설 특보를 앞두고 미리 지하철 역사를 폐쇄한 적은 여태껏 없었다. 미국 기상청에서 기록적인 폭설을 미리 예고한 데 따른 조치였다. 미국기상청의 수치모델에서는 눈구름이 해안으로 치우쳐 동편할 것으로 본 반면, 유럽 수치모델은 주 강수역이 내륙으로 서편하여 뉴욕시에 큰 영향을 미칠 것으로 상반된 예측결과를 내놓았다. 예측 불확실성에도 불구하고 한쪽 모델결과를 중시한데다, '기록적인 폭설'이라는 자극적인 용어가 언론을 통해 더욱 증폭되면서 사회적으로 큰 이슈가 되어 버린 것이다. 당시 뉴욕 포스트가 인용한 바에 따르면, 도심에 인적이 끊기면서 야기한 상업적 기회비용은 30억 불이 넘는 것으로 추산했다.

영국에서는 1987년 10월 15~16일 밤, 남부 해안지역에 강풍이 예상보다 강하게 몰아닥쳐 사회적으로 큰 파장을 불러왔다. 남부로 접근하는 태풍급 저기압이 많이 북상하지는 못할 것으로 예상했던 것이다. 이번에도 앞선 사례와 마찬가지로 수치모델들이 저기압의 경로를 남쪽으로 치우쳐 예측한 것을 예보전문가들이 별 의심 없이 받아들인 결과다. 예상과는 달리, 이 온대저기압은 예상보다 북쪽으로 밀고 올라왔다. 남부 해안 지역에서는 200년에 한 번 올까 말까 한 강풍으로 인해, 130만 건 이상의 피해보고가 접수되었다.

베트남에서도 오래전에 태풍 경로예측이 빗나가 많은 선박들이 좌초하는 피해를 입은 적이 있었다. 태풍예보에 따라 많은 선박들은 예상

자연과의 대면

진로에서 멀리 떨어진 항구로 미리 대피하였는데, 예상과는 달리 바로 그 항구를 향해 태풍이 접근해 왔던 것이다. 태풍위원회에 참석했던 베트남 기상당국의 관계자에 따르면, 당시 사건으로 기상 당국이 커다란 곤경에 처했었다는 전언이다(개인서신).

국내에서는 1998년 1월 15~16일 사이에 영동고속도로에 큰 눈이 내린 후, 이미 도로를 가득 메운 차량들이 도로 위에 꼼짝없이 갇혀, 하루가 지나도록 수천 대의 자가운전자들이 추위와 갈증과 허기로 고생한 적이 있다. 2004년 3월 5일에도 대전 부근 고속도로에서 비슷한 상황이 재발했다. 양 사례 모두 예보보다 더 많은 눈이 내렸고 더 오래 지속한 것도 원인이었지만, 특히 눈이 빠르게 쌓여 가는 과정에서 마땅한 우회로나 비상출구가 제때 마련되지 않아 사태가 더욱 악화되었다. 같은 해 7월 31일부터 8월 1일 새벽 사이에 지리산 계곡에 내린 집중 호우로 심야에 계곡물이 불어나며 많은 피서객들이 휩쓸려 내려간 사건이나, 2003년 태풍 매미가 마산 부근으로 접근할 때 해일이 몰려와 지하 노래방에서 많은 사람들이 수몰된 사건도 여러 요인이 복합적으로 일어났지만, 상황 대응의 타이밍을 놓친 것을 빼놓을 수 없다.

국내외적으로 상황 대응의 골든타임을 놓친 사례들은 쉽게 찾아볼 수 있다. 대개는 운이 좋게도 다른 요인들이 차단막이 되어 극단적인 파국으로 진행하는 것을 막아 주지만, 때때로 작은 판단의 실패가 또 다른 실패와 연결되거나 우연하게 다른 요인들과 한데 얽혀 사태가 악화되면서, 사회적으로 커다란 충격을 불러오기도 한다. 극단적인 사건이나 돌발적인 상황에 마주치면, 대응할 시간도 부족하고 참고할 자료도 마땅치 않다. 전에 경험한 적도 없어 분석적인 사고가 제 기능을 하기 어렵다. 미리 예측하기는커녕 현 실태를 파악하기도 벅찬 나머지, 직관이나 임기응변과 같은 내면적 판단에 더 많이 의존하게 된다. 여기에 자기 확증 편견이 가세한다.

심리학자들은 관리자들이 직관적 판단을 하고 나서 심리적으로 강한 확신을 갖는 경향이 있다고 지적한다(Dane and Pratt, 2007). 판단을 잘했다고 느낀다면 왠지 그 판단이 제대로 효과를 낼 것으로 기대한다는 것이다. 그래서 특히 불확실하고 복잡한 상황에서는 직관적 판단에 따른 오류도 커질 수 있다고 경고한다. 이런 상황에서는 마음 자세가 사태를 분석하고 대응책을 찾는 데 더욱 중요한 관건이 된다. 한때 국내 바둑계를 평정했던 조훈현 9단도 바둑이 유리할 때 가장 경계해야 한다고 말했다(중앙일보, 2015.5.14).

"바둑이 불리하면 후퇴가 없으니까 무조건 최강의 수를 둔다. 한 집을 지나 백 집을 지나, 지는 것은 똑같기 때문에 두려움이 없다. 하지만 바둑이 유리하면 '조금 양보해도 되겠지' 생각하면서 흔들리기 시작한다. 조금이라도 바둑을 쉽게 풀어 가려고 어려운 수를 피하다 역전당하는 경우가 많다." 조금도 마음이 흐트러지면 안 되는 이유다.

절반은 내 안에 해답이

불확정성 원리

베르너 하이젠베르그(Werner Heizenberg)의 불확정성 원리는 관측 행위로 인해 관측 대상이 영향을 받기 때문에 필연적으로 관측 오차가 수

자연과의 대면

반된다는 점을 상기한다. 분자의 상태를 관측하기 위해 실험자가 빛을 분자에 쪼이면, 그 빛에 의해 분자의 상태가 변하기 때문에 분자의 관측에는 상호작용에 따른 분석오차가 존재함을 밝힌 것이다.

이 원리는 사회적 환경에서 일어나는 조사나 분석 행위에도 시사하는 바가 적지 않다. 비록 자연은 중립적으로 우리 앞에 서 있는 듯하지만 우리가 처한 사회적 여건 때문에 자연을 보는 시각이 달라진다면, 자연의 변화가 사회적으로 굴절되어 우리의 관점에 변화를 유발하고 그 반작용으로 자연을 다르게 이해하도록 유인한다고 볼 수 있다. 즉, 자연은 우리와는 독립적인 타자처럼 보이지만 실상은 상호작용하는 그 무엇이다.

골프와 테니스

테니스는 상대가 있고 내가 친 공을 상대가 다시 받아치는 반작용이 있어, 일견 혼자 하는 골프보다 어려워 보인다. 그럼에도 불구하고 골프가 결코 테니스보다 쉽지 않다는 얘기를 흔히 듣는다. 이유가 뭘까? 골프공은 정지해 있다. 하지만 골프공의 위치, 경기 중간 성적, 경쟁 팀의 상황에 따라 나의 심리적 상태가 달라지고 결국 골프공의 타격 과정에 영향을 미친다. 경쟁자가 직접 내 공을 건드리지 않더라도 상황에 따라 내가 공을 치는 과정에서 심리적인 영향을 받는다면, 상대방이 내 공을 움직이게 한 것과 다를 게 없다. 유명 골퍼인 잭 니클라우스도 기회가 있을 때마다 골프가 마음의 자세에 좌우되는 운동이라는 점을 강조했다고 한다(Wheeler, 2002). "골프라는 스포츠는 90%가 정신적인 것이고 나머지 10%만 기술적인 것이다."

자연 현상은 골프공에 비유해 볼 수 있다. 비록 자연은 예보전문가에게는 무심한 듯 나에게 어떤 영향도 가하지 않는 듯 보이지만, 예보전문가가 처한 사회적 여건과 근무 여건에 따라 자연을 대하는 자세가 달라지고 예보 판단에 영향을 받게 된다면, 자연은 나와 작용·반작용하는 적극적인 관계에 있다고 볼 수 있다. 반면 사회현상은 테니스공에 비유할 수 있다. 흔히 사회 구성원들은 나의 예측에 대해 직접적으로 반응하고 각자의 자율적인 의지를 갖고 다른 방향으로 움직이기 때문에 사회현상이 자연현상보다 예측하기 어렵다고 생각한다. 그러나 골프가 테니스보다 쉽지 않듯이, 이 같은 논리도 근거가 희박하다.

예보는 자연이라는 상대를 알아 가는 과정이지만, 역설적으로 자기 자신을 알아 가는 과정이기도 하다. 심리적으로 자기가 희망하는 것이 상대방에게 투영되듯이, 자연을 대하는 방식은 곧 예보 담당자의 마음에도 좌우되기 때문이다. 그래서 자신을 잘 추스르는 것이 예보의 절반 이상을 좌우한다. 예보는 과학이지만 동시에 자신을 다스리는 방식이기도 하다.

마음이 거울처럼 맑아야 현명한 판단을 내릴 수 있다. 지혜를 구하려면 먼저 자신의 아집과 편견에서 벗어나야 한다. 한때 전 세계 바둑계를 평정했던 대가 우칭위안(吳淸源)은 거울에 빗대어 상대와의 경기에서 마음을 가다듬는 방법을 다음과 같이 소개한다(문용직, 2014). "거울의 표면을 닦지 말고 거울의 안쪽을 밝게 하라. 겉으로 드러나는 수법은 작은 경계. 반상 이전에 내면을 닦아내라. … 바둑은 승부. 대국자는 승부사. 잠깐 방심하면 승부에서 멀어진다. 방심이란 무엇인가. 마음의 지향점을 잃어버린 상태다. 지향점이란 무엇인가. 승부에서는 긴장을 이겨

자연과의 대면

내 불리한 국면에서는 역전의 기회를 노리고 유리한 국면에서도 안이하게 바라보지 않는 것이다."

손자가 말하기를, "나와 적을 알면 백 번 싸워도 결과가 두렵지 않다. 나를 알고 적을 모른다면, 승리하는 만큼 지기도 할 것이다. 나도 모르고 적도 모른다면, 싸우는 대로 패배할 것이다."《손자병법》의 기준에 따르면 일기예보 전문가는 자연이라는 타자에 대해 일부밖에 모르고 자신의 한계에 대해서도 잘 모르는 형국이라, 매 예보마다 성공과 실패가 병존한다. 따라서 항상 자연과 나 자신에 대한 무지의 영역을 인정하고, 불확실한 상황에 상시 대비하는 엄정한 태세를 유지해야 한다.

특히 위기의 순간에는 지식을 충분히 활용하기 어렵다. 상황은 긴박하게 변하고 시간은 부족하다. 따라서 직관과 경험에 의존할 수밖에 없다. 이런 불확실한 여건에서는 마음을 비우고, 무지를 자각하고, 어떤 신호든지 아무리 미약하더라도 그 신호를 감사하게 받아들이고, 판단에 활용해야 한다. 자신의 무지와 부족함을 자각하는 것이 불확실한 상황을 타개하는 데 도움이 된다. 이런 취지에서 보면, 스포츠·의료·임상심리치료·법정 소송·군사작전·기업경영·경영과학을 비롯해 사회 여러 분야에서 "마음챙김(mindfulness)" 훈련에 관심이 높아지는 것도 수긍이 간다(Hunter and Chaskalson, 2013).

'마음챙김'이란 현재에 집중하고 자기 자신과 주변 환경에서 일어나는 일들을 가능한 한 주관적 판단을 배제한 채 있는 그대로 파악하는 능력이다. 마음속에서 일어나는 지각이나 감정은 물론이고, 현재 상황에 대처해 가는 자신의 행동까지도 객관적으로 바라보는 능력이다. 다른 사람의 관점을 이해하고, 주변 환경의 변화를 개방적인 자세로 여과 없이 받아들이는 능력이다. 동양의 정신세계에 친숙한 심리학자들은 마음챙김의 주된 요소를 다음과 같이 정리하고 있다(Pineau et al., 2014).

첫째, 관찰한다. 내면과 외부의 다양한 자극을 인지하는 능력이다. 둘째, 기술한다. 관찰한 현상을 이야기로 서술한다. 셋째, 행동을 자각한다. 이를테면 기계가 안내하는 대로 비행기를 조종하는 것이 아니라, 수동 조작할 때와 같이 내가 취한 활동과 반응에 주의를 기울인다. 넷째, 내적인 경험의 가치를 따지지 않는다. 일어나는 상념이나 감정을 온전하게 있는 그대로 받아들인다. 다섯째, 내적인 경험을 방해하지 않는다. 생각이나 감정이 자유자재로 표출되도록 허용한다.

미네소타대학 조직행동학 교수 테레사 글롬과 동료연구진은 마음을 챙기면 업무 능률도 오른다고 보고, 이에 대한 몇 가지 근거를 제시하였다(Glomb et al., 2011). 첫째, 자기관리능력이 향상된다. 에고(ego)는 사건·경험·생각·감정에서 분리되어, 감정이나 과거의 습성에서 기인한 편향적 지각도 줄어든다. 자동적인 사고 패턴에서도 벗어난다. 자신의 내면에서 일어나는 생각·감정·행동·생리적인 반응을 효과적으로 통제할 수 있게 된다는 것이다. 둘째, 공감 지각이 살아난다. 자신의 생각과 감정을 있는 그대로 느낄 수 있다면, 그만큼 타인의 마음을 이해하는 여유도 커지기 마련이다. 먼저 자신의 입장에 제대로 설 수 있어야, 타인의 입장에도 설 수 있는 것이다. 셋째, 환경의 자극에 대한 적응력과 유연성이 높아진다. 반응의 속도를 늦추고, 대신 생각할 시간을 벌어 준다. 집단의 사고나 정서적 분위기로부터 독립적으로 판단할 수 있는 여지를 준다. 넷째, 스트레스가 심한 근무 여건에서도 심리적으로 위축되지 않도록 내성이 커진다. 어려운 상황에 닥치면, 부정적인 우려나 기우

자연과의 대면

가 반복적으로 떠오르며 심신이 피폐해지고 판단력이 흐려질 수 있다. 감정에서 초월하여 사태를 직시하면, 반추(rumination)와 같이 부정적인 생각의 고리를 피해 갈 수 있다. 다섯째, 자기 주도적 자율성이 증진된다. 자신의 아집에서 벗어나 사태를 관망함으로써, 가치판단에 집중할 수 있다. 이를테면 일기를 예보할 때, 전문가 팀원들이 과학적으로 분석하고 토의하는 동안에도 국민의 안전과 방재 효율성이라는 가치를 염두에 두면서 상황에 대처해 갈 수 있다.

직관의 힘을 키우는 것도 마음챙김과 무관하지 않다. 자아초월 심리학자 프란시스 본은 직관력의 근원은 자기다워지는 데 있다고 보았다(Vaughan, 1979). 지식을 쌓는 것이 능사가 아니라, 먼저 자신의 참 모습을 이해해야 한다는 것이다. 이것은 자신 앞에 진실할 때 가능한 일이다. 나아가 긴장을 풀고, 주의를 집중하고, 현실을 있는 그대로 받아들이고, 자신을 이해하는 훈련을 권고한 바 있는데, 이것들은 마음을 챙기는 과정에도 필수적인 요소라고 볼 수 있다.

마음을 챙기면 우선 깜박하거나, 주의가 산만해지거나, 실수하는 횟수가 줄어든다. 이에 따라 자연스럽게 안전사고도 줄어든다. 이미 주입된 사상이나 믿음이나 경험에 앞서서, 현재 진행하는 상황을 비판적으로 바라보고, 가용한 모든 정보에 주의를 기울이게 하기 때문이다(Kinen and Shook, 2011). 그리고 마음을 챙기면 즉흥적인 판단이 억제되어, 앞서 4장에서 소개한 확증 편견, 과거 경험의 프레임이나 대표성과 관련한 편견을 줄이는 데도 효과가 있다. 그 밖에도 다양한 인지적 편견을 줄이는 데에도 도움이 된다(Glomb et al., 2011).

매몰 비용(sunk cost)의 편견도 마찬가지다(Hafenbrack et al., 2013). 매몰 비

용이란 이미 지불한 비용이 아까워 판단을 그르치는 것을 말한다. 실망한 연주를 끝까지 참고 관람하는 것도 이미 구입한 음악회 표가 아깝기 때문이다. 일기 상황은 변해 가는 데도 좀처럼 예보를 수정하기 힘든 것도, 오랜 분석을 통해 숙고하여 내린 결론에 투자한 시간과 노력이 아깝기 때문이기도 하다.

마음챙김 명상을 하면 잡념을 떨치고 현재 순간에 집중할 수 있다. 과거의 비용이나 미래의 우려에 빠지지 않고 부정적인 느낌에서 벗어나, 상황을 온전하게 판단할 수 있다. 또한 마음챙김은 상황에 대한 적응력을 높이는 데에도 도움이 된다(Moore et al., 2009). 내면과 외부 환경에 대해 관찰하고 주의함으로서, 습관적으로 대응하던 사고방식이나 행동양식이 상황 대응에 적합한지를 끊임없이 묻고 현실과 차이가 나는 부분을 고쳐 가게 하게 때문이다(Kinen and Shook, 2011).

피터드러커 경영대학원 교수 제레미 헌터와 방골대학 심리학 교수 마이클 차스칼슨은 이 점을 다음과 같이 설명하였다(Hunter and Chaskalson, 2013). "여기와 지금은 사람이 삶을 경험하는 '살아 있는 창(live feed)'이다. 현재에 집중하면, 선입견의 지평을 넘어서서 앞으로 닥쳐올 상황의 변화를 감지할 수 있다. 지금과 여기에 집중하면 공언한 행동이나 의도가 현실과 다르게 전개될 가능성을 내다볼 수 있다. 현재에 집중하면 중요한 관계를 손상하지 않도록 미리 감정을 통제할 수 있다."

자연은 함께 호흡할 상대

자연현상을 예측하려면 자연을 느끼고, 자연의 신호를 이해해야 한다. 그러자면 자연과 같은 속도로 천천히 걸어야 한다. 자연과의 대화를 통해 나의 관점을 이해하고, 나와 자연 사이의 차이를 줄여 가며, 점차 자연과의 합일을 추구하게 된다. 억지로 예보가 실현되기를 바라는 것은 자연을 공격하고, 이기적으로 대하고, 난폭하게 무례하게 자연에 다가서는 것이다. 자연에게 나의 생각을 강요하면 제대로 자연의 신호를 읽을 수 없다. 목소리를 높이는 순간, 다른 토론자와 다투는 것은 물론이고 결국은 자연과도 다투는 것이 된다. 자연에 적대감을 갖는 것은 자연과 함께 가는 길을 포기하는 것이다.

자연의 흐름을 이해하고, 예보와 자연의 차이점을 느끼고 배우는 것이, 자연과 함께 공존하는 방법이다. 《도덕경》 23장과 29장에는 각각 다음과 같은 구절이 있다(Smith, 1991). "자연은 강요하지 않는다. 회오리 바람도 아침 한나절 불다 그치고, 비도 하루 중 잠깐 내리다 그친다. … 대지를 정복하고 마음대로 모양을 바꿔 보려 하지만 성공할 수 없다. 지구는 신성한 그릇과 같아 조금만 건드려도 금방 부서져 버린다. 손가락으로 만지고자 하면 이내 사라져 버린다."

도가에서는 '무위'라는 개념을 제시하며, 자연의 원리에 순응할 때 가장 효과적으로 뜻을 이룰 수 있다고 하였다. 태극의 문양을 보면 상극하는 음과 양의 기운이 서로 분리되어 있으면서도, 상대의 심장부에 나의 것이 자라게 하는 씨앗을 심어 놓은 형국이다. 때때로 자연은 험궂은 모습으로 다가오지만, 내 안에 자연을 품지 않고는 자연의 혼돈한 세계를 이해하기 어렵다.

높은 산을 등반하여 최고봉에 오른 사람에게 "산을 정복했다."는 표현을 쓰는 경우를 자주 본다. 일기예보를 해 보면 자연의 힘이 광대하고 변화가 무쌍하므로 감히 '정복'이라는 표현은 엄두가 나지 않는다. 예보가 실황과 어긋나면 한시라도 빨리 나의 오류를 시인하고 자연의 흐름에서 멀어지지 않도록 하는 것이 최선이다. 자연의 신호를 조금씩이라도 어렴풋이 느껴 보려고 동분서주하고, 근근이 자연과의 교감의 끈을 잃지 않으려고 발버둥치는 시지포스의 모습에 가깝다. 예보 전문가에게 자연은 정복의 대상이기보다는 "함께 보조를 맞추어 걸어간다."는 표현이 더 적합할 것이다.

자연과 조화로운 관계를 강조하는 도가의 가르침에 심취한 종교학자 허스톤 스미스는, 자연에 대한 외경심을 다음과 같이 적고 있다 (Smith, 1991). "자연은 친구다. 한때 영국인이 지구 위 최고봉을 측량하자, 사람들은 에베레스트를 정복했다고 법석을 떨었다. 이를 보고 일본인 스즈끼의 반응은 달랐다. '우리 동양인들 같으면 에베레스트와 친해졌다고 말했을 것이다.'라고. 두 번째로 높은 안나푸르나 봉을 측량한 일본 팀은 정상까지 50피트를 남겨 놓고 조심스럽게 멈춰 섰다."

하버드대학의 과학기술학 교수 쉴라 자사노프가 "오만의 기술 (technologies of hubris)"과 대비하여 "겸허의 기술(technologies of humility)"을 다음과 같이 정의한 것도 앞서 허스톤 스미스의 인용 구절과 유사한 맥락이다(Jasanoff, 2003). "오만의 기술은 과학과 산업의 바퀴를 계속 굴리고, [대형 안전사고가 계속 일어나는 데도] 국민에게 지나친 확신을 심어 준다. 정부는 위험 산정, 편익 계산, 기후모델연구 같은 예측 방법을 계속 개발하여 불확실성이 높은 분야에도 관리와 통제를 강요한다. … 반면 겸허의 기술은 예측적 접근방식의 문제점을 보완하고자 노력하고, 기술의 한계를 명료하게 밝힌다. 시작부터 다원적 관점과 집단적 학습의 필요성을 알린다."

복잡 시스템의 가변성과 예측 불가해성에 대응하기 위해서는, 도넬라 메도우의 다음과 같은 권고에 주목할 필요가 있다(Meadows, 2004). "시스템에 우리 뜻을 강요할 수 없다. … 시스템이 스스로 굴러가는 데 도움이 되는 힘과 구조를 지원하고 장려하라. 사려 없이 시스템에 개입하지 말고, 시스템의 자정능력을 훼손하지 마라. 더 잘 만들어 보려고 통제하려 들지 말고, 이미 존재하는 가치를 보존하는 데 힘써라. … 단언컨대 깜작 놀라는 일이 전혀 없는 세상을 기대할 수는 없다. 하지만 예상 밖의 일을 기대할 수 있고 배울 수 있고 심지어는 이득을 취할 수도 있다. 우리 의지대로 시스템을 움직일 수는 없다. 하지만 시스템의 소리를 들을 수 있고, 시스템과 우리의 가치가 공명하면 혼자 노력하는 것보다 더 이로운 업적을 이룰 수 있다."

물은 부드럽다

물은 흘러가는 도중 만나는 물체가 무엇이든지 유연하게 껴안는다. 모양을 구부려 모든 면을 감싼다. 미세한 요철의 차이도 감지한다. 마음이 부드러워야 지식 너머의 한계에 눈뜰 수 있다. 그렇지 않으면 필경 전혀 새로운 사건이 발생했을 때 아집을 버리지 못하고 제대로 대응하기 어렵다. 우리의 이론은 단순하여, 현실의 구체성에 결코 가까이 가지 못한다. 규칙은 번번이 빗나가고 사고의 틀을 바꾸지 않으면 때를 놓친다. 긴장된 상태에서 섬세한 촉수를 바짝 세우고 미동이라도 감지할 수 있어야 한다. 조그만 상황의 변화를 조기에 감시하는 데 실패하면, 더 큰 변화를 불러오고 결국 상황이 예보와 크게 동떨어져 수습이 불가능한 지경에 이르기 때문이다.

시스템의 상태를 예측하고 통제해 보려는 생각을 가지기 전에, 시스템을 이해하는 것이 중요하다. 이 점을 도넬라 메도우는 다음과 같이 표현하고 있다. "시스템을 어떤 식으로든 간섭하기 전에, 그것이 어떻게 작동하는지 눈여겨보라. 악곡의 흐름이든, 쏟아지는 폭포든, 주가의 등락이건 간에 대상의 리듬을 들여다보라. 사회 시스템이라면 어떻게 기능하는지 살펴보라. 지나온 궤적을 면밀히 조사해 보라. … 이론보다 사실에 집중하라. 그래야 자신의 아집과 오류와 다른 이의 편견에서 벗어날 수 있다." 더크 헬빙과 스테파노 발리에티의 설명도 도넬라 메도우의 견해와 다르지 않다(Helbing and Balietti, 2011).

"복잡 시스템은 대체로 의도한 방향으로 작동하지 않는다. 임계점 부근에서 급격한 변화가 일어나거나, 예기치 않은 국면 전환이나 파국으로 치단기도 한다. 자동차와 달리 기술적으로 통제하기 어렵다. … 대신 시스템의 고유 특성을 살려 물 흐르듯 자연스런 접근방법을 시도하는 것이 효과적이고 또한 경제적이기도 하다. 그래서 복잡성은 자율적인 조정기능을 활용하거나 측면 지원하는 방법으로 접근하는 것이 더욱 합리적이다."

예보는 자연의 흐름을 읽는 것이지, 자연을 통제하는 것이 아니다.

자연과의 대면

폴 사포도 예보에 임할 때 사심이 없는 자세를 권고한다. 기대와 현실은 다른 것이다. 기대하는 대로 예보한다고 현실이 따라오지는 않는다. 기대한다는 것은 자연에 자신의 의지를 강요하는 것이다. 자신의 의지를 강요하는 순간, 자연의 미세한 흐름을 감지하는 지각을 잃기 쉽다. 기대와는 다른 현상들이 하나둘 나타나더라도 인식의 틀을 바꾸기 쉽지 않다. 자연히 현실의 변화에 둔감해지고 상황을 오판할 공산도 커진다. 자연과 소통하지 않으면 변화하는 자연의 소리를 듣기 어렵고, 그만큼 현실에서 유리되어 예보를 수정할 수 있는 시기를 놓치기 쉽다.

스캇 암스트롱은 분석가들이 종종 기업주가 가진 믿음이나 확신을 지지하는 정보를 찾느라고 시간과 인력을 허비하고, 대신 상반되는 정보는 흔하게 널려 있더라도 바로 보지 못한다는 점을 지적했다 (Armstrong, 1983). 폴 사포도 예보와 잘 부합하지 않는 정보에 관심을 두라고 권한다(Saffo, 2007). "미래는 가까이 있으나 그 표면이 균질하지도 않고 동등하지도 않다." 즉, 가설이나 예보 정황에 어긋나는 조짐이나 징표에 유의해야 하고, 이것들이 때로는 불확실성 깔때기의 외연을 구성할 경우가 있다는 점을 지적한다. 특히 와일드카드(wild card)를 잘 사용하라는 것이다.

다양한 형태의 상호작용이 일어나는 복잡 시스템에서는 다양한 생각과 관점에서 문제를 바라보고 대안을 찾아야 한다. 상황변화에 따라 능동적으로 자신의 생각을 바꾸고 현실에 맞게 변화해야 한다. 일기예보를 발표한 후 실황이 예보와 다르게 진행되면 무엇이 실패했는지를 반성하는 것이 우선이다. 신속하게 자신의 생각과 고집을 버려야 한다. 다른 관점에서 생각해 보고, 현실에 맞추어 발 빠르게 예보를 수정해야 한다. 또한 수정한 내용을 고객에게 신속하게 전파하여, 오보에 따른 피해를 줄여 가야 한다. 엘리자베스 빠떼 코넬도 선제적 대응을 강조한 다(Paté-Cornell, 2012).

"위험을 경감하기 위해서는 체계적으로 관찰하고 조금 빗나간 실패 기록과 선행지표를 관리해야 한다. … 블랙스완은 애초부터 모르는 것 이기 때문에, 위험 관리자의 레이더 화면에 나타나지 않는다. 그러나 그 것이 일단 모습을 드러내면 인식론적 불확실성에 눌려 의사결정에 어려 움을 겪게 된다. 놀라운 일들이 연이어 누적되지는 않는다 해도, 우연 적 요인들은 더욱 늘어날 것이다. … 그런 경우에 최선의 대비책은 주의 력을 집중하여 신속하게 사태를 파악하고 한시라도 먼저 발 빠르게 대 응하는 것이다."

펜실베니아대학 심리경영학 교수 필립 테트락은 예보전문가를 기질 에 따라 "여우형"과 "고슴도치형"으로 구분했다(Tetlock, 2005). 고슴도치형 은 하나 또는 몇 개의 아이디어에 집착하여 문제에 접근한다. 반면 여 우형은 더욱 많은 경우의 수를 생각하며 상황에 따라 접근 방식을 변경 해 간다. 예보업무에 대해서만큼은 여우형이 더 우수한 성적을 낸다는 것이다.

변화하는 상황에 적응하고 현명한 판단을 구하려면 신축적으로 사 고해야 한다. 그 바탕에는 물처럼 부드러운 자세가 필요하다. 프레드 르 랑은 퇴역군인 돈 반데그리프를 떠올리면서, 변화하는 상황에 기민하게 대응하기 위해 신축성 또는 적응력을 강화하는 다섯 가지 방안을 제시 했다(Leland, 2009). '신축성'이란 반응 속도를 높이는 것이 아니라, 느리더 라도 폭넓게 생각하는 힘을 추구하는 것이다. 첫째, 의식적으로 노력하지 않아도 신속하게 일을 처리하는 즉흥적 능력, 둘째, 사안을 이해하고 대안을 평가하고 해결책을 찾아내는 비판적 사고능력, 셋째, 직감과 같은 상상력, 넷째, 자신의 장단점을 솔직하게 이해하는 자의식, 다섯째, 사람들의 장단점을 파악하고 소통하고 귀를 기울일 줄 아는 사회적 감성을 들고 있다.

날씨는 번번이 예상을 비웃고 새로운 카드를 내밀지만 그때그때 배우려는 자세로 현실을 몸과 마음으로 느끼면 불확실성을 껴안고 가는 방법을 체득할 수 있다. 도넬라 메도우도 다음과 같이 복잡 시스템에 대한 예보의 한계와 이론이나 모델의 불완전성을 설파한 바 있다(Meadows, 2004). "시스템적 접근방법을 통해 합리적인 생각보다는 직관을 더 믿어야 한다는 것을 배웠다. 양자에 모두 귀를 기울이되 사고와 직관을 넘어선 일들이 벌어져도 놀라지 말아야 한다. 자연이나 사람이나 조직이나 간에, 시스템을 다루면서 나의 멘탈 모델이 얼마나 불완전하고, 세상이 얼마나 복잡하며, 내가 모르는 것이 얼마나 많은지도 깨닫게 되었다. 잘 모르는 일을 해야 할 때는 허세를 부리거나 주눅 들지 말고 배워야 한다."

학습은 적응의 핵심이다. 불확실하고 가변적인 시스템에서는 학습의 중요성이 더욱 커진다. 특히 예측 불가한 상황에서는 실패를 통해 배울 수밖에 없다. 다른 분야도 마찬가지다. 미국 해군 지휘관 네일 맥카운도 변화가 심하고 복잡한 전장에서 신속한 판단과 결정을 내리려면, 지휘관이 평소에 과거의 역사적 실패사례를 비판적으로 검토하여 간접적 경험을 축적하는 것이 지름길이라고 보았다(McCown, 2010). 학습은 실패를 껴안을 때 가능하다. 예보가 실패한 후 당시 상황을 재분석해 보면, 날씨 시스템에 대해 더 많이 이해할 수 있다.

실패의 원인은 복합적이다. 따라서 개인보다는 의사결정의 프로세스와 시스템의 포괄적인 관점에서 원인을 분석해 보아야 한다. 흔히 결정론적 원인 결과의 프레임에 입각하여 실패 원인과 책임을 말단 전문가에게만 전가하는 것은 시스템이 실패한 원인을 분석하는 데 도움이 되지 않을 뿐 아니라 장기적으로 또 다른 실패를 불러올 위험이 있다고 교육학자 도널드 숀은 경고한다(Schön, 1971). 실패로부터 거듭나야 훌륭한 예보전문가가 될 수 있다. 누구나 실패로부터 자유롭지 못하지만, 실패로부터 배우는 것은 우리의 의지에 달려 있다. 시행착오 과정을 반복하면서, 실패의 경험은 지식이 된다. 자신의 멘탈 모델을 바꿀 때, 지식은 비로소 지혜가 된다.

잭 샤프먼은 "자만심이 학습의 장애물이다."라고 말한다. 자신의 생각에 갇혀 유연성이 떨어지고, 다른 관점에서 상황을 바라보지 못한다. 반면 새로운 지식을 섭취하면 종전의 무지를 깨닫게 되고, 겸손해진 마음으로 과거의 지식에 뿌리박힌 확신을 피할 수 있다. 새로운 지식을 계속 늘려 가려면, "학습하는 법"을 학습해야 한다. 잭 샤프만이 강조한 시스템적 사고의 관점에서 본다면 이 말은 곧 "생각하는 것을 생각하는 것", 즉, 자신의 생각을 객관적으로 따져 보는 능력과 직결된다. 새로운 것을 학습하고 비판적으로 사고하는 습관이 체화되면, 자신의 가정과 관점을 객관적으로 바라보는 기회가 많아지므로 자연스럽게 아집과 자만에 빠질 위험도 낮아질 것이다. 여러 전문가가 함께 의사결정에 참여하는 곳에서는, 개방적인 조직문화가 보장되어야 집단의 학습이 원활해진다. 실패를 적극적으로 수용하고, 하부 시스템에 일정 수준의 자율성을 부여하고, 시스템 내 관점의 다양성을 용인해야 하는 이유다.

자연과의 대면

김형태 전(前) 자본시장 연구원장은 우타가와 구니요시의 1847년 작품《얼핏 보면 무섭지만 실은 좋은 사람이다》를 소개하면서, 부드러워야 전체를 볼 수 있고 시스템의 위험을 인지할 수 있다는 견해를 피력했다(김형태, 2014). "팔을 양쪽으로 벌리고 웅크리고 앉아 있는 사람이 코 모양이 된다. 구부리고 있는 두 사람이 이마를 형성하고, 그들이 입고 있는 검은색 팬티가 눈썹이 된다. 벌리고 있는 입 또한 손을 앞으로 뻗쳐 위를 받치고 있는 사람의 몸동작으로 표현했다. 펼쳐진 손바닥도 두 사람이 포개져 누워 있는 형태로 표현됐다. … 구니요시 그림에선 눈·코·입을 표현하기 위해 몸의 모양이 휘어지고 구부러져 있다. 휘어지고 구부러져야 큰 것으로 작은 것을 그릴 수 있다. … 투자도 마찬가지다. 다양한 주식을 편입한 포트폴리오를 갖고 있을 때, 중요한 것은 전체 포트폴리오 수익이지, 개별 주식 하나하나의 수익이 아니다. 개별적으로는 안 좋아도 전체 포트폴리오에 도움이 되는 주식이라면 투자해야 한다."

시스템 전문가들은 우리가 알지 못하는 많은 것들이 있다는 데 주목한다. 시스템은 복잡하다. 비선형적이고 스스로 발현하며 환류 메커니즘을 가지고 있어서 예기치 않은 일들이 언제든지 일어난다. 감성과 직관과 모든 마음의 문을 열고 미래를 만나고 불확실성과 친해져야 한다고 도넬라 메도우는 권고한다(Meadows, 2009). "시스템의 세계에서 성공적으로 살기 위해서는 계산하는 능력만으로는 안 된다. 합리성, 진실을 분별하는 능력, 직관, 공동체의식, 비전, 윤리감각을 포함한 전인적인 능력이 필요하다. … 가변적인 시스템의 세계에서 살기 위해서는 정신적인 탄력성이 필요하다. 즉, 외연을 다시 그려 보려는 열정, 시스템이 다른 모드로 전환하는 것을 파악하는 감수성, 구조를 재설계하려는 노력도 필요하다."

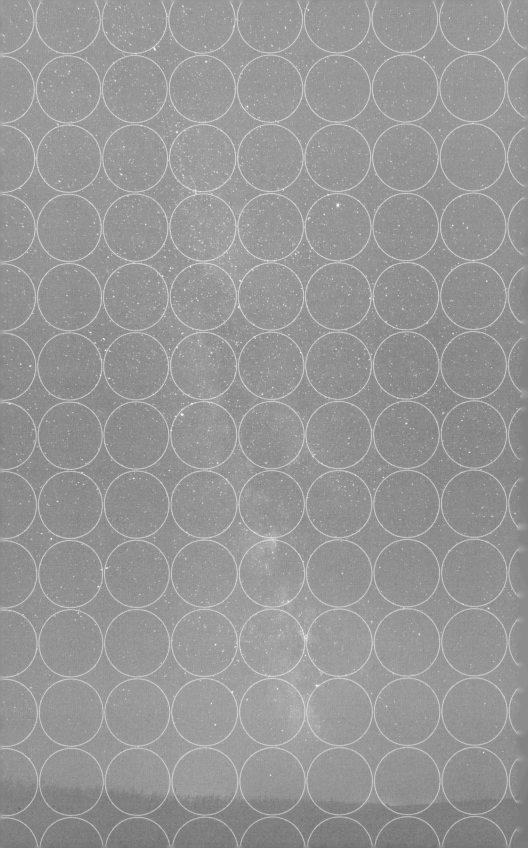

Chapter 06

고객 속으로

"결정은 판단이다. 대안 가운데 선택하는 것이다. 맞거나 틀린 것 중에서
선택하는 경우는 드물다. 대개는 거의 맞거나 조금 틀린 것 사이에서 선택한다.
어느 것이 더 맞는지 알기 어려운 경우도 적지 않다."

- 피터 드러커

사회적 맥락 "

　서비스 고객의 기호와 생활양식은 예보시스템의 외연을 차지하며, 예보과정에 영향을 미친다. 티모 에킬라는 "예보라는 것이 근원적으로 가치와 산물을 소비자에게 제공하는 활동이다."고 보았다(Erkkila, 2009). 예보의 가치는 소비자가 처한 사회적 환경과 문화의 맥락에 따라 달라진다. 전형적인 가을 아침에 기온이 내려가며 공원을 포근하게 감싸는 엷은 안개는 산책하는 사람에게 그다지 신경 쓰이는 대상은 아니다. 예보하는 입장에서도 평상시의 업무태세를 견지하며 대기안정도나 주변 수증기의 유입 여부와 같은 통상적인 분석만으로 충분할 것이다.

　그러나 같은 상황도 사회적인 맥락이 달라지면 매우 도전적인 예보 문제가 된다. 공군 비행장에 상급부서 장군이 헬기로 아침 이른 시각에 도착한다고 치자. 장군 보좌관에게 착륙 시점의 안개예보를 보고해야 하는 담당자의 입장에서 맞게 되는 의사결정의 스트레스는 엄청나다. 앞서 산책로에 나서는 일반인을 대상으로 한 예보 상황과는 천지 차이다. 비가 올동 말동한 날씨에는 웬만한 경우라면 우산을 쓰지 않아도 될 정도라서 설령 비가 오지 않을 것으로 예보했다가 빗방울이 조금 떨어지더라도 크게 문제되지는 않을 것이다.

　하지만 똑같은 날씨가 대통령 취임식 중에 일어난다면 사정은 180

도 달라진다. 야외 객석에 앉은 해외 귀빈들 사이로 아무런 대책 없이 빗방울이 떨어진다면 정치적으로 매우 예민한 파장을 불러올 것이다. 맑은 밤하늘에 구름이 조금 낀다고 예보했으나 실제로는 구름이 많이 끼었다고 해서 시민들이 활동하는 데 지장을 주지 않을 것이다. 하지만 정월 대보름이나 추석날, 구름 예보와 실황 간에 미세한 차이가 벌어진 다면 달맞이 나온 시민들의 실망도 클 것이다.

예보전문가는 명시적으로는 자연의 미래를 다루지만, 실질적으로는 사회의 미래를 다룬다. 고객을 위해 서비스하는 목적을 가진 이상, 고객 이 처한 사회적 여건에서 자유로울 수 없다. 스캇 암스트롱도 예보의 사 회적 의미를 애써 강조한다(Armstrong, 2001a). "예보는 결국 고객을 위한 것이다. 정확도도 중요하지만, 고객과의 눈높이가 더 중요하다. 고객의 의사결정에 기여할 때만 그 정보는 유용하다. 고객이 그 예보를 활용하 여 새로운 가치를 만들 수 있어야 한다."

일기예보 전문가도 고객의 관심, 믿음, 가치에 맞추려고 날씨의 특 별한 속성을 분석하게 된다. 비앙카 한과 동료 연구진은 예보전문가 가 사회 동향에 관심을 가지는 일면을 다음과 같이 소개한다(Hahn et al., 2002). "예보전문가들은 종종 많은 사람들의 시선을 끄는 대규모 야외 페스티벌이나 스포츠 대회 일정을 미리 기억하고 있다가, 예보할 때 참 고한다. 기상특보를 발령할 때에도 미디어가 그 스포츠 대회에 어느 정 도 관심을 갖고 있고, 이전에 발표한 주의보는 어떻게 방송에 반영하고 있는지 주목한다."

고객 속으로

위험 상황과 소통

　일기예보란 자연을 매개로 사회와 소통하는 방식이다. 자연현상을 예측하는 데 그치지 않고, 그 현상이 사회에 미칠 영향도 따져 볼 수 있어야 고객과의 소통도 원활해진다. 내일 예상되는 황사의 농도가 시간 평균 $400\mu g/\text{m}^3$ 내외라고 발표하더라도, 교육청 관계자는 관할 지역의 초중고교에 휴교령을 내려야 할지를 결정하는 데 여전히 고민스럽다. 황사농도가 학생의 건강에 미치는 영향에 대해 예보전문가와 고객이 일치하는 답을 가지지 않는다면 양자가 바라보는 상황이 다르고 소통도 그만큼 어려워진다.

　세간의 인식이나 관념에 따라 예보의 뉘앙스도 달라진다. 최근 기후변화로 강수패턴이 달라진 만큼, 여름철이 끝날 무렵 장맛비가 잦아드는 시점에는 정체전선에 의한 강수인지 아니면 대기불안정에 의한 강수인지, 강수의 원인을 구별하기 모호한 시기가 있다. 장마철이 유난히 길어진 2013년 8월에는 언제 장마가 끝날는지 항간의 관심이 고조되었다. 당시 모레 예보문에 비가 올 것으로 발표했을 때, 이 비의 성격이 문제가 되었다. 기상당국에서는 이 비가 대기 불안정에 의한 것이라고 설명했고, 예보문에는 장마전선에 대한 별도의 언급이 없어서 언론에서는 장마가 끝난 신호로 받아들였다. 하지만 일부 민간회사에서는 그 비가 정체전선에 의한 것이라고 보고, 장맛비가 며칠 더 지속될 것이라고 비평한 것이다. 양쪽 다 비가 며칠 더 단속될 거라는 점에서는 차이가 없었다. 하지만 이 강수예보를 받아들이는 국민이나 언론의 입장은 달랐다. 휴가철이 언제 시작될 것인가가 관심의 초점이었다. 장맛비가 며칠 더 이어진다는 것은 그만큼 휴가철이 미루어진다는 뜻이기 때문이다.

기상특보 기준도 사회적 맥락에 따라 달라진다는 점을 프랑크 크루넨버그는 다음과 같이 소개한다(Kroonenberg, 2010). "특정 기상현상이 일어날 시점이 출퇴근시각인지 아닌지, 주중인지 주말인지, 국경일인지에 따라 대처방법도 달라야 한다. 예민한 시기에는 사회적 취약성도 달라진다는 점을 고려한다면, 기상학적 경보 기준값에 대한 고정관념을 버려야 한다. 통상적인 기준 값에 미달하더라도 특보를 발표할 태세를 갖추어야 할 때가 있다."

특보기준은 그동안 사회 경제적으로 입은 피해규모와 기상변수 간의 관계를 감안하여 일률적으로 미리 정해 놓는다. 하지만 특보의 사회적 의미는 상황에 따라 달라지기 때문에, 특보처리과정도 탄력적으로 대응할 수 있게 관리해야 한다. 특히 기상분야에서는 상황이 수시로 돌변하기 때문에 동적 변화에 기민하게 대응해야 한다. 비가 내린 후 갑자기 기온이 내려가면, 언 도로 위로 눈이 조금만 쌓여도 교통사고가 빈발한다. 며칠간 비가 지속하여 지면이 약화된 상태에서는 조금만 비가 더 내려도 산사태가 일어날 수 있다. 인적이 드문 산간은 사회로부터 격리되어 있기 때문에, 산간에 5㎝ 눈이 오더라도 걱정하는 사람은 많지 않다. 하지만 같은 양의 눈이 서울 도심에 내린다면 교통 체증이 가중되고 운전사고 위험도 커진다. 만약 월요일 아침 출근길에 내릴 경우, 사회적 불편과 충격은 급격하게 증가한다.

미국에서는 2012년 10월 29일, 허리케인 샌디(Sandy)가 겨울 초입에 미 북동부 뉴저지 남부 해안지대를 덮쳤다. 강풍과 호우와 해일로 저지대가 침수되고 대규모 정전까지 일어나 사회적으로 큰 혼란이 일어났

고객 속으로

다. 사망자만 147명이 넘었고, 재산 피해도 500억 달러를 상회한다는 보고도 있었다(Sullivan and Uccellini, 2012). 샌디는 중위도 기압계와 맞물리면서 중심에서 반경 1,000㎞ 이상 되는 넓은 지역에 영향을 미쳤다. 북서부 고지대에서는 91㎝ 이상의 폭설이 내렸는가 하면, 다른 지역에서도 310㎜ 이상의 많은 비가 내렸다.

통상적으로는 중심 기압과 최대풍속을 기준으로 허리케인의 강도를 정하고 경보 등급을 매긴다. 샌디의 경우에도 육지에 상륙한 후 강도가 급격하게 약화되자, 미국기상청은 3등급 허리케인에서 한 등급 낮은 온대저기압으로 강도를 낮추고 경보도 회수하였다. 규정상 온대저기압에는 경보를 발령하지 않기 때문이다. 하지만 샌디는 특이하게 주변지역에서 강풍과 강수 피해가 유난히 심했는데, 이러한 위험 상태는 샌디가 온대저기압으로 약화된 후에도 상당기간 지속되었다. 방재기관이나 시민들은 기상당국이 발표한 샌디의 강도 등급과 실제로 느끼는 위험 수위가 달라 혼선이 커진 것이다. 일부 언론은 기상 당국이 샌디의 위험을 저평가하여 피해가 커졌다고 비난하기도 하였다. 이 사태 이후 미 기상당국은 비록 온대저기압으로 약화된 허리케인이라 하더라도, 피해가 우려될 경우에는 경보 수준을 계속 유지하는 방법을 강구하기로 하였다.

예보하려는 기상현상이 최근 발생한 빈도에 따라 고객이 예보를 인지하는 태도도 달라진다. 유사한 날씨가 반복하면 언론과 고객의 관심에서 멀어진다. 반면 처음 나타난 현상은 특별한 주목을 받는다. 겨울 초입에 첫눈 예보가 잘 맞으면, 겨울철 눈 예보에 대한 국민의 신뢰도 커진다. 그러나 첫눈 예보에 실기하여 많은 피해가 발생하면, 그 후 아무리 예보를 잘 낸다 하더라도 처음에 박힌 부정적인 인상이 남아 좀처럼 신뢰를 회복하기 어렵다. 같은 맥락에서 프랑크 크루넨버그도 다음과 같이 지적한다(Kroonenberg, 2010).

"위험한 기상현상이라도 최근 짧은 기간에 걸쳐 경보를 남발했다면, 해당 경보에 대한 고객의 관심과 신뢰가 낮아진다. 이런 경우에는 기상학적 특보 기준에 도달했다 하더라도 톤을 낮추어 한 단계 낮은 수준의 주의만 요구해도 무방할 것이다. … 기후학적으로 지극히 예외적인 위험기상 현상이 일어난다면, 사람들은 익숙하지 않아 어떻게 대처해야 할지 당황할 것이다. … 이런 상황이라면 기상학적 특보 기준보다는 한 단계 높은 수준의 경고를 하여 더욱 강한 어조로 대비를 촉구해야 할 것이다."

정보의 일관성

어느 지방에 큰 산불이 났다든지, 큰비가 와서 대규모 침수피해가 발생했다 하면, 현지 언론의 취재가 시작되고 급기야 일반 국민은 물론이고 언론과 유관기관에서도 많은 질문이 쏟아진다. 다양한 매체와 수단을 통해서 동시에 상황이 전파되면 정보의 혼선이 불가피하다. 세월호가 진도 앞바다에서 침몰했던 2014년 4월, 사건 초기 대처단계에서 언론사나 유관기관에서 사상자 집계를 각각 다르게 발표한 것이 단적인 예다.

동일한 사안을 놓고 매체마다 다른 정보를 제공한다면, 고객의 입장에서는 어느 정보를 믿어야 할지 머뭇거리게 된다. 동일한 예보라 하더라도 다양한 언론 매체를 통해 각기 다른 뜻으로 방송된다면, 고객의

고객 속으로

입장에서는 혼선이 가중될 수밖에 없다. 특히 생명을 다루는 긴급한 정보는 신속하게 한 개의 목소리로 전파해야 신뢰성을 확보할 수 있다.

미국 중부지방에서는 2011년 4월 27일부터 28일 사이에 앨라배마 주를 포함해서 대형 토네이도가 자주 출몰하여 300명 이상의 사상자가 발생했다. 미국기상청장 루이 우첼리니 박사의 증언에 따르면, 당시 미 기상청의 토네이도 예보는 수일 전부터 매우 정확했다고 한다. 그럼에도 많은 인명의 피해를 본 데는, 사회 구조적인 문제가 없었던 것은 아니지만, 정보전달 과정에서 일관성이 떨어지고 여러 부서 간에 정보의 통일성을 기하지 못한 것이 부수적인 원인으로 작용했다고 당시 상황을 회고했다(개인서신).

언론을 통해서 예보를 전파할 경우에는, 예보 기간에 걸쳐 일관성을 확보하는 것이 고객의 신뢰를 얻는 데 특히 중요하다(Armstrong, 2001a). 그제 아침 방송에서는 이번 주말에 비가 온다고 캐스터가 해설했는데, 어제 아침 방송에서는 비가 오지 않을 거라고 반대의 멘트를 하고, 또 오늘 아침 방송에서는 흐리기만 할 거라고 재차 예보를 수정했다고 치자. 시청자의 입장에서는 당연히 혼선을 느끼고 예보에 대한 신뢰는 떨어질 것이다. 차라리 삼일 내내 이번 주말은 흐린 날씨가 될 거라고 일관되게 알려 주는 것만 못하다. 이 사례는 예보를 발표하거나 전달할 때, 예보의 정확도에 못지않게 예보의 일관성도 중시해야 함을 보여 준다.

일기예보도 유통과정에서 중앙에서 지방까지 대민과 언론 접점에서 일관성 있는 정보를 제공해야 하는 숙제를 안고 있다. 예보는 전용망을 통해 유관기관에 전달되고, 동시에 방송, 신문, 인터넷을 통해 대중에게 전달된다. 고객의 입장에서는 다양한 언론 채널과, 중앙 정부나 지방자치단체로부터 정보를 받아 보게 된다. 여기에 여러 민간기상 사업자가 제공하는 예보도 함께 유통된다. 예보의 출처나 중간 유통 경로의 다변화로, 고객이 안아야 할 정보의 불확실성이 더욱 커진 만큼, 정보의 일관성에 대한 기상당국의 책임도 함께 늘어난 것이다.

그뿐만 아니라 서로 다른 시 구간에 대한 예보 사이에는 시간적으로 불연속을 피하고자 이음새 전후에 중첩구간을 끼워 놓는다. 외형적으로는 서로 다른 시구간예보가 겹치는 구역에서 예보 내용의 동일성을 확보하면 되겠지만, 과학적 측면에서는 그리 쉬운 작업이 아니다. 대기운동은 다양한 수명을 가진 운동계가 서로 상호작용한 결과다.

역사적으로 보면, 시간 스펙트럼에서 연구하기 용이한 순서로 따져 볼 때, 수 일 주기의 운동, 수개월 주기 운동, 한 시간 주기 운동에 대한 이론과 예측 기술이 먼저 발전해 왔다. 그 사이에 있는 보름에서 한 달 주기 운동이나 한 시간에서 몇 시간 사이의 운동은 '스펙트럴 갭(spectral gap)'이라고 불리는 만큼, 예측성도 떨어지고 이론적 연구도 더딘 편이다. 현상적으로도 이 구간들이 차지하는 에너지는 크지 않아 인접 운동계와 구별하기도 쉽지 않고, 운동계간 상호작용으로 인해 가변적인 속성을 보인다. 선진 기상예보 센터에서 소위 "이음새 없는 예보(seamless prediction)"라는 기치 아래, 단주기 운동에서 장주기 운동까지 일관성 있는 예보내용을 보장하는 체계를 구축하려는 노력을 경주하고 있지만, 과학적으로 매우 도전적인 주제라서 발전이 더딘 편이다.

한편 예보 생산기관이 제공하는 예보의 콘텐츠 사이에도 일관성은 중요한 관리 지표이다. 몇 시간 앞의 날씨, 오늘과 내일의 날씨, 이번 주간의 날씨, 다음 3개월간의 계절 전망에 이르기까지 기상기관이 제공하는 예보의 종류는 다양하다. 실황이 변해서 몇 시간 앞의 예보를 수정한다면,

동시에 오늘과 내일의 예보도 적절하게 수정해야 한다. 이번 주간의 기류패턴이 급변하면, 주간 예보와 함께 월간 예보도 보정해 주어야 한다.

사회 구조의 취약성

아무리 예보를 정확하게 필요한 지역과 시간에 고객에게 전달한다 하더라도, 사회구조가 취약하면 피해가 나기 마련이다. 반대로 예보가 불완전하더라도 사회의 내성이 견실하면 피해가 경미하다. 결국 예보에 대한 고객의 민감도는 사회 구조의 함수로 볼 수 있다. 진화론적으로 볼 때, 자외선이나 적외선을 감지하는 대신 가시광선영역에 예민하게 반응하도록 우리 눈의 생체구조가 적응해 온 것처럼, 날씨에 대한 사회의 내성도 예보 불확실성을 어느 정도 감내하는 선에서 타협을 이루고 있는 것처럼 보인다. 우리 사회가 진보하는 과정에서, 예보기술이 발전하는 속도보다 산업구조가 더욱 빠르게 재편한다면, 사회구조는 날씨에 더욱 취약해질 것이다. 영종대교에서 2015년 2월 11일 오전 일어난 105중 차량 추돌사고가 대표적인 사례다.

당시 대교 주변에는 안개가 간간히 끼어 가시거리가 1㎞인 곳이 있는가 하면, 바로 앞도 분간하기 힘든 구역도 있었다. 시골 산간 도로 같았으면, 운전자들이 미리 주의했을 것이고, 오가는 차량도 적어 대형 사고로 이어지지는 않았을 것이다. 하지만 인천 영종대교는 달랐다. 최신 국제공항으로 연결되는 광폭 고속도로라서 과속으로 달리는 차량들이 매우 붐비는 곳이다. 첨단 내비게이션을 장착한 차량들은 과속 감시

카메라를 장착하고 거리낌 없이 달려 나간다. 대교 중간지점은 설계상 불룩 튀어나와 있어서 고개를 넘기 직전에는 내리막길이 잠시 시야에서 사라지는 사각지대가 있었는데, 바로 이 지점에서 추돌사고가 발생한 것이었다.

피해는 상대적이다. 관련한 기상현상에 대해 사회의 대응체계가 얼마나 민감한 가에 달려 있다. 위험 기상현상이라도 대비가 잘되어 있으면 문제가 생기지 않는다. 반면 사소한 기상현상이라도 예측의 한계는 있기 마련이고, 사회 구조가 취약하면 피해가 커질 수 있다. 흔히 기온은 다른 기상변수보다 예측성이 높다고 평가한다. 하지만 이것은 상대적인 입장에 불과하다. 겨울 아침 출근길 복장을 선택하기 위해서는 기온 1~2도의 오차는 참을 수 있다. 하지만 지난 2012년 가을 추석절 직후 일어난 전력 예비율 급감 사태에서 확인한 것처럼, 기온 1도가 등락할 때마다 150kW의 전력 수요가 변동한다. 기온 예보오차 1도가 치명적인 블랙아웃의 위험수준에 들어가게 된 것이다.

현대 과학으로도 기온 1도의 예보오차를 극복하기는 쉽지 않고, 집중호우만큼 어려운 난제일 수도 있다. 따라서 예보 정확도를 높이는 것이 한계에 도달했거나 더디게 발전하는 분야에서는 사회의 내성을 높이는 노력을 병행하여, 제도를 개편하고 사회 인프라를 확충하는 것이 현실적인 대안이다. 변동성과 불확실성을 받아들이고 위험관리 차원에서 완충지대를 확보하는 것이 바람직하다. 예보 민감도가 작아지는 방향으로 사회구조를 개편하는 것이다. 기온 1도의 오차에 민감한 전력 부문에서, 단기적 변동성에는 화력 발전으로 보충하고, 장기적으로는 대체에너지 기반 설비를 보강해 가는 것을 예로 들 수 있다.

예보에 대한 오해 "

인지적 편견

    예보를 효과적으로 고객에게 전달하려면, 고객이 예보를 인지하는 과정을 먼저 음미할 필요가 있다. 고객도 여러 유형의 편견을 갖고 있어서, 예보의 특성이나 의미를 왜곡하여 해석하기도 한다. 이번 장에서는 고객이 예보를 받아들이는 과정에서 나타나는 몇 가지 문제를 생각해 보기로 한다.

    쉬운 예보는 없다. 그러나 미래가 현실이 되는 순간, "콜럼버스의 달걀"처럼, 예보는 쉬워 보인다. 잘 맞은 것은 당연해 보이고, 예보 실패는 실수로 오해받기 십상이다. 나심 니콜라스 탈렙이 '블랙스완'이라고 명명한 금융 빅뱅현상들도 사전에는 전혀 예측하지 못했으나, 일이 터지고 난 후에는 갖가지 설명이 난무했다. 미국 부동산 버블에서 촉발한 금융위기도 사전에는 아무도 예측하지 못했지만, 나중에는 누구나 그럴 수밖에 없는 이유를 수없이 제시한 것이다. 이처럼 어떤 일이 일어난 후에 그 일을 되돌아보면 다음에는 그 일을 더 잘할 수 있을 것 같은 착시현상에 대해 심리학자들은 '사후확증편견(hindsight bias)'이라고 명명하였다. 사후확증 편견은 결국 가용한 정보가 부족해서 일어나는 판단의 오류의 일종이다. 앞서 4장에서 살펴본 확증편견이나 집단사고도 비슷한 부류에 속한다(MCCoE, 2015).

바스대학의 경영학과 교수 폴 구드윈은 사후확증편견이 필연성, 예측가능성, 기억왜곡이라는 3단계의 심리적 과정으로 진행된다고 보았다 (Goodwin, 2010). "첫째, 사건 발생의 외형적 원인을 찾아내면, 그 사건이 필연적으로 일어날 수밖에 없다는 인상을 가지게 된다. 둘째, 그 사건의 진행과정이 당연한 것이고 전혀 놀라운 것이 아니라는 것을 자각하고, 예측이 가능했다는 느낌을 갖는다. 셋째, 그 사건에 대한 예보 내용은 잊어버리기 때문에 사건이 예보한대로 일어났다고 기억이 왜곡된다."

일기예보만큼 이 편견의 영향을 많이 받는 분야도 드물다. 예보에 대한 재분석 검토회의나, 예보 실패에 따른 언론의 비난기사만 보더라도, 금방 확인할 수 있다. 사후에 "쉬운 예보였다"는 평가는 다른 말로 "그 과정이 쉽게 이해된다"는 뜻이지, 결코 예보가 쉬웠다는 건 아니다. 뻔히 알고 있는 패턴이라도 막상 결정하는 순간이 되면 처음 대하는 것처럼 어렵기는 마찬가지다. 만에 하나라도 전에 경험하지 않았던 방향으로 상황이 전개되면 어떡하나 하는 기우가 머리를 달고 나오기 때문이다.

예보전문가의 고충을 네이트 실버는 다음과 같이 대변한다(Silver, 2012). "사건이 일단 벌어지고 나면, 관련이 있는 신호와 관련이 없는 잡음을 쉽게 구분할 수 있다. 신호는 크리스털처럼 명확하다. 재난이 일어난 후에는 그 신호가 어떻게 재난과 연결되는지를 이해할 수 있다. 그러나 사건이 일어나기 전에는 상이한 의미들이 충돌하면서, 신호가 모호

고객 속으로

하고 겉으로 드러나지 않는다. 우리가 수집하는 정보는 특정 재난을 예측하는 데 하등 도움이 되지 않거나 관련이 없는 것들이 대부분이다. 상황을 감시하는 전문가는 잡음으로 가득한 바다 밑에 침전한 미약한 신호를 찾아야 한다.”

골프경기를 관전하다 보면, 마지막 퍼트 단계에서 프로 골퍼들이 1m 정도 떨어진 골프공을 홀에 넣는 장면이 자주 등장한다. 골프공은 필연인 것처럼 홀에 빨려 들어가고, 이를 바라보는 관중도 당연한 결과로 받아들인다. 하지만 마지막 퍼팅을 하는 골퍼의 입장은 다를 것이다. 그것이 아무리 쉬워 보이는 샷일지라도 여전히 성공과 실패의 이분법을 사이에 두고 엄청난 스트레스를 안고 경기를 진행할 수밖에 없다. 만약 그 샷이 우승을 목전에 둔 결정적 순간이라면, 그 스트레스는 말로 표현하기 어려울 것이다.

미래는 불확실하고 동시에 신비롭다. 변화무쌍하다. 하나라도 같은 패턴은 없다. 우리 관심사에 비추어 보면 일견 비슷한 사건도, 다른 각도에서 들추어 보면 세부적으로는 많이 다르다. 날씨도 마찬가지다. 비구름이 접근해도 매번 내리는 지역이나 시점이나 양이 달라진다. 그럼에도 일기예보에 대해 사후확증편견이 유독 심한 이유는 무엇일까? 기온·습도·강수를 비롯해서 날씨는 생활 가까이 직접 경험하고 확인할수 있다. 따라서 자신 있게 자신의 체험을 생생하게 전할 수 있으며, 맞든 틀리든 간에 일기예보를 내보고 논평하기 쉽다. 덧붙여서, 예보가 맞은 경우보다는 틀린 경우가 더 기억에 오래 남는다. 이러한 여건 때문에 일기예보는 무조건 맞아야 한다는 선입견이 좀처럼 사그라들지 않는다. 잘 맞춘 예보는 당연시되고 못 맞춘 예보는 실수나 근무태만으로 치부되기도 한다. 여름철 집중호우 예보가 빗나가면 실황중계도 못한다고 다그치는 비난 여론도 매년 반복된다.

예보담당자의 입장에서 보면, 사후확증편견으로 인해 판단감각이 흐려지고 허황된 자신감에 빠지기 쉽다(Nicholls, 1999). 이 편견에 빠진 나머지 예보가 쉽다고 속단하여, 실패한 예보 경험으로부터 배우려는 의욕이 감퇴하는 것은 더 큰 문제다. 학교 다닐 때 시험 준비 과정을 생각해 보자. 예제를 풀이하는 과정에서 미리 답안을 보고 문제를 풀면, 금방 그 문제를 풀 수 있다는 자신감을 갖게 되고 문제가 쉽다고 생각한다. 그래서 답안을 미리 보면 학습 진도가 빠르고 심리적으로는 이해 만족도가 높아진다. 하지만 막상 시험에 그 문제가 나왔을 때는 사정이 달라진다. 그래서 답지를 보지 않고 문제를 풀어 본 학생과 그렇지 못한 학생의 성적 사이에 큰 차이가 생기기 마련이다.

예전의 관념에 고착되고

사람들은 처음에 가진 생각에 집착한 나머지, 상반된 정보를 새로 입수하더라도 기존의 생각을 쉽게 바꾸지 않는다. 언론을 통해 예보를 접하는 일반 대중도 과거 프레임에 갇히기 쉽다. 특정 사안에 대해 애써 보도의 균형을 유지한다 하더라도 사회적으로 트라우마가 형성되어 있다면, 조그만 자극으로도 평형이 깨지기 쉽다. 태풍 루사와 태풍 매미가 2002년과 2003년에 걸쳐 한 해 간격으로 연이어 내습하며 큰 피해를 남기자, 이 상흔의 기억이 일반인의 머릿속에 각인되었다. 그 후에는 여름철 "태풍이 온다"는 뉴스만 나오면, 예상되는 태풍의 강약에 상관없이 으레 패닉에 가까운 국민적 관심이 고조되곤 한다.

네빌 니콜스는 엘니뇨 예보에 대해 호주 농부들이 보인 반응을 다음과 같이 소개한다(Nicholls, 1999). 엘니뇨가 기승을 부리던 1982~1983년에 걸쳐 호주에서는 큰 가뭄이 들었고, 농업 부문에서 입은 피해도 컸다. 유난히 극심한 이상기후를 경험한 농부들은 "엘니뇨는 곧 가뭄 피해"라는 등식을 갖게 되었다. 문제는 매번 다른 특성을 가진 엘니뇨가 찾아올 수 있는데도 종전과 똑같은 엘니뇨 피해를 연상하는 데 있었다.

"1982년에서 1983년에 걸쳐 전 세계적으로 엘니뇨 때문에 이상 가뭄·혹서·홍수로 몸살을 앓고 난 후, 언론을 통해 엘니뇨의 이야기는 사람들에게 각인되었다. 그래서 그 이후 기상기관에서 엘니뇨 예보가 발표되기만 하면, 그 세기의 강약에도 불구하고 무조건 사람들에게 패닉을 일으키고 과잉 방어하는 편향된 입장을 보여주었다. … 호주 기상당국은 1997년과 1998년에 걸쳐 엘니뇨가 나타나겠다고 장기예보를 발표하면서도, 이번 엘니뇨가 전번 엘니뇨보다 약해 피해도 적을 거라는 주석을 달았다. 하지만 호주 농부들은 여전히 1982~1983년에 당한 강한 엘니뇨의 피해 경험에 고착된 나머지, 심각한 가뭄에 대한 우려를 떨치지 못하고 결국 과잉 대응했다가 비싼 대가를 치렀다." 과거 기록 중에서 피해가 큰 경우와 작은 경우를 고루 보여 주면서 현재 상황과 다르게 전개된 경우도 있다는 것을 함께 알려 준다면, 고객이 좀 더 공평한 시각을 갖는 데 보탬이 될 것이다.

2012년 8월 하순 태풍 볼라벤(Bolaven)이 남부 서해안지방에 강풍 피해를 주고 서해상을 통과한 이후, 이례적으로 이틀도 채 안 되어 또 다른 태풍 덴빈(Tembin)이 남해안으로 접근해 왔다. 덴빈은 오랜 시간을 대만 부근의 중위도 해상에서 뱅뱅 돌면서 수온이 낮은 해수에 에너지를 빼앗겼기 때문에, 볼라벤보다 세력이 많이 약할 거라는 분석이 우세했다. 하지만 다른 요인이 판단에 어려움을 더했다. 우선 태풍의 강도예보는 진로 예보보다 정확도가 많이 떨어지기 때문에 이 태풍이 약할 거라고 섣불리 단정하기 어려웠다. 둘째, 볼라벤은 서해상으로 통과했지만, 덴빈은 내륙으로 상륙할 것으로 예상했기 때문에 경로 상으로만 보면 피해 위험은 더 큰 편이었다. 문제는 이미 언론과 국민의 뇌리에 볼라벤의 충격과 피해규모가 자리 잡고 있었기 때문에, 덴빈에 대해서도 비슷한 피해를 연상할 수밖에 없었던 것이다. 이런 상황에서 예보의 불확실성이 더해지면서, 덴빈의 강도가 약할 것이라고 예보하려면 매우 확신하는 어조로 발표해야만 하고, 그러다가 만에 하나라도 태풍의 피해가 커진다면 훨씬 많은 사회적 비난을 감수해야만 했을 것이다.

고객의 관점도 기대수준도 자연처럼 끊임없이 변화한다. 기술이 향상되면서 예보정확도가 높아지면, 고객도 빠르게 새 국면에 적응하기 때문에 예보정확도에 대한 기대치는 다시 평형점에 도달한다. 예보가 잘 맞으면 예보정확도에 대한 고객의 기대치가 덩달아 높아져, 다음 예보에 임하는 전문가는 더 큰 부담을 갖게 된다. 우리나라 여름철은 사계절 중에서 날씨의 변덕이 가장 심하다. 장마철이 되면 강수대가 남북으로 오르내리며 여기저기 집중호우가 쏟아진다. 장마철이 끝나면 뒤이어 게릴라성 폭우가 국지적으로 좁은 구역에 산발적으로 쏟아진다. 소나기도 잦다. 그래서 가을부터 이듬해 봄까지는 예보 정확도에 대한 국민들의 기대감이 높은 상태에서, 여름을 맞아 예보 정확도가 낮아지면 예보서비스의 신뢰도가 다시 추락한다. 한두 번 집중호우 예상 지역이나 시점이 빗나가면 어김없이 매스컴의 호된 질타를 받는다. 매년 맞이하는 계절적 현상임에도 불구하고 시지포스의 수레처럼 예보전문가는 여름만 되면 매 맞을 상태로 되돌아오는 것이다.

단순 통계의 허와 실

한 가지 통계 수치에 집착하다 보면, 다른 측면을 간과하여 상황을 편협하게 진단하는 경우가 있다. 네이트 실버가 제시한 사례를 살펴보자(Silver, 2012). "먼저 40대 후반의 정상적인 여성을 X-선 판독과정에서 유방암으로 오진하는 빈도가 전체의 10%, 유방암이 의심되는 여성을 실제 X-선 판독과정에서 유방암으로 옳게 진단하는 빈도는 전체의 75%로 높은 편이다. 유의할 점은 그 연령대의 여성이 유방암에 걸릴 사전확률은 1.4% 정도로 매우 낮다는 것이다. 사전 확률이란 과거기록을 통해 이미 알고 있는 사건의 빈도다. 베이지 공리를 적용하면 X-선 판독을 통해서 유방암 진단을 받았다 하더라도, 이 여성 환자가 실제로 유방암에 걸릴 확률은 10% 정도에 불과하다." 즉, 탐지확률 75%는 허수로서, 유방암 발생 빈도를 함께 고려하지 않으면 유방암 진단결과를 지나치게 과신하게 될 것이다.

네빌 니콜스는 다른 예를 들었다(Nicholls, 1999). "열 번 중 아홉 번 장기예보를 맞추는 기후모델이 있는데, 이 모델로 예측해 보니 내년에 내 농장에 가뭄이 찾아온다는 것이다. 또한 과거기록을 살펴보니 십 년에

한 번 꼴로 가뭄이 찾아왔다고 하자. 사전확률 10%를 무시하면, 모델의 적중률로 보아 내년에 가뭄이 발생할 확률은 90%로 높은 편이라고 생각하기 쉽다. 하지만 베이지 공리를 적용하면, 비록 모델이 내년에 가뭄을 예상했다 하더라도, 실제로 가뭄이 찾아올 가능성은 50%로 떨어진다는 것을 알 수 있다. 모델의 정확도는 90%로 높은 편이지만, 가뭄현상 자체가 워낙 드물기 때문에, 가뭄이 발생할 확률은 동전 뒤집기에서 한 면이 나올 확률과 같은 수준으로 낮아진 것이다. 하지만 평범한 고객들은 대부분의 모델의 정확도가 90%라 가뭄이 올 확률도 90%로 단정하고 영농관리에 과잉 대응하는 오류에 빠지기 쉽다." 이 사례는 결국 고객들이 기본 통계, 즉 가뭄이 찾아올 기후학적 확률인 10%를 감안하지 않아 가뭄 발생 확률을 너무 높게 평가하는 편견을 지적한 것이다.

구분		예보		소계(천 건)
		Fr 강수 있음	Fo 강수 없음	
관측	R 강수 있음	783	445	1228
	O 강수 없음	510	9564	10074
소계(천 건)		1293	10009	11302

[전국 강수 유무 예보 점검표(contingency table, 기상청 제공]
전국 주요 지점에서 2004년 한 해 동안 강수예보 표본을 모아 정리한 것이다. 강수 빈도 또는 강수 사전확률은 $P(R) = 0.11$; 무강수 빈도 또는 무강수 사전확률은 $P(O) = 0.89$; 비가 왔을 때, 예보가 타당한 확률은 $P(Fr|R) = P(Fr \cap R)/P(R) = 0.64$; 비가 오지 않았을 때, 예보가 어긋날 확률은 $P(Fr|O) = P(Fr \cap O)/P(O) = 0.051$; 무강수예보가 발표 되었을 때, 맞을 확률은 $P(O|Fo) = P(Fo \cap O)/P(Fo) = 0.96$. 베이지 공리를 적용하면, 강수예보가 발표되었을 때 맞을 확률, 즉 사후확률은 $P(R|Fr) = p(Fr|R)P(R)/\{p(Fr|R)P(R)+p(Fr|O)P(O)\} = P(Fr \cap R)/P(Fr) = 0.61$; 즉, 기후 강수 빈도는 10%에 불과함에도 불구하고, 강수예보가 발표되면 실제로 비가 내릴 가능성은 무려 6배나 상승한 61%가 된다.

고객 속으로

강수예보 검증 통계에서는 다른 방향의 편견도 작용한다. 일례로 기상청이 2014년 한 해 동안 발표한 내일과 모레 강수 유무예보를 살펴보자. 전국 주요 지점의 강수 예보에서, 비가 오지 않은 날 잘못하여 비 예보를 냈던 빈도가 전체의 5%, 비가 온 날 제대로 비 예보를 냈던 빈도는 64%로 나타났다. 그런데 연중 비가 온 날은 평균적으로 11%에 불과했다. 베이지 공리를 적용하면, 비 예보를 냈을 때 비가 올 확률은 61%가 된다. 동전을 던져 앞면이 나올 확률이 50%이기 때문에, 누구든지 비 예보도 50%는 맞출 수 있다고 성급하게 판단할 수 있다. 그리 보면 61%의 정확도는 별게 아니라고 생각할 수도 있다.

　　하지만 이 경우에는 동전 뒤집기와 비교할 것이 아니라, 강수의 기후 빈도인 11%와 비교해야 온당한 평가다. 비가 적게 오는 지역에서는 그만큼 비 예보를 내는 것이 부담이 되기 때문이다. 사전확률은 11%에 불과하던 것이, 강수 예보를 감안하자 사후확률은 무려 6배나 상승하게 된 것이다. 다시 말해, 과우 지역에서 강수예보 정확도 61%는 대단한 성적이라고 볼 수 있다. 사전확률과 관련한 인지적 편견은 결국 판단에 사용한 표본의 대표성이 부족해서 벌어진 현상이다(MCCoE, 2015). 통계 분석 결과를 해석할 때는, 사용한 가정과 자료의 한계를 꼼꼼히 살펴볼 필요가 있다.

확률적 정보의 전달 "

과잉 예보와 과소 예보

예보에는 크고 작은 불확실성이 따른다. 우연적인 요인이 끼어든다. 정량적으로 표현하기도 어렵다. 미시적인 디테일이 떨어진다. 전문가에 따라 해석도 달라지며, 고객마다 인지하는 불확실성의 체감 정도 또한 다르다. 위험기상 현상이 발생할 확률이 과연 몇 % 이상 되어야 사전에 대비할 필요가 있는 것일까? 이 기준 확률값은 의사결정자가 처한 사회적 여건에 따라 달라진다. 오늘 발표한 예보에서 "내일 비가 올 확률이 40%"라고 할 때, 콘크리트 타설을 앞둔 건설 시공사 관리자와 동네 축구시합을 가려던 학생이 대응하는 방식은 판이하게 달라진다.

워싱턴대학 심리학교수 수잔 조슬린은 《불확실한 정보를 전달하고 이해하고 활용하는 방법》을 주제로 한 강연에서, 어떤 기상현상이던지 종류에 상관없이 그 현상이 일어날 가능성이 25%를 넘어서면 대비하는 고객 군이 있다고 밝혔다(Joslyn, 2014). 그리고 25~100%까지 확률값에 대응하는 고객군은 넓게 퍼져 있다는 것이다. 하지만 대부분의 고객들은 확률예보를 현장에서 활용해 본 경험이 부족하기 때문에, 자기에게 알맞은 기준 확률값을 파악하기가 쉽지 않다. 그래서 고객들은 확률예보

고객 속으로

대신 단정적인 예보 표현을 선호하는 경향을 보인다. 반면 예보전문가는 예보 실패에 대한 불안감과 불확실성에 늘 시달린다.

불확실성을 다루는 예보전문가와 확실성을 요구하는 고객 간에는 긴장 관계가 형성된다. 예보전문가는 고객과의 소통과정에서 불확실성을 확실성으로 번역해야 하는 압력에 직면해 있다. 내일 예보에서 황사가 서울에 올지 안 올지 확실하게 알려 주어야 한다. 태풍이 상륙할 가능성이 있을 때, 전남 해안인지 경남 해안인지 명확하게 구분해야 한다. 태풍 내습 수일 전에 서해안이나 동해안으로 피항하는 결정을 내려야 한다. 중부지방에 많은 비가 온다고 하는데, 수도권도 해당되는지를 밝혀야 한다. 내일 오전에 비가 온다는데 취임식 행사 동안 올지 안 올지를 결정해야 한다. 겨울철 남해상으로 저기압이 통과하면, 눈이 내리는 지역과 비가 내리는 지역을 구분해 주어야 한다.

영국기상청의 수석예보관 이웬 멕컬럼은 웨스트 브리톤 신문사와의 인터뷰에서 소통의 고충을 다음과 같이 토로했다(Briton, 2010). "어느 조직이든지 실수로부터 배우지 않으면 성장할 수 없다. 기상분야도 마찬가지다. 메시지를 처리하는 과정은 섬세한 기술이자 세심한 주의가 필요하다. 견고한 과학적 문장과 신문 헤드라인 사이에 균형을 추구하는 기술이다."

찰스 도스웰은 불확실한 상황에 대한 예보 전문가의 판단과정에서 기상과 무관한 외적 요소가 개입할 수 있다는 주장을 편다(Doswell, 2004). 마음속에 생각한 확률예보를 단정적인 예보, 즉 "예" 또는 "아니요"의 양자택일 형식으로 표현하려면, 앞선 고객의 입장과 마찬가지로 예보 전문가도 기준값이 필요하다. 어떤 기상현상이 나타날 확률이 기준값보다 높으면 그 현상이 예상된다고 하고, 낮으면 예상되지 않는다고 발표한다는 것이다.

기준값을 어디에 놓느냐에 따라서 과잉예보나 과소예보의 빈도가 달라진다. 양날의 칼처럼 기준값을 높여 과잉예보를 줄이다 보면 역으로 과소예보가 늘어나게 마련이다(Stewart, 2000). 과잉예보나 과소예보의 빈도가 어느 한쪽으로 치우친다는 것은 그 방향으로 사회 경제적 동기 유인이 작용한다는 신호로 볼 수 있다. 즉, 확률예보를 단정적 예보로 변환하는 과정에서, 과학 이외의 요인이 판단에 영향을 미칠 수 있다는 것이다.

확률 예보를 단정적 예보로 번역하는 과정에서 발생하는 편향성은 다른 분야에서도 흔히 찾아볼 수 있다. 범죄 수사 전문가인 제어드 로이 앤디코트는 혐의자를 기소하거나, 혈청검사로 질병을 진단하는 과정을 예로 들고 있다(Endicott, 2013). 범죄혐의를 판단하는 과정에서도 가능한 한 과잉판단을 피하려는 경향을 보인다고 한다. 무고한 자에게 죄를 뒤집어씌웠다가 결백한 것이 입증되어 받게 되는 비난의 수위가 그 반대의 경우보다 높다고 보기 때문이다. 국내 법조계에서 민사재판보다는 형사재판에서 과소판단(거짓부정)과 과잉판단(거짓긍정)의 비율이 좀 더 높게 책정되어야 한다고 보는 견해가 우세한 것도 같은 맥락이다(심준섭, 2006). 한편 혈액검사에서는 과잉 판정하는 경향을 보인다고 한다. 특정한 질병을 진단했다가 나중에 정상으로 판명되는 부담이 그 반대의 경우보다 낫기 때문이다. 즉, 부담이 큰 오류 유형의 비용을 줄이는 방향으로 편견을 관리한다는 것이다.

평판이 낮은 분석가는 잃을 것이 적으므로 더 과감한 예보를 내는 소위 "합리적 편견(rational bias)"을 갖는 경향이 있다고 네이트 실버는 지적한다(Silver, 2012). 증시 전문가의 입장에서 보면, 매도하라고 권고했는데 거꾸로 주식이 오를 때가 최악의 경우다. 실제로 20% 정도가 이 문제로 실직하고 있는데, 분석가는 대부분 이 위험을 회피하기 위해 가급적 오를 것으로 편향된 기대를 하게 된다. 이것이 2000년대 후반 미국에서 시작한 주택담보 가치 하락과 금융위기의 한 원인이기도 하다. 이러한 편견은 일반 회사의 예측업무에도 널리 퍼져 있다.

암스트롱은 판매량 예측에 나타나는 편견을 예로 들었다(Armstrong, 2001b). 그가 인용한 샌더스와 만로트의 조사에 따르면, 응답자의 70.4%가 과소예측하기를 희망했다. 단지 14.6%만 과잉예측을 선호했고, 나머지는 중립적 입장을 보였다. 연말 성과평가에서 높은 성적을 받기 위해 성과 기준을 보수적으로 제시해 보려는 의도와 무관하지 않다.

예측 성공에 따른 이득과 실패에 따른 손실의 크기는 사회 구조의 함수이다. 과잉예보나 과소예보에 따른 오류의 비용을 배분하는 방식도 사회 환경의 영향을 받는다. 같은 기상학적 현상이라도 언제 어디서 어떻게 전개되느냐에 따라 체감 강도나 피해양상이 달라지기 때문이다. 같은 강도의 비가 내리더라도 수방대비가 잘된 도심보다는 그렇지 못한 교외 저지대 주택가가 더 취약하다. 또한 같은 양의 눈이 내리더라도, 인구가 밀집한 상업지구나 언덕이 많은 주택단지가 평평한 공원 주변보다 안전사고가 빈발하고 교통체증도 심해진다. 과잉 강수예보는 강수예보를 실제보다 남발한데서 비롯한다. 비가 온다고 예보했지만 실제로는 오지 않았을 때보다는, 비가 안 온다고 예보했는데 실제로는 비가 내렸을 때의 손실이 클 때, 이러한 편향성이 증가한다. 이처럼 강수 예상 확률을 강수유무 예보로 번역하는 과정에서 강수 가능성을 보수적으로 판단하거나 전향적으로 판단하는 것도 결국은 사회 다수의 평균적 경제 가치를 높이려는 시도로 해석할 수 있다(Silver, 2012). 바르셀로나 대학 환경과학기술학 교수 시빌 반 덴 호브는 과학적 과정에 내재한 가치판단의 성격을 다음과 같이 언급하였다(Hove, 2007). "문제를 제기하고, 접근하기 유리한 이론·방법·범위·변수·영역을 선택하고, 이것들을 전략적으로 접근하는 과정에서 사회·정치적인 맥락을 완전히 초월하기는 어렵다."

예보전문가들은 대개 위험기상에 대한 경보가 오보로 판명되었을 때 떠안을 부담보다는 예고 없이 위험기상이 나타났을 때 받게 될 비난의 수위가 높다고 생각하는 경향이 있다고 닐 스튜어트와 동료 연구진은 주장한다(Stuart et al., 2007). 과잉경보를 남발하여 '양치기 소년'이란 말을 듣게 되는 원인이기도 하지만, 만에 하나라도 경보 없이 위험기상이 발생하여 입게 될 손실이 엄청나다면 불가피한 선택일 수 있다. 정반대의 극단에는 기회비용을 줄이고 이윤을 극대화하기 위해, 예보를 놓치는 빈도(제2종의 오류)를 늘리는 대신, 과잉예보의 빈도(제1종의 오류)를 줄이는 방식이 있다. 울리히 백은 자신의 저서 《위험사회》에서 위험을 담보로 예측의 경제성을 추구하다 일어나는 산업사회의 부작용을 자세하게 다루었다(Beck, 1992).

불확실성의 소통

예보는 불확실한 만큼, 고객과 소통하는 과정에서 왜곡될 소지도 크다. 몸짓으로 소통하는 오락게임에서 여러 명이 줄지어 서서 한 사람을 통과할 때마다 본래의 뜻이 다르게 와전되는 것을 보면서 실소한 적이 있다. 청과류가 원산지에서 도매점과 소매점을 거쳐 수요자에게 유통되듯이, 예보가 고객에게 전달되는 과정에도 다양한 계층이 공존한다. 이 중 한곳에서 탈이 나면 연쇄적으로 정보 유통망의 사슬에 고장이 난다. 결국 배달 사고의 불만은 예보전문가에게 되돌아온다.

같은 확률이라도 사회적 맥락에 따라 고객이 느끼는 불확실성의 정도는 달라질 수 있다. 어떻게 표현하느냐에 따라서, 전달되는 의미가 달라질 수 있다. 네빌 니콜스는 다음과 같은 예를 들었다(Nicholls, 1999). "강수량이 평년값보다 적을 가능성이 30%"라고 발표하거나, "강수량이 평년값과 비슷하거나 그보다 많을 가능성이 70%"라고 발표하거나, 둘 다 기상학적으로는 같은 내용이다. 하지만 가뭄 피해를 걱정하는 영농인이라면 전자의 예보 표현이 후자보다 더욱 심각한 가뭄 피해를 연상하게 할 것이다. 수잔 조슬린도 사람들이 기대하는 것과 반대 방향으로 예보 문구를 정돈하면 예보의 수용도가 떨어진다고 지적하였다(Joslyn, 2014).

이를테면 농작물이 얼까 봐 걱정하는 영농인에게 "내일 아침 최저기온이 영하일 확률이 30%"라고 얘기해 주면 금방 이해하지만, 표현을 바꾸어 "내일 아침 최저기온이 영상일 확률이 70%"라고 얘기해 주면 이해도가 떨어진다는 것이다. 후자의 경우 영농인은 예보 문구를 자기가 선호하는 방식, "100%−70%=30%"으로 재해석해야 하는 인지적 부담을 갖는다는 것이다.

상당히 정확한 예보를 제공했더라도, 불확실성에 대한 소통이 부족하면 예보의 정보가치가 떨어진다. 미국에서 일어난 다음 두 가지 사례는 모두 고객에게 예보 실패의 확률을 충분히 설명해 주지 않으면 큰 손해를 입힐 수 있다는 점을 보여준다. 첫째는 네이트 실버가 인용한 사례다(Silver, 2012). 미국 노스다코다주의 그랜드폭스(Gland Forks at North Dakoda)에서는 1997년 겨울철 많은 눈이 내려 이듬해 봄에 강의 수위가 큰 폭으로 상승했다. 관리용 댐은 51ft까지 견딜 수 있도록 설계되었는데, 54ft까지 수위가 상승하여 저지대에 홍수가 일어났다. 다행히 인명 피해는 없었으나 수억 달러 상당의 재산 피해를 입었다. 홍수가 오기 2달 전에, 미국 기상청은 49ft까지 수위가 상승하겠다고 예보했는데, 위험수위까지는 2ft를 남겨 두고 있었다.

수위예보 오차는 5ft에 불과하여, 통상적인 수위 예보 오차가 9ft인 점을 감안한다면, 이번 예보는 비교적 정확했다고 볼 수 있다. 하지만 예보의 불확실성을 제대로 소통하지 않아 문제가 생긴 것이다. 전문가들은 예보값보다 상하로 9ft 정도 편차가 발생할 수 있다는 것을 알고 있었지만, 정작 댐을 관리하는 요원들은 그 점을 모르고 있었던 것이다. 그들은 예보를 액면 그대로 믿은 나머지, 2ft나 여유가 있다고 믿었기에 대비를 등한히 한 것이다. 예보 오차가 9ft나 된다는 것을 댐의 요원들이 미리 알았다면, 예보값이 최고 58ft까지 상승할 수 있다는 전제하에 홍수 위험을 심각하게 고민하고 미리 대비했을 것이다. 예보의 불확실성을 충분히 소통하지 않아 일어난 사건이었다.

둘째는 앞서 살펴본 2015년 미국 북동부 대설 과잉예보 사례다. 당

고객 속으로

시 예보전문가들은 수치모델 간에 상이한 적설의 공간 분포에 대해 적지 않게 불확실성으로 고민하였으나, 결국은 뉴욕에 큰 눈을 예보했고 뉴욕시는 "지하철 폐쇄"라는 사상 초유의 조치를 단행할 수밖에 없었다. 저기압의 경로가 50㎞만 동쪽으로 벗어나더라도, 뉴욕시는 대설의 사정권에서 벗어날 수 있는 애매한 위치에 있었다. 실제로 일부 수치모델은 이러한 최선의 시나리오를 뒷받침하기도 하였다. 통상적으로 저기압의 경로가 하루 이틀 사이에 50㎞ 이상 실측과 달라질 수 있다는 것은 예보 전문가라면 익히 알고 있는 경험적 팩트다. 그럼에도 불구하고 당시에는 "[적설의 공간 분포에 대한] 오차 범위를 충분하게 언론과 방재기관에 전달하지 못한 것이 아쉬운 점"이라며 미국 기상청장 루이 우첼리니 박사는 기자 브리핑에서 토로하기도 하였다(Salkin, 2015).

예보의 불확실성에 대해 충분히 고객에게 설명했더라도, 고객이 예보 자체를 신뢰하지 않는다면, 의사결정에 별 도움이 되지 않는다. 수잔 조슬린도 예보를 무시하고 위험을 감수하는 고객의 행태를 지적하였다(Joslyn, 2014). 앞서 잠깐 소개한 바 있지만, 2011년도 미국기상청이 발표한 토네이도 경보의 선행시간은 24분으로, 평년의 13분에 비해 월등하게 우수한 것이었다. 그럼에도 불구하고 영향 범위 안에 든 지역 주민의 40~60%가 경보를 따르지 않았던 것이다. 위험의 강도는 크지만 발생 빈도가 낮으면 예보는 어렵고 실패의 책임은 크기 때문에 자연히 과잉경보가 되기 쉽다. 토네이도를 비롯해서 주요 위험기상 현상에 대한 과잉예보 비율은 통상 60% 남짓 된다. 즉, 10번 쏜 화살 중 6번은 과녁을 빗나간 것이다. 경보를 남발하면 신뢰도가 떨어지고, 경보를 발령했음에도 대비하는 대신 위험을 감수하는 경향을 보인다는 것을 수잔 조슬린은 실증 연구를 통해 확인하였다.

　미국 남부 조지아주 아틀란타시에서 2014년 1월 29일 일어난 대설 사태도 과잉경보를 우려해 경제성을 추구하는 위험 사회의 한 단면에 가깝다. 겨우 6㎝ 남짓한 눈이 쌓였는데도, 도심이 마비되고 고속도로에는 수천 대의 차량이 20여 시간 동안이나 갇히는 비상사태가 발생했다. 시 당국이 뒤늦게 오전 10시가 넘어서 학교와 관공서를 임시 폐쇄하는 비상조치를 내렸지만, 정오쯤 눈이 내리기 시작하자 많은 귀가 차량이 한꺼번에 도로에 쏟아지면서 사태는 걷잡을 수 없이 악화된 것이다. 이틀 전부터 겨울 눈 폭풍에 대한 예보나 경보가 나와 있음에도 불구하고, 시 당국은 예보의 불확실성과 과잉대비의 파장을 걱정한 나머지 특별한 대비를 하지 않았던 것이다. 남부 대도시에서 이러한 눈사태는 극히 드문 현상이라는 것도 위험을 감수하는 태도에 영향을 미쳤을 것이다. 하지만 위험이 발생할 확률이 극히 낮더라도, 일단 발생했을 때의 손실이 사전대비에 소요되는 비용보다 엄청나게 크다면, 위험을 무릅쓰기보다는 예보를 믿고 따르는 것이 경제적으로도 이득이다.

예보 활용도를 높이려면 ”

고객 만족도

네빌 니콜스는 고객의 입장에서 예보를 활용하는 데 장애가 되는 요인을 상세하게 열거하였는데, 이를 분야별로 정리해 보면 다음과 같다(Nicholls, 1999).

첫째, 기술적 측면이다. 아직 예보정확도가 충분한 수준에 도달하지 않았다. 전 시간에 발표한 예보와 최근 예보 간에 일관성이 떨어진다. 국지적인 세부내용이 부족하다. 예보 내용에 불확실한 구석이 있다.

둘째, 고객의 측면이다. 관심 있는 내용이 들어 있지 않다. 지나간 예보를 조회하기 어렵다. 확률예보 과정을 이해하기 어렵다. 예보를 활용하기에 앞서 추가로 확인해야 할 정보가 남아 있다. 예보를 다른 정보와 융합하기 위한 프레임을 갖고 있지 않다. 전문가를 찾기 어렵다. 예보의 의미를 해석하기 어렵다. 예보를 의사 결정과정에 활용하는 방법을 모른다. 개인적 경험 때문에 예보를 잘못 해석한다. 근심 때문에 불확실성을 무시한다. 위험을 제대로 평가하지 않는다. 판단에 터무니없는 자신감을 갖는다.

셋째, 평가 측면이다. 예보의 유용성이 충분히 밝혀지지 않았다. 예보 검증결과를 어디서 확인할 수 있는지 조회 방법을 모른다.

넷째, 사회적 측면이다. 예보가 왜곡되어 전달된다. 상이한 예보가 난무한다. 예보를 이해한다 해도, 제도적 여건 때문에 대처가 쉽지 않다. 이러한 요인들은 예보가 갖는 불확실성과 맞물려, 고객이 예보를 이해하고 활용하는 과정에 영향을 미친다. 이하에서는 개별 요인들을 좀 더 살펴보면서, 고객의 만족도를 높이는 방법도 함께 논의해 보고자 한다.

기술적 요인

일기예보 서비스의 품질을 높이기 위해서는 일차적으로 자연의 변화, 즉 날씨를 정확하게 분석하고 예측해야 한다. 기술적인 한계로 인해 만족도가 낮아지는 분야는 시간이 걸리더라도 꾸준하게 과학 기술에 투자할 수밖에 없다. 궁극적으로 수치모델과 응용기술을 개선하여 예보 정확도를 높여야 한다. 최근에 제공한 일련의 예보 간에 일관성을 확보하려면 자료동화 기술을 개선해야 한다. 여러 시점에서 관측한 자료들을 효과적으로 모델에 입력하기 위해서다. 국지적인 날씨의 변화를 상세하게 예측하기 위해서는 슈퍼컴의 계산속도와 수치모델의 공간 해상도를 높여 가면서도, 구름을 비롯한 국지적인 물리과정을 자세하게 계산하는 소프트웨어 공학 기술을 발전시켜야 한다.

고객의 편의성

기술적 측면에서 완성도를 높이는 것도 중요하지만, 고객의 관점에서 날씨를 이해하고 예보내용의 의미를 설명해 주는 것이 더 중요하다. 게리 알란 파인은 전문가와 고객의 관점을 다음과 같이 비교하였다

고객 속으로

(Fine, 2006). "전문가는 예보정확도를 높이려 하지만, 고객은 이 문제에는 직접적으로 관심이 없고, 대신 얼마나 그 예보가 유용한지를 따진다."

예보가 아무리 정확하더라도, 고객이 사용하지 않는다면 무용하다. 사용하고 싶어도, 방법을 모른다면, 의사결정 과정에 쓰기 어렵다. 오히려 정확도는 조금 떨어지더라도 고객의 수요에 부응하면서 예보의 한계를 고객에게 설명해 준다면 예보의 가치를 더욱 높일 수 있다. 다른 정보와 마찬가지로 예보도 고객이 이해할 수 있는 방식으로 표현해야 한다. 예를 들면 강의 유량을 예측하여 홍수에 대비하려는 전문가에게는 상수원에 밀집한 집수유역의 시간별 강수량 예보가 필요하다. 하지만 예보전문가는 사방 5㎞로 구획된 면적별 3시간 누적 강수량만 보내 줄 수밖에 없는 형편이라면, 공간적으로나 시간적으로나 그 예보를 응용하는 데 한계가 따를 수밖에 없다.

표현 기법에 따라 예보의 가치도 달라진다. 암스트롱 박사는 예보와 참고자료는 간단하고 이해 가능한 형식으로 제시할 것을 권고한다. 사소한 것 같지만 소수점 이하 자료는 반드시 필요한 경우가 아니라면 일부러 보여 줄 필요는 없다. 때로는 그림 한 장이 몇 페이지 문장보다 더 효과적으로 메시지를 전달한다. 예보는 가까이에서 편하게 찾을 수 있도록 제시해야 한다. 예를 들면 홈페이지 메뉴에서 한번 터치하여 필요한 자료가 팝업 하도록 설계해야 한다. 시간적으로 전체 흐름을 파악하기 위해서 두 번 세 번 마우스를 클릭하거나 여러 번 페이지를 이동해야 한다면, 예보의 활용도는 크게 낮아진다.

반면 핸드폰에서도 한 번의 스크롤로, 기상관측, 예보, 특보, 미세먼지 예보, 조석 시간까지 다양한 정보를 일거에 확인할 수 있어야 정보의 효용도 크게 높아질 수 있다. 예보의 신뢰도에 관한 평가정보도 예보 메뉴 주변에서 쉽게 조회할 수 있도록 하면, 예보의 한계와 불확실성에도 불구하고 고객의 신뢰를 확보할 수 있다.

정보의 융합

예보는 전문적인 정보로서 관심 분야가 한정되어 있다. 통상적인 업무 환경에서는 예보와 다른 분야의 자료를 유기적으로 엮어야 의미 있는 정보를 생산할 수 있다. 일례로, 댐의 수위를 관리하는 고객에게는 상류에 집중한 유역의 예상 강수량도 필요하지만, 댐의 수위와 상류에서 유입하는 수량이나 하류로 유출하는 수량도 중요하다. 기상 정보와 수문 정보를 종합해야 댐의 수문을 언제 열고 닫아야 할지를 결정할 수 있기 때문이다. 산불을 감시하고 통제하는 고객에게는 기본적으로 대기 중의 상대습도와 바람 예보가 필요하다. 그러나 토양의 수분을 비롯한 지면 상태와 계절에 따른 나무와 초지의 변화를 관찰해야만 비로소 산불의 발화 가능성과 대응 수단을 강구할 수 있게 된다.

최근에는 모바일과 지능형 센서가 빠르게 보급되면서, 사회 각층에서 빅데이터가 양산되고 있다. 특정 예보와 빅데이터를 융합하면 예보의 의미와 활용 영역도 확장한다.

고객 속으로

예보 평가와 신뢰

예보에 대한 고객의 신뢰를 확보하기 위해서는, 정기적으로 예보에 대한 품질을 검사하고 그 결과를 공개해서, 고객이 예보의 품질을 스스로 판단할 수 있도록 지원해야 한다. 고객이 원하는 서비스를 제공하기 위해서는, 공급자 위주의 기술적 측면보다는 고객의 관심과 유용성에 초점을 맞추어 평가 지표를 발굴하고 검증 통계를 축적할 필요가 있다.

고객이 관심을 갖는 예보의 속성은 다양하다. 안젤로대학 경영학교수 토머스 요쿰과 스캇 암스트롱이 함께 수행한 설문조사에 따르면, 기업가들은 예보의 품질을 평가할 때, 정확도, 경제성, 해석용이성, 탄력성, 가용자료의 활용성, 응용범위, 신속성의 순으로 선호하는 검증 지표를 뽑았다(Yokum and Armstrong, 1995). 비즈니스 여건과 고객의 상황에 따라 평가 지표의 우선순위도 달라져야 한다. 예를 들면 연구자는 정확도를 먼저 따진다. 교육자는 사용자의 편의성을 중시한다. 기업가는 예보 시스템을 얼마나 쉽게 구축할 수 있는지, 사용하기는 편리한지, 상황에 따라 탄력적으로 대응하기 용이한지를 검토한다. 랑카스터대학 경영학 교수 로버트 필데스는 예보체계의 경제성을 언급하면서, "예보 조직은 자체적으로 예보 실패의 비용과 부담을 정량적으로 추계해야 하고, 가능하면 편익이 우수한 예보 체계를 갖추어 가도록 개선해 가야 한다."고 주장한다(Fildes, 2010).

예보 생산의 측면에서 보면, 다양한 평가 지표를 살펴봄으로써 예보오차의 특성에 대한 분석의 지평을 넓힐 수 있다. 예보 대상의 성격과 예보 과정의 난이도에 맞추어 적절한 평가지표를 탄력적으로 설계할 수 있다. 단기예보 분야에서는 신속하게 상황에 따라 예보를 수정할 수 있어야 하므로 처리속도도 중요하다. 반면, 중장기예보 분야에서는 상대적으로 분석 시간이 많으므로 정확도가 더 중요하다(Witt and Witt, 1992). 예측 대상의 공간규모가 좁아질수록 국지적인 변동성이 심해지므로, 대상의 정적 속성뿐 아니라 동적 속성의 평가도 필요하다.

검증 평가가 예보전문가의 업무 방식에 영향을 미친다는 점에도 주목할 필요가 있다. 평가란 불가불 예보의 특정한 측면을 다루기 때문에, 그 방면으로 인센티브가 편중된 나머지 다른 방면의 예보 가치가 상대적으로 소홀해질 수 있다. 정확성과 일관성의 가치가 상충하는 것이 대표적인 경우다. 주간 예보는 내일 예보보다 정확도가 떨어지기 때문에 교대하는 근무 조마다 각기 정확도를 높이는 데 치중하다 보면, 예보가 하루가 다르게 변경되고 시소처럼 춤추기 쉽다. 특히 매번 주말 예보를 발표할 때마다 내용이 달라지면, 휴일 나들이에 나선 고객의 입장에서 혼란이 커지고 예보에 대한 공신력도 떨어진다.

흔히 예보정확도를 주요 평가지표로 삼고, 팀별 경쟁을 유도하여 예보 품질을 높이고자 시도한다. 그 결과로 팀별 예보의 일관성이 떨어져 전체 기관의 신뢰도가 낮아질 수 있다. 평가지표를 한쪽으로 치우치게 하면, 다른 예보 가치가 소홀히 다루어져 역효과를 가져올 수 있음을 경계해야 한다. 평가 결과에 따라 부족한 역량을 계발하는 동기를 부여하는 긍정적인 측면도 있지만, 때로는 검증평가를 지나치게 의식하여 위험을 간과하거나 예보 시점을 놓치는 역기능도 없지 않다. 학생들의 성적을 올려 높은 고과점수를 받고자 쉬운 문제를 출제한다든지, 의료 수익을 올려 회사의 인정을 받고자 단순 환자에게도 필요 이상의 진단 테스트를 받게 한다면, 이것 역시 평가체계의 역기능의 산물이라 할 수 있다.

예보 평가도 예보 판단과정과 마찬가지로, 예보업무 현장의 사회적 맥락에서 자유롭지 않다. 예보서비스 품질을 평가하는 지표들도 예보시스템의 가정이나 전제와 관련되어 있고, 이것들은 넓은 의미에서 예보 생산조직이나 주변 사회시스템의 영향을 받는다. 예를 들면 기온·바람·강수에 대한 예보를 검증할 때 기준이 되는 관측소의 위치와 개수는 예보시스템에서 설정해 놓은 것이다. 이 요소들을 종합하여 설계한 평가 지표도 예보 조직의 문화나 가치체계와 연관되어 않다. 일반적으로 과학기술 과정이 가치판단과 상호 무관하지 않다는 주장도 그간 줄기차게 제기되어 왔다. 예를 들면 울리히 백은 이 점을 다음과 같이 적고 있다(Beck, 1992). "과학자들이 지향하는 대상과 관심, 현상의 원인으로 지목하는 선행지표, 사회 문제에 대한 해석과 해결 방향이 가치중립적이라고 보기는 어렵다."

해상의 엷은 황사, 외딴 지역의 소나기, 산간 오지의 눈과 같은 국지 기상현상들은 지상 관측망의 한계 때문에 대표성의 오차를 갖는다. 기상 레이더나 기상 위성의 원격 관측 자료를 대용으로 활용할 수 있겠지만, 이것 역시 어떤 이론의 도움을 받느냐에 따라 추정 결과가 달라진다. 검증에 필요한 자료를 선별하는 과정에도 필연적으로 가정이 따른다. 게리 알란 파인은 다음과 같이 평가의 사회적 측면을 설명한다(Fine, 2007).

"예보정확도 지표를 설정할 때, 무 강수예보가 맞았던 사례를 포함하느냐 제외하느냐에 따라 기관이 중시하는 가치의 우선순위를 알 수 있다. 관측 자료의 대표성, 오차측정 방법, 오차 범위를 설정하는 방법에 따라 기관의 업무 특성을 알 수 있다. 따라서 예보 평가 결과를 해석할 때는, 평가에 반영한 사회적 합의나 가정, 예보 기관의 속성을 종합적으로 감안해야 예보의 깊은 의미를 찾아낼 수 있다."

예보 활용의 원칙

예보 과정은 복잡하다. 원격탐측장비와 컴퓨터 시뮬레이션을 비롯한 첨단 과학기술의 토대 위에서, 숙련된 전문가의 집단적 판단과정을 거쳐 생산된다. 예보를 활용하기 위해서는 오차의 특성을 미리 파악해야 한다. 앞 장에서 제시한 다양한 검증지표들이 예보 오차의 전체적인 특성을 이해하는 데 일차적으로 도움이 될 것이다. 그러나 공정별로 개입하는 오차의 세부 특성을 이해하려면, 예보가 생산되는 과정에도 관심을 가져야 한다. 나아가 자료를 분석하고 판단을 주도하는 사람의 역할과 한계에 대해서도 충분한 조사가 필요하다.

전문가의 특성을 파악하기 위해서는, "예보과정에 대해 완결적이고 단순하고 명확한 설명을 구해야 하고, 예보에 수반된 가정에 대해서도 서면자료를 받아 보는 것이 좋다."고 스캇 암스트롱은 권고한다. 그러나 뭐니 해도 고객 스스로 해당 분야의 예보업무를 직접 체험해 보는 것이 도움이 된다고 미래학자 폴 사포는 제안한다. 이 과정에서 예보의 속성도 빨리 이해할 수 있고, 나아가 다양한 전문가들이 제시한 예보를 취사선택하여 활용하는 안목도 생기기 때문이다.

고객의 입장에서 예보를 쉽게 활용하는 데 필요한 여섯 가지 팁을

고객 속으로

폴 사포는 다음과 같이 제시한 바 있다(Saffo, 2007). 첫째, 불확실성의 지도를 그려라. 둘째, S 곡선을 생각하라. 셋째, 돌출 변수(또는 와일드카드)에 관심을 보여라. 넷째, 확증적인 의견을 무시하라. 다섯째, 앞을 내다보는 기간보다 더 멀리 과거를 기억하라. 여섯째, 예보하기 어려운 때가 있다는 것을 기억하라. 폴 사포는 오랫동안 산업기술 트렌드를 예측해 온 미래 전문가다. 그의 경험과 지침은 직접적으로는 사회 경제 분야의 예보문제를 겨냥한 것이지만, 일기예보를 비롯하여 다른 예보 분야에도 시사 하는 점이 적지 않다. 특히 불확실성이 높은 현상을 예보하는 데 풍부한 경험적 가이드를 제시한다. 제 3장에서 5장까지 논의한 결과를 바탕으로, 고객이 예보를 활용하는 데 고려해야 할 요점을 다음과 같이 정리해 보았다.

미래는 다면적이다

다양한 가능성과 시나리오가 공존한다. 일기예보 기술은 2장에서 밝힌 바와 같이 앙상블 예측 기법을 응용하여 큰 성과를 거둔 바 있다. 여러 가지 방법을 통해서 구한 다양한 예측 시나리오를 가지고 불확실성의 외연을 그려 볼 수 있다. 사후확증 편견에 메이면 예보를 소홀하게 다루기 쉽고 자기 취향에 맞는 예보에 대해 단편적이고 터무니없는 확신을 가지기 쉽다는 점을 경계해야 한다. 예보는 불확실하다는 기본적 전제를 기억하면서, 획일적인 시나리오 대신 복수의 시나리오를 함께 살펴본다면, 미래의 불확실성을 껴안는 데 도움이 된다.

예보는 비선형적인 현상을 다룬다

극단적인 현상을 다룬다. 사포가 언급한 S곡선도 일차원적 추세와 대비한 개념으로, 비선형적 현상의 일부다. 선형적이고 기계적인 관점을 비선형적 현상에 적용하는 데는 한계가 있다. 우리는 복잡한 현실을 단순한 선형적 모델을 통해 이해하고자 하는 경향이 있다. 그리고는 이상적인 물리법칙이나 통계 분석기법을 과도하게 자연 앞에 밀고 나간다. 그러다 보면 불규칙한 상황 변화를 놓치기 쉽다. 1장에서 다룬 바와 같이, 시스템적 관점에서 바라보면 상황을 지배하는 여러 인자 간 상호작용 효과에 주목하게 되고, 극단적인 구조변화의 가능성에 대해서도 생각해 볼 여유를 가질 수 있다. 복잡한 현실과 단순한 이론의 차이를 염두에 두고, 그 간극을 메우는 방법을 고민해 보게 된다.

예보는 수시로 수정해야 하는 가설에 불과하다

이론에서 도출한 예보는 현장에서 평가받는다. 이론이나 모델은 단순하고, 여기서 추론한 예보도 단순하다. 2장에서 살펴보았듯이, 컴퓨터 모델에서는 예보와 관측을 자주 비교해 가면서 예보를 수정해 가는 자료동화 기법을 사용한다. 하지만 기계의 이점을 향유해 온 습관 때문에 자칫 자동화의 함정에 빠지기 쉽다. 예보를 가설이 아니라 변하지 않는 규칙이나 사실로 받아들이기 쉽다. 5장에서도 다루었듯이, 자연을 통제하려 하기보다는 함께 걷는다는 기분으로 배우려는 자세를 가진다면, 예보와 다르게 상황이 전개되더라도 당황하지 않고 유연하게 변화에 적응해 나갈 수 있다. 또한 현실에서는 과학적 방법 대신, 임기응변이나 직관과 같은 다양한 방법에 의존할 때가 있다는 점도 이해하게 된다.

고객 속으로

자신하는 예보를 의심해야 한다

아무리 베테랑 예보전문가라 할지라도 자신이 낸 예보에 100% 자신할 수 없다. 상황에 따라서는 전혀 자신할 수 없는 예보도 있다. 4장에서 논의했듯이, 예보는 여러 전문가의 집단 토의의 산물이다. 이 과정에서 집단사고의 편견이 작용하기 쉽다. 위기 국면에서는 이러한 편견이 더욱 심해진다. 나와 생각이 비슷하거나 취향이 비슷하다고 해서, 그 예보가 맞으리라는 보장은 없다. 자연은 우리의 과오를 참작해 주지 않는다. 냉혹하고 엄정하다. 나의 가정과 내가 채택한 방법이나 모델의 한계를 인정한다면, 다른 예보 시나리오에 그만큼 관대해지고 상황의 변화에 능동적으로 대응해 갈 수 있다.

예측 실패의 가능성을 항상 염두에 두어야 한다

아무리 자신하는 경우에도 사정이 다르지 않다. 최상의 예보 안에도 일정 마진을 두어, 실패의 가능성에 대비해야 한다. 한 번의 예보로 모든 것을 결정지으려는 것은 무모한 발상이다. 예보는 승률을 쌓아 가는 야구 타자의 입장과 다르지 않다. 한번은 홈런을 쳐서 승점을 대거 올리고 타율을 높이더라도, 다음에는 헛스윙이나 땅볼 범타에 그쳐 결국 타율관리에 실패하는 경우를 흔하게 볼 수 있다. 장기적인 시간 프레임 안에서 예보 품질을 바라보아야 한다. 한순간의 예보 성적에 일희일비하지 말고, 실패한 후에도 단번에 모든 신뢰를 회복하겠다는 조급함도 피해야 한다. 예보지역을 좁혀 가는 것도 유의할 필요가 있다. 호우 특보를 어느 작은 지역에 국한하여 발표하면, 한 번은 족집게 예보라고 칭송받을지도 모른다. 그러나 국지 기상이 갖는 돌발적이고 가변적인 속성을 거슬러서 무리하게 지역성을 추구하다 보면, 과잉 예보하는 지역이 점차 늘어나고 장기적으로는 '양치기소년'이라는 오명을 얻는 요인이 될 수 있다.

앞으로 나아가는 만큼 뒤도 돌아보아야 한다

미래는 불확실하다. 이론도 불완전하다. 이런 상황에서 과거의 기록은 소중한 자산이다. 일기예보도 최근 관측 자료들을 참작하여 실황분석에 반영하는 자료동화 기술을 도입하면서 급격하게 진보해 왔다. 모델은 통상 특정한 추세를 전제로 작동한다. 추세가 달라지면, 모델의 계산 결과도 오차가 커진다. 하지만 초기 시점의 분석단계에서 최신 추세를 모델에 입력해 준다면, 시스템의 메모리가 유효한 일정 기간 동안은 예보 정확도를 끌어올릴 수 있다. 현실세계에서 추세는 항상 변화한다. 역대 기록도, 통계 수치도 변화한다. 따라서 전문가가 제공한 예보가 이 추세를 반영하고 있는지 눈여겨보아야 한다. 동시에 나의 시각이 상황의 변화에 뒤지는 것은 아닌지 경계해야 한다. 앞 절에서 예를 든 것처럼, 같은 상황을 맞게 되더라도 불유쾌한 과거의 기억이나 경험 때문에 예보 판단에 주관적인 편견이 개입할 여지가 있기 때문이다.

예보마다 난이도가 다르다

어떤 상황에서는 쉽게 결론에 도달한다. 다른 상황에서는 두 갈래 시나리오를 두고 선택의 기로에서 고민한다. 상황에 따라 예측성도 달라진다. 2장에서 살펴보았듯이, 기상상황에 따라서 모델의 구성 요소들이 반응하는 양식이 달라진다. 모델이 그려 내는 시나리오들이 서로 비

숫한 때도 있고, 차이가 벌어지는 때도 있다. 예보전문가가 자연을 바라보는 관점, 전문가의 판단방식과 업무 환경, 예보 과학에 고유한 방법론적 한계 때문에 예보에는 실패의 가능성이 상존한다. 같은 상황을 놓고도 전문가마다 다른 예보를 내놓는다. 한편 고객들은 매일 다른 일기예보를 받아 보면서도 똑같은 수준의 신뢰를 보여 준다. 그러나 기상상황에 따라 예보의 신뢰도도 달라지기 때문에 예보의 수용도도 달라져야 한다. 전문가들의 견해 차이가 클 때는 가능한 한 보수적으로 예보 결과를 바라보고, 예보 실패의 가능성도 충분히 염두에 두고 판단할 필요가 있다. 차이가 심하면 아예 전문가들의 예보를 무시하고 의사결정을 내려야 할 경우도 있다.

확률 예보란 예보의 신뢰도를 가늠하는 지표다

확률 예보는 일차적으로 예보의 실패 가능성을 가늠하고, 나아가 판단 실패의 위험 수위를 정량적으로 산정하는 데 필요하다. 다음에 제시하는 확률예보의 두 가지 속성만 잘 유념해도, 확률예보를 의사결정 과정에 응용하는 과정에서 큰 실수는 피할 수 있을 것이다.

첫째, 예측 기간이 늘어날수록 불확실성의 크기도 완만하게 상승하는 일반적인 원칙을 고려할 필요가 있다. 예를 들면 선거일이 다가올수록 우승 후보에 대한 예상 정확도가 높아진다. 선거일 하루 앞둔 여론조사에서 어느 후보가 5포인트 차로 타 후보를 압도할 때 당선될 확률이 95%이다. 반면 일 년 앞을 내다보는 여론조사에서 같은 결론이 났을 때 당선될 확률은 59%로 크게 떨어진다(Silver, 2012). 기상청 슈퍼컴퓨터에서 계산한 기류패턴의 3일 예측오차는 45m인데 반해, 1일 오차는 25m밖에 되지 않아, 예측 기간이 이틀 늘어날 때 예보 불확실성은 2배 이상 커진다.

둘째, 예측 대상의 표적을 좁히면 정보가치가 커지지만 예측 난이도는 높고 실패확률도 크다는 점을 고려할 필요가 있다. 예측 대상의 표적을 넓히면 정보가치는 적지만, 신뢰도가 높아진다. 그래서 큰 것을 통해 작은 것을 이해하는 방식으로 접근하면 예보의 신뢰도를 높일 수 있다. 예를 들면, 총선에서 어느 당이 우세한지보다 특정 지역구에서 어느 당 후보가 당선될지를 예상하는 것이 더 어렵다. "일반적으로 대설은 큰 규모로 발달하고 시스템적으로 진행하기 때문에, 작은 규모로 발생하는 약한 눈보다 예보하기 용이하다."고 미 기상청장 루이 우첼리니는 예보의 신뢰도와 규모의 관계를 설명한 바 있다(개인서신). 내일의 날씨를 예상하기 위해서는 중국 동안의 기상을 분석하면 충분하지만, 다음 주말의 날씨를 예상하려면 지구 반대편의 기상을 지금 파악해야 한다. 월간 이상의 기후조건을 전망할 때 지구 반대편의 해수온도의 변화나 극지방의 얼음의 분포에 주목한다. 예측 선행시간의 장단에 따라 접근 방법이 달라져야 하는 것은 비단 일기예보 분야에 국한한 것은 아니다. 스캇 암스트롱도 경영 분야에서 단기예측은 최근의 자료 분석에 집중하고, 장기예측은 서서히 변화하는 트렌드나 경계조건에 초점을 맞추어야 한다고 권고한다.

구성원 개개인의 선택이 미치는 효과가 서로 상쇄되거나, 거시적인 흐름에 비해 개개인의 영향력이 미약하여 잡음으로 남게 된다면, 대규모 사회현상도 장기적인 예측성을 보일 것이다. 계절기후를 예보하고자

고객 속으로

할 때 어느 특정 시각의 기상자료를 사용하는 대신 며칠 또는 몇 달간의 평균적인 통계량을 변수로 삼는 것처럼, 사회현상의 추세를 멀리 바라볼 때는 안정적인 통계량을 예측인자로 놓고 전문가의 예보를 청취하는 것이 바람직하다.

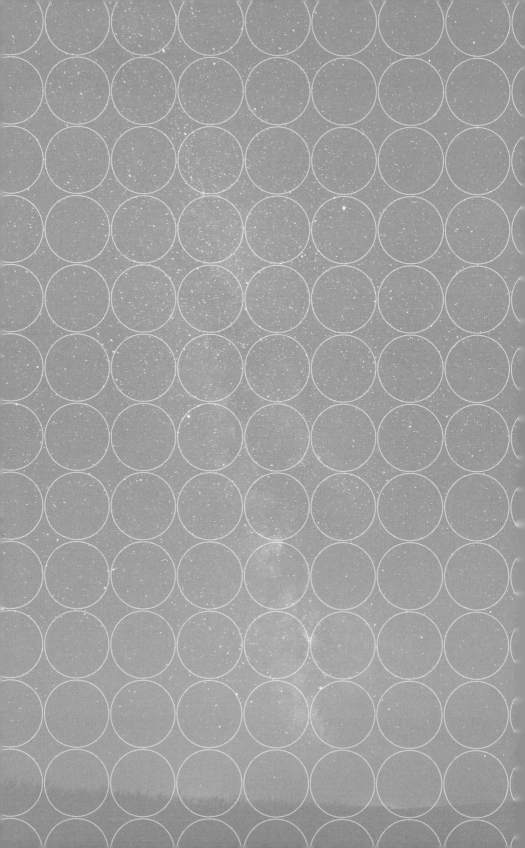

Chapter 07

의사결정 피라미드

"우리는 시스템을 조정할 수도 없고 그 뜻을 다 알 수도 없다.
하지만 우리는 시스템과 함께 춤출 수 있다."

– 도넬라 메도우

일기예보 발전 모델 ”

복잡 시스템을 다룬다

　어느 분야든지 기민하게 상황을 진단하고 현명하게 판단하기 위해서는, 지금 내린 선택이나 결정이 나중에 어떤 효과를 가져올 것인지 미리 전망해 보아야 한다. 예보는 전략의 필수 요소다. 군대, 기업, 스포츠 팀을 비롯해서 어느 조직이건 승부의 세계에서는 상대의 반응과 전략을 꿰뚫어보고 그때그때 적절한 방식으로 대응 행동을 펼쳐 가게 된다. 일기예보 전문가도 구름·바람·수증기·기온의 상태를 분석하고 예측하여, 태풍·호우·대설과 같은 위험 기상 현상에 미리 대비한다. 예보 판단과정은 과학 공동체와 지식체계, 자동화 시스템, 국제 네트워킹, 여러 전문가 간 집단적 팀워크가 한데 어우러진 다면적 작업환경에서 이루어진다.

　개별 작업환경 요인마다 독특한 대응 양식이 있다. 전문가의 자료 분석 과정은 과학적 방법론이 주도한다. 연구 주제를 고르고, 재료를 수집하고, 실험해서 가설을 입증하고, 논문으로 발표해서 동료 과학인의 평가를 받는다. 자동화 기기의 도움을 받을 수 있는 작업환경에서는 기기의 장점을 십분 활용한다. 이를테면, 첨단 장비와 계기로 얽힌 조종실 안에서 단순한 작업은 자동화 기기가 도맡아서 하고 조종사는 이 착륙하거나 불시착해야 할 때와 같이 복잡한 상황에 대처하는 데 집중한다.

만일 전 지구적 규모의 현상을 다루어야 한다면, 자료의 수집과 분석 체계도 전 지구적으로 확장해야 한다. 이를테면, 국제 금융예측에는 네트워킹을 통한 전 세계 재화와 현금의 흐름을 감시하고 분석하는 작업이 더해진다. 불확실성이 높은 비즈니스 분야의 의사결정에서는 여러 전문가들의 집단적 토의 과정도 중요한 수단이 된다. 현실에서는 여러 작업환경 요인들이 복합적으로 예보 판단에 작용하기 때문에, 개별 작업환경 요인에 대한 판단 방식을 결합해야 적절한 대응책을 내놓을 수 있을 것이다.

전문적인 지식이 쌓여 갈수록 합리적으로 결정할 수 있는 기회가 많아진다. 자동화가 진전될수록 기계가 처리하는 업무 영역도 확장된다. 과학이 발전 할수록 논란의 여지가 없는 합의의 폭도 커진다. 그럼에도 불구하고 이것들이 판단을 종식하는 것은 아니다. 복잡 시스템에서는 판단의 전장이 다른 곳으로 옮겨 갈 뿐이다. 과학과 자동화 시스템과 전문지식을 딛고 서는 그 위에도 판단의 영역은 엄연히 존재한다. 그리고 이 판단의 영역에서는 과학과 합리성만으로 감당할 수는 없다. 여러 전문가들이 합의한다고 해서 고민이 해소되지는 않는다. 불확실한 세계의 절반이 고스란히 그 면을 드러내게 된다. 과학 공상 영화 「스타 워즈」에서 어둠의 세계의 침입에 맞선 주인공 루크처럼 고독한 처지에서 위험과 불확실성에 맞서야만 한다.

변화가 심한 상황일수록 대응하기 어렵고, 예보가 갖는 전략적 중요도는 더욱 높아진다. 유기체나 사회와 같은 시스템은 때때로 상상하기 어려울 만큼 극단적인 상황으로 돌변하는 카오스적 특성을 보인다. 요소들의 합으로 환원되지 않는 전체적인 특성을 갖는다. 시스템의 내부 요소들은 비선형적으로 상호작용한다. 작은 충격에도 시스템은 예민하게 반응하고, 계에 질적인 전환이 일어난다. 현상에 따라 계의 경계가 달라지고, 불확실성의 요인도 달라진다. 계의 경계에서는 외부와 작용하고 반작용도 한다. 그래서 시스템의 변화를 예측하기 어렵다. 예측 오차가 따른다. 예측 영역과 시점에 따라 오차의 특성도 달라진다.

날씨도 복잡 시스템에 속한다. 날씨는 생물처럼 역동적이다. 뇌우·태풍·토네이도(또는 용오름)는 짧은 시간 안에 급격하게 발달하고 쇠퇴한다. 그런가 하면 엘니뇨처럼 하나의 기후패턴에서 다른 기후패턴으로 전환하며 전 세계적으로 기상 이변을 유발하기도 한다. 기상은 쉴 새 없이 변화한다. 기상분야에서는 변화가 정상이고 규칙적인 것이 오히려 비정상에 가깝다. 태풍·호우·대설을 비롯한 기상현상에는 동일한 패턴이 반복하지 않는다. 이 때문에 과거 자료의 분석만으로 현상을 설명하거나 예측하는 데 한계가 따른다.

돌발적인 기상 현상들이 의지나 의도를 갖고 일어나는 것은 아니겠지만, 그렇다고 사회현상과 무관하지도 않다. 예보는 결국 고객을 위한 것이다. 자연 재난을 회피하거나, 사업의 성과를 올리거나, 생활의 편익을 추구하는 데 도움을 주기 위한 것이다. 고객이 속한 사회적 맥락에 따라 예보 판단과정도 영향을 받는다.

일기예보에서 배운다

일기예보의 탐구 대상인 날씨와 기후는 다른 어느 분야보다도 더 가변적이고 돌발적이고 불확실하다. 그럼에도 불구하고 일기예보는 역설적으로 타 분야보다 더욱 빠르게 발전해 왔다. 일기예보 방법은 불확실한 세계에 적응하는 방식이자 성공적인 판단의 모델이다. 일기예보 방법의 장점 가운데 대표적인 것만 골라 보면, 다음과 같이 요약해 볼 수 있다.

첫째, 작은 실패를 통해 학습한다. 둘째, 배운 것은 가능한 한 자동화하고, 미지의 세계의 탐구에 여력을 집중한다. 셋째, 현실과 수시로 비교하며 예보를 수정해 가는 유연한 방법을 쓴다. 넷째, 다양한 이론과 방법을 종합적으로 참고하여 불확실성을 껴안고 간다. 분야별로 예측성의 한계가 다르고 불확실성의 수준도 차이가 있겠지만, 일기예보의 발전 과정을 참고함으로써 다른 예측 분야에도 유용한 시사점을 찾을 수 있을 것이다.

누구나 손쉽게 진위를 확인할 수 있다

날씨는 친근하고 일기예보는 생활과 밀접하게 관련되어 있다. 어제들은 일기예보는 기억 속에 생생하다. 일기예보는 오감으로 전해지는 느낌만으로도 쉽게 진위를 확인할 수 있다. 호우나 대설 같은 위험기상현상에 대한 예보가 실패하면 사회적인 이슈가 되고 개선 압박도 커지는 것도, 누구나 쉽게 예보를 검증할 수 있기 때문이다.

의사결정 피라미드

작은 실패를 용인한다

그럼에도 불구하고 예보 실패는 기술개선의 동기 유인으로 작용한다. 고객의 입장에서도 소나기가 변덕이 심하다는 것은 누구나 안다. 미국에서는 허리케인이 상륙한다고 해서 대피했으나 실제로는 다른 곳에 상륙하더라도 군소리 않고 되돌아오는 시민이 많다. 갑작스런 기상 변화로 인한 해프닝이 흔히 일어나기 때문에, 예보 실패에 대한 사회적 수용도가 낮지 않다.

주고받는 협력체계가 건실하다

날씨 정보는 상호 이득이 되는 특성을 갖기 때문에, 기상정보를 주고받는 국제협력체계는 스스로 발전하는 동력을 가진 셈이다. 예보절차와 관측방법을 비롯하여 일기예보 과학과 기술은 전 세계적으로 표준화 수준이 높고, 자료 교환체계도 공고하다.

컴퓨터와 사람의 협업을 통해 시너지를 낸다

거시적인 대기 흐름은 컴퓨터 도구를 활용하여 객관적으로 예측한 결과를 십분 참고하여 예보한다. 모델의 단순성과 취약점은 사람이 보완한다. 모델 계산 결과의 통계적 특성을 파악하여 예측 편차를 보정한다. 소나기구름에 동반한 우박·뇌전·폭풍과 같이 모델이 다루기 힘든 미시적인 기상현상에는 직관이나 주관적인 방법을 혼용하여 예측한다.

단순한 프레임이 유연성을 높인다

일기예보의 근거가 되는 유체흐름의 프레임은 지나치게 복잡하지도 단순하지도 않아, 복잡 시스템의 변화를 유연하게 담아낼 수 있다. 시스템에 대한 새로운 관측정보 중에는 프레임에 걸러지지 않은 성분이 존재하기 마련이다. 칼만 필터와 같이 유연한 적응기법을 활용하면, 예측과 관측의 차이를 체계적으로 줄여 갈 수 있다. 최신 관측 자료를 분석에 반영하면 모델의 예측 오차가 줄어들고, 이는 다시 분석과정의 품질을 높이기 때문에 분석기술과 예측기술은 서로 지지하며 동반 발전한다. 단기예보 정확도가 최근 가파르게 상승한 데에는 첨단 기상위성 관측 자료를 수시로 모델의 예측과정에 응용하게 된 것이 큰 역할을 하였다. 위성 관측 자료와 모델에서 계산한 예측자료의 차이를 분석하고, 다음 예보에서 그 차이를 더욱 좁혀 가는 반복적인 방법을 확립한 것이다.

예보 불확실성에 대한 공감대가 형성되어 있다

기상 전문가들은 예보의 한계와 불확실성을 수용한다. 예보 판단의 여정에서 불확실성의 지도를 그려 본다. 불확실성의 원인을 따져 보고, 각각의 원인에 합당한 불확실성의 정도를 분석에 반영한다. 기상 상황에 따라 예측성을 다르게 판단한다. 폭염이나 한파와 같이 며칠 전부터 예보가 적중할 확률이 높은 현상과, 집중호우나 여름철 국지적인 소나기처럼 한 치 앞도 내다보기 어려운 현상을 구분한다. 구름과 같이 극심한 변동성을 보이는 현상에 대해서는, 구체적 시점이나 장소에 대해 단정적으로 예보하지 않는다.

예보가 실패할 확률도 제공한다

확률적 개념을 예보에 활용한다. 일기예보 과학 공동체는 여러 모

의사결정 피라미드

델 결과나 여러 예보전문가의 의견을 종합하여 최종 결론을 내리는 방식에 익숙해져 있다. 초기조건·물리과정·경계조건을 각각 다르게 설정하여 모델을 구동하고, 다양한 예측결과를 모의하여, 미래 시나리오를 준비한다. 개별 조건들 간에 상호 독립성을 보장하여, 결론이 특정 시나리오로 편향하지 않도록 배려한다. 특히 복잡한 기상상황에서는 전문가들 간의 토론을 통해서 다양한 시나리오를 검토하고, 불확실성의 지도를 보완한다.

피라미드의 구조 "

일기예보 판단과정은 다음과 같은 3단계 피라미드 구조로 요약할 수 있다. 맨 하부에는 과학 기술의 계층이 자리 잡는다. 그 위에는 사람의 계층이 놓이고, 맨 꼭대기에는 자연의 계층이 들어선다. 과학 기술의 계층은 과학적 방법을 비롯한 분석 체계, 로봇과 지능형 정보시스템, 글로벌 네트워킹을 포함한다. 사람의 계층에는 조직 안에서 각종

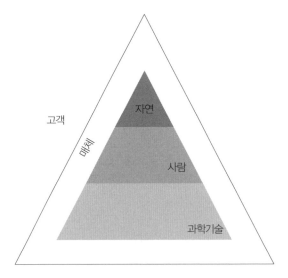

[의사결정 피라미드]
하부에는 과학기술의 계층, 중간에는 사람의 계층, 상부에는 자연의 계층의 3단계로 구성되어 있다. 그 외곽에는 예보 고객이 위치한다. 고객과 피라미드 사이에는 다양한 매체가 피라미드의 경계에서 외부와의 소통을 담당한다.

의사결정 피라미드

정보를 해석하고 토의하여 정보를 다듬어 가는 포괄적인 의사결정 과정을 다룬다. 자연의 계층에는 하위 두 계층의 정보처리 과정에서도 드러나지 않는 세계의 실체와의 만남을 다룬다.

이러한 3단계 피라미드의 외피는 예보의 전달매체와 최종 수요자에 이르는 사회 환경에 둘러싸여 있다. 피라미드의 계층별로 독특한 판단 과정을 거친다. 계층별로 편견이 개입하는 방식도 다르고, 이를 회피하거나 억제하기 위한 방안도 다르다.

과학기술의 계층

먼저 과학기술의 계층에서는 3장에서 다룬 바와 같이 사람과 기술의 협업이 관건이다. 자동화 도구가 다루는 영역이 넓어질수록 그만큼 더 많은 시간과 노력을 중요한 판단의 영역에 집중할 수 있기 때문에, 자동화의 이점을 최대한 활용할 필요가 있다. 한편 자동화 도구의 혜택을 받는 만큼 자동화의 편견에도 빠지기 쉽다. 자동화의 편견에서 벗어나기 위해서는 유연하고 다면적인 사고가 필요하다. 이 계층은 상위 계층으로 나아가는 데 필요한 핵심적인 분석 기반으로, 다음의 사항을 우선적으로 고려할 필요가 있다.

기계를 협업 파트너로 활용해야 한다

단순한 작업을 미리 정한 원칙에 따라 반복해서 대량으로 처리하는 것이 기계의 장점이다. 확실한 영역에는 컴퓨터를 투입하고 불확실한 영역에 사람의 판단력을 집중하면 위험관리 수준이 향상되고 업무의 경쟁력을 높일 수 있다.

자동화의 암을 경계해야

하지만 자동화기기는 어디까지나 업무 능률을 높이도록 도와주는 도구일 뿐이므로, 자동화의 한계를 이해하고 자동화가 실패했을 때를 가정하여 플랜 B를 미리 생각해 두어야 한다. 자동화 도구에 지나치게 익숙해지면 유연성과 창의성이 떨어지고 장기적으로는 문제해결 의욕이 저하되어, 결국 전문역량을 계발하는 데도 지장이 된다는 점에 유의할 필요가 있다.

모델의 예측성이 높을 때는 모델의 계통적 오차를 보정한다

정량적인 모델이라면, 어떤 이론에 입각한 것인지 상관없이 모델 예측과 실황과의 차이를 통계적으로 보정하는 방식을 개발할 수 있다. 모델의 예측성이 높을 때는 통계적 기법이나 개념적 틀을 이용하여 모델 예측 편차의 특성을 체계적으로 분석하여 편차를 보정할 수 있다.

다원론적 관점에서 바라본다

모델의 예측성이 낮을 때는 다양한 모델 결과를 검토하여 예측 실패의 위험을 분산한다. 그러나 존 카스티가 언급한 X이벤트나, 스피로스 마크리다키스가 예로 든 "코코넛열매가 떨어져 코가 부러지는 문제"에 당면하면, 모델도 별 소용이 없다. 급변하는 상황에서는 분석시간이 충분하지 않아 제한적인 합리성을 발휘할 수밖에 없다. 직관을 비롯한 다양한 임기응변의 방식이 필요하다.

사람의 계층

예측성이 낮거나 상황이 급변하면, 중간 계층이나 상위 계층의 판단의 비중이 높아진다. 전문가들이 함께 어떤 사안에 대해 고민하면, 과학기술만으로는 해결하기 어려운 불확실성의 세계로 나아갈 수 있다. 판단 실패의 확률을 낮출 수도 있다. 또한 실패의 위험도 분산할 수 있어 안정적인 예보 서비스가 가능하다. 그러나 집단사고의 편견을 경계해야 한다.

상황 공유가 우선

혼자서 예측할 때는 머릿속에 있는 멘탈 모델을 다루면 된다. 그러나 여럿이 협업하면 다른 사람의 머릿속에 있는 멘탈 모델을 동시에 고려해야 한다. 자료나 정보가 원격으로 분산되어 있는 작업 환경에서는, 네트워크에 물린 기계나 전문가 간에 상황을 신속하게 공유하는 것이 협업의 시작점이다. 고속 통신망과 고성능 컴퓨팅 기술을 융합하면, 관측자료는 물론이고 컴퓨터가 계산한 분석자료도 빠르게 조회할 수 있다. 전자 상황판과 같은 인지적 인공물을 도입하면, 원격으로 협업에 참여하는 전문가들이 효과적으로 상황을 공유할 수 있다.

모델의 앙상블을 활용하고

이론이나 모델을 잘 선택하면 전문가 간 합의를 도출하는 데 도움이 된다. 판단의 근거가 되는 핵심 이론이나, 이론을 계산공학으로 풀어낸 모델 결과를 참여자가 공유하면, 그만큼 상황에 대한 집단적 합의가 용이해진다. 합의가 이루어진다고 하여 집단이 내린 결정이 반드시 유효한 것은 아니다. 모델의 기본 전제가 배경 추세를 따라가지 못하거나, 유연성이 떨어져 현실을 충분히 반영하지 못하면 집단 편견의 원인이 되기도 한다.

기상분야에서 주목할 점은 국제적으로 여러 예보 기관들의 업무 절차가 상당한 수준으로 표준화되어 있다는 것이다. 즉, 일기예보 과학 공동체가 전제한 가정과 믿음 체계와 모델 기반의 예측 체계를 공유하고 있는 한, 커뮤니티 내부의 서로 다른 예측 결과들은 일정한 공통분모를 가진다. 기관들의 예측 시나리오를 한데 종합하면 예측 불확실성의 지도를 효과적으로 그려 볼 수 있다.

전문가 의견의 다양성을 확보해야

여러 전문가가 토론을 통해 판단하는 과정에서는 사람들 간의 관계가 의사결정에 영향을 미친다. 과거의 프레임에 갇혀 있거나, 시간과 자료가 부족해서 선임자의 의견을 따라가거나, 집단에서 따돌림 당하지 않기 위해 집단의 의견에 합류하는 과정에서, 자연히 집단의 사고에 갇히게 된다. 특히 사고의 범위를 벗어나는 예외적인 상황에 직면하면, 변화하는 상황에 빠르게 적응하는 데 실패한다. 일기예보 과정에도 여러 전문가들이 분석과 판단과정에 참여한다. 집단 사고의 영향을 피하기 위해서는 일차적으로 예보 검증 결과를 참여자 간에 공유하고, 과거 사례의 분석을 통해 예보 오류특성과 편향성을 수시로 검토하고, 예보 오차를 줄이기 위한 공동의 노력이 필요하다. 나아가 개방적이고 수평적인 토론 문화를 통해 창의적이고 비판적인 사고가 활발하게 작동해야 한다.

학제적 교류가 필요하다

아무리 정교한 모델도 결국 자연의 모조품이자 이상화된 프레임에 불과하다. 때로는 모든 모델과 모든 전문가의 예측결과를 빗나가는 기상현상이 나타난다. 불확실성의 모델링 자체도 특정한 모델과 프레임을 전제한 것이고, 전문가도 집단 사고의 편견에 젖기 쉽다. 전문지식에 바탕을 둔 주관적 판단이나 직관적 기법도 적용 범위가 해당분야에 국한되어 있어서, 다른 분야에서는 별 효과를 보기 어렵다. 다양한 방법론과 문화와 전문분야 간에 학제적 교류를 통해 미지의 세계를 통찰하는 혜안이 필요하다.

자연의 계층

여러 전문가가 합의하더라도, 불확실성이 해소되지는 않는다. 여전히 드러나지 않는 세계 앞에서 자연은 나 자신과의 직접적인 대화를 촉구한다. 부드러운 마음가짐으로 자연과 함께 걸으면, 눈에 보이는 절반의 세계를 이해하면서도, 열리지 않은 나머지 절반의 불확실성을 끌어

안고 갈 수 있다.

현상의 시간규모에 따라 다른 처방이 필요하다

일반적으로 예측 대상의 메모리가 작으면, 영향 범위가 좁은 대신 변화의 폭은 커지기 때문에 그만큼 예보가 어렵다. 예를 들면, 발달한 깊은 적운에서 비롯되는 소나기 현상은 메모리가 작기 때문에 한두 시간 앞도 내다보기 어렵다. 반면 저기압에 동반된 강수현상은 메모리가 커서, 수일 전에도 발생 가능성을 어느 정도 예측할 수 있다.

변화가 심하면 자주 예보를 수정해야 한다

메모리가 짧으면 모델의 예상값이 더 빨리 빗나가는 만큼 더 자주 예상값을 수정해야 한다. 이론이나 모델의 예측 한계에도 불구하고, 상황 감시 능력을 보강하고 최근 실황을 이론이나 모델을 훈련하는 데 활용한다면, 단기 예측정확도를 높일 수 있다.

현상에 대한 과학적 이해를 높여 모델의 완성도를 높이기 위해서는 장기적인 연구 투자가 필요하다. 반면 최근 자료를 활용하여 모델을 훈련하고 예측결과를 수시로 업데이트하면 단기적으로는 적은 비용으로 더 큰 효과를 볼 수 있다. 같은 맥락에서 개인의 의지가 작용하는 사회적 집단현상이라도, 시장조사를 통해 자주 통계를 보완한다면, 비록 메모리는 작더라도 단기 예측 정확도를 높일 수 있다. 특히 금융과 같이 추세가 수시로 변하고 변동성이 높은 현상에 대해서는, 유럽중앙은행 금융전문가 마르타 뱀부라가 시도한 바와 같이, 실황 감시를 통해 초단기적인 예보를 수시로 수정해 가는 것이 합리적이다(Bańbura et al., 2010).

이러한 접근 방법은 소위 "조기경보체제(early warning system)"라는 이름으로 여러 분야에 광범위하게 퍼져 있다.

변화에 적응하려면 끊임없이 학습해야 한다

자연은 싸워야 할 타자가 아니라 품에 안아야 할 학습의 대상이다. 자연의 소리를 듣고 변화를 감지하고 내 생각의 틀을 바꿔야 예보도 자연에 가까워진다. 이 점은 비단 기상현상에만 해당하는 것은 아니다. 사회현상도 마찬가지다. 지식을 버려야 지혜에 눈뜬다. 나의 방법, 나의 경험, 나의 취향, 나의 판단을 버릴 수 있어야 한다. 나의 한계를 넘어서야, 이면의 문제와 대안에 눈뜰 수 있다.

마음을 챙기면 내면의 감정이나 생각을 주관적 판단을 거치지 않고 들여다볼 수 있어, 인지적 편견을 줄일 수 있다. 주의력이 길러지고 상황의 변화에 예민해져, 복잡하고 변화가 심한 환경에서도 유연하게 적응해 나갈 수 있다. 상황에 따라 직관과 분석능력을 혼용하며, 자동화 시스템이 실패할 때에도 유연하게 대처할 수 있다. 집단적 의사결정에 참여할 때에도, 다른 사람의 관점에서 사안을 바라보고 공감 능력을 높일 수 있다. 자연의 계층에서 머무르기 위해서는 예보가 실패할 때마다 부단한 학습을 통해서 변화에 대한 유연한 자세를 갈고 닦아야 한다.

시스템적 사고가 필요하다

날씨는 생물처럼 역동적이다. 유기체는 생리적 특징으로 인해 개별 요소 간에 비선형적으로 상호작용한다. 그 과정을 속속들이 알 수 없다. 요소들이 작용하여 만들어 내는 전체상은 더욱 복잡하다. 미래는

다면적이다. 복잡 시스템은 열려 있고 결정론적으로 진행하지 않기 때문에 모르는 세계에 대한 대비가 필요하다. 다양한 시나리오에 대한 대안을 모색하면 놀라운 일이 일어나도 대응할 수 있다. 데비드 오렐과 패트릭 맥세리도 예측하기보다는 통찰력을 발휘해야 복잡 시스템의 불확실성에 효과적으로 대응할 수 있다고 강조한다(Orrell and Mcsharry, 2009). "복잡 시스템 모델은 특정한 쪽 집계 예보를 지향하지는 않는다. 대신 시나리오를 제시한다. 미래의 다양한 버전을 제안한다."

사례

일기예보 사례를 통해 앞서 설명한 단계적 판단과정을 살펴보자. 강풍을 동반한 온대저기압이 2012년 4월 2일, 우리나라를 관통하였다. 저기압은 앞서 3일 새벽 중심기압이 985hPa로 발달하였다. 저기압 중심에서 주변으로 갈수록 기압의 차이가 커지면서, 전국적으로 바람이 매우 강하게 불었다. 순간 최대풍속이 3일 새벽에는 초속 35m 이상을 기록했다. 부산에서는 강풍으로 광안대교에서 대형 트레일러가 뒤집히는 사고도 있었다.

당시 수치모델에서도 온대저기압이 발달하며 우리나라로 접근할 것으로 모의하였다. 문제는 발달속도였다. 하루 전날 모델이 계산한 예측자료에서는, 2일 자정부터 3일 정오까지 12시간 동안 28hPa 이상으로 중심기압이 깊어지는 것으로 예측하였다. 이렇게 빠른 속도로 저기압이 발달하는 것은 전례가 없는 일이다. 동해상에서 저기압이 발달해서 동해선풍이라는 이름으로 해상에 강풍을 불러 어선들이 피해를 입었던 사례는 종종 나타났으나, 이 계절에 내륙에서 그런 일이 나타난 경우는 기록에서 찾기 어려웠기 때문이다. 그래서 당시 많은 전문가들이 처음에는 모델 예측 자료를 무시하거나 의심하였다. 모델이 미시적인 기상자료에 예민하게 반응하여 강도를 과잉 예측하는 경우가 과거에도 종종 있었기 때문이다.

이례적인 현상이므로 예측성은 매우 낮고, 모델의 예측결과에 대한 신뢰수준도 낮다. 예측 실패의 가능성은 높다. 그렇더라도 만에 하나 모델이 모의한 대로 저기압이 강하게 발달하여 내륙으로 진입한다면, 강풍으로 인한 피해가 커질 것이다. 일반인은 태풍에 대해서는 경각심을 갖고 주의하지만 봄철 온대저기압에 의한 강풍에 대해서는 소홀하기 때문에, 과거의 경험과는 다르다는 점을 이해시키려면 평소와 다르게 이례적으로 톤을 높여 언론을 통해 자극적인 스토리를 전달해야만 한다. 그랬다가 예보와 달리 강풍의 세기가 기대치에 미치지 못하면, 예보전문가는 국민이나 언론으로부터 미치광이 취급을 받거나 거짓말쟁이라는 오명을 뒤집어써야 한다. 극단적인 사건은 그만큼 사회적인 충격이 크고, 예보 실패가 가져오는 후유증도 크다. 다행히 당시 기상청 예보전문가들은 강풍의 위험을 선제적으로 예고하여, 많은 피해를 줄이는 데 기여했다.

이 사례를 3단계 계층과 대비해 보자. 우선 과학기술의 계층에서는 슈퍼컴퓨터와 수치 모델을 활용하여 저기압이 발달하는 예측 시나리오를 그려 본다. 최신 관측 자료를 추가로 확보하여 종합 해석하는 작업을 진행한다. 기상청뿐만 아니라, 영국·미국·일본의 기상센터의 수치모델 예측자료를 참고하고 상호 비교해 본다. 과거기록을 살피며, 온대저기압에 대한 모델의 모의 특성을 파악한다. 전 시간의 모델 예측자료와 최신 예측자료의 변화에 주시한다. 온대저기압의 발달 속도와 이동 경로에 따라 강풍의 세기를 판단한다.

다음으로 전문가 계층에서는 기상전문가들이 여러 센터의 예측 시나리오를 놓고 토론을 벌인다. 이 계절에 발생했던 강풍의 피해 빈도를 검토한다. 이번 사례와 닮은 과거 일기도를 찾아 서로 비교해 본다. 그리고 예보 전문가의 경험을 청취한다. 예보 조별로 모델자료 해석 근거와 강풍 예보를 주고받으며 토의를 반복하는 동안 결국 두개의 문제로 귀착한다. 첫째, 강풍 특보를 언제쯤 발표할 것인가? 예보 실패의 확률이 높으면 새로운 자료를 통해 분석을 보강하기 위해 발표 시점을 늦추어야 한다. 그러나 이례적인 상황에 국민이 미리 대비하도록 하려면 좀 더 많은 선행시간을 확보하기 위해 발표 시점을 당겨야 한다. 둘째, 수도권을 강풍 예비특보 지역에 포함할 것인가 아니면 주변 지역으로 국한하고 좀 더 지켜볼 것인가? 강풍의 위험이 매우 높거나 강풍의 범위가 넓을 것 같으면 수도권을 포함하는 것이 바람직할 것이다. 그러나 강풍의 위험에 대한 불확실성이 많거나 강풍의 범위가 좁으면, 수도권을 사전 예고지역에서 제외하는 것이 효과적일 수 있다.

마지막으로 자연의 계층에 가면 이 양비론적 숙제를 풀어야 한다. 결단을 내려야 한다. 전문가의 의견을 많이 듣는다고 해서 선택의 간격이 좁아지는 것은 아니다. 생각을 거듭할수록 흑백의 각 진영의 논리는 보강된다. 선택이 잘못되었을 때 안게 될 부담의 내용도 구체화된다. 시간이 흐를수록 흑백은 선명해지고, 선택의 부담은 커진다. 극단적인 예보에 임하는 전문가는 외줄을 타는 서커스 곡예사에 비유할 수 있다.

의사결정 피라미드

한발 한발 한 치의 오차라도 나면 천 길 낭떠러지로 떨어진다. 예전에 경험하지 않은 상황을 판단하여 올바르게 대처하기는 쉽지 않다.

따라서 창의적인 사고가 필요하다. 종전에 가졌던 생각이나 주변의 통념에 맞설 용기와 결단이 필요하다. 영화《그래비티(Gravity)》에서 우주 공간에서 급작스런 사고로 미아가 되어 사방이 컴컴한 미지의 세계를 홀로 항해하는 우주인처럼 도전적인 자세가 필요하다.

피라미드 특성

위계구조

피라미드는 위계 구조를 갖는다. 통상적으로는 하위 계층의 정보 처리가 끝나야 다음 계층으로 이행한다. 하위 계층에서 처리한 정보의 완성도가 높아지면, 비로소 중간 계층으로 이동하게 된다. 일기예보를 예로 든다면, 슈퍼컴퓨터의 수치모델에서 계산한 예측 시뮬레이션 결과가 우수해야, 비로소 예보전문가는 그 자료를 들여다보기 시작한다. 여러 센터의 슈퍼컴퓨터 예측 결과들이 서로 상이하다면 좀처럼 전문가들 간에 합의를 도출하기 어려워진다.

나아가 슈퍼컴퓨터의 결과들이 어느 정도 수렴한다 하더라도, 이 자료를 해석하는 전문가마다 예상하는 위험 수위와 범위가 달라진다면, 토론을 통해 의견을 수렴한다. 선택한 대안에 대해 의견의 차이가 용인할 만한 수준으로 줄어들면 토론을 종결한다. 그러나 전문가들 간에도 이견이 심해 좀처럼 합의에 이르지 못하면, 최종 결정자도 판단을 유보한다. 이제 판단의 문제는 상위 계층으로 옮겨 간다. 최종 결정자는 아직 열리지 않은 세계 앞에 앉아 있는 고독한 자신과 만나게 된다.

물론 분야에 따라서는 예보피라미드의 3단계를 순차적으로 거쳐 가는 것이 부자연스러울 수도 있다. 전문분야나 문제의 특성에 따라 의사결정에 쓰이는 분석과 직관의 배합이 달라지고, 피라미드 계층을 밟는 순서도 달라진다. 과학적 방법론이 충분히 성숙하지 않았거나, 이 방법론 자체가 적합하지 않은 분야도 있을 것이다. 이런 때는 하위 계층을 생략하고 바로 중간 계층으로 옮겨 가게 된다. 또한 해당 분야의 전문가를 구하기 어렵거나, 보안이 필요해서 홀로 결정해야 할 경우도 있을 것이다. 이런 때는 중간 계층도 건너뛰어 바로 상위 계층으로 올라가게 된다.

그런가 하면 상위계층에서 직관으로 구한 생각이나 가설의 효과를 따져 보기 위해, 다시 하위계층으로 내려가 자료를 보강하고 분석적 방법을 활용하기도 한다. 그리고 다시 상위계층으로 올라가, 본래의 생각을 수정해 가기도 한다. 이 경우 피라미드 구조는 위계적 특징보다는 순환적인 특징을 보일 것이다. 의사결정이 한 번에 끝나지 않고, 하위계층부터 상위계층까지 왔다 갔다 반복하며 숙고하는 것이다(Hamm, 1988).

불확실성

상위 계층으로 갈수록 의사 결정 문제 앞에 놓인 불확실성도 커진다. 문제를 정의하기 어려워진다. 정량적인 부분보다 정성적인 부분이 차지하는 비중이 커진다. 지적인 계산보다는 가치 선택의 문제가 많아진다. 의식보다 무의식이 판단에 차지하는 비중이 높아진다. 그리고 당면한 문제의 비구조적 속성이 부각된다.

　마지막 단계에 들어서면 다양한 시나리오들은 결국 두 가지로 압축되어, 흑백의 선택만이 남는다. 대통령 선거에서 군소 후보자들이 점차 희미해지고, 양자 대결로 후보가 압축되는 과정과 유사하다. 이 단계에서 일어나는 대안 간의 갈등은 수학이나 논리로 풀기 어렵다. 직관이나 각종 지력이 우선적으로 작용한다(Dane and Pratt, 2007). 하위 계층에서 전문 분야별로 탐구 대상과 접근 방법이 달라진다면, 상위 계층에서는 모든 분야가 수렴한다. 상위 계층으로 옮겨 오면 전문 지식은 이미 소진되어 별로 도움이 되지 않고, 자연과 나 사이의 고독한 대면만이 남는다. 두 대안 사이의 간극은 히말라야 설원의 크레파스보다 깊다. 둘 중 하나를 선택해야 하는 판단의 스트레스는 매번 줄지 않는다.

상대성

　상황이 달라지면 문제의 성격은 달라지지만, 피라미드 구조로 다시 정렬한다. 종전에 다룬 적이 있었던 문제라 하더라도, 상황이 달라지면 다른 문제가 된다. 한때는 우선순위가 낮았던 문제라도, 상황이 달라지면 순위가 변동한다. 평소 같으면 대설이나 호우 예보가 최고·최저기온 예보보다 훨씬 난이도가 높은 문제다. 즉, 강수를 예측하고 나면, 이미 기온도 예측한 것이나 다름이 없다. 반면 기온을 예측하더라도 강수를 예측하려면 다른 요소를 추가로 분석해야 한다. 강수는 기온·바람뿐 아니라 구름의 복잡한 물리과정을 검토해야 하기 때문이다. 그래서 강수 예보를 고민할 때는 최고·최저 기온 예보는 아무래도 뒷전으로 물러난다. 특히 큰비나 큰 눈이 예상되는 시점에서는 기온 예보에 일일이 신경을 쓸 여력이 없다.

한편 날씨가 좋아 강수 예보를 고려할 필요가 없는 때에는 최고·최저 기온이 중요한 주제로 대두된다. 강수를 예측할 때는 미처 떠오르지 않았던 요소들이 전면에 등장하고, 강수예측에 쓰인 분석과 시간과 노력을 이번에는 기온예측에 투입하게 된다. 경계층의 하부구조, 바람의 시어에 의한 난류, 일사에 의한 하부 연직 불안정, 토양의 상태, 구름층의 두께와 같은 요인들이 추가로 분석 시야에 들어오게 된다. 다시 말하면, 예보에 관여하는 다양한 요소 중에서, 상황에 따라 특정 요소들이 수면에 떠오르고 다른 요소들은 수면 아래 침전하게 된다. 그러다가 분석 시간이 늘어나면 수면 아래에 있던 요소들이 추가로 수면 위로 떠오르는 것이다.

항상성

과학기술이 발전하고 지식과 경험이 쌓이면서, 의사결정 과정의 효율성도 높아진다. 그만큼 앎의 영역은 넓어지지만, 자연 속에 미지의 영역이 새로 드러나면서 지(知)와 미지(未知)의 경계는 여전히 평형을 유지한다. 키 반 델 헤이즌도 기존 지식으로는 이해하기 어려운 부분이 시스템에서 관측되었을 때 적극적인 탐구활동을 통해서 앎이 확장되는 과정을 다음과 같이 설명한다(Heijden, 2000). "실세계로 들어가 채취한 관측자료가 멘탈 모델과 일치하지 않는 부분을 찾아낸다. 그리고 그 이유를 묻는다. 결국 멘탈 모델을 수정하여 새로운 관측결과를 수용하게 된다. 이 과정을 통해서 전에 미처 몰랐던 사실을 배우게 된다. 그리고 예측 가능한 부분과 불가해한 부분의 경계는 다시 정렬한다. … 예측성도 향상되지만 동시에 예측 한계도 더욱 선명해진다."

영국 캐임브리지대학 과학철학과 장하석 교수는 EBS인문학 강좌에서 조세프 프리스틀리의 다음 구절을 인용하면서 비슷한 논지를 제시했다(장하석, 2014). "어둠 속에 빛이 동그랗게 비춘 면적이 클수록 그 환한 부분을 둘러싼 어두운 경계선도 늘어난다." 뇌 과학자인 스튜어트 파이어스테인도 「무지의 추구」라는 강연에서 지식이 늘어남에 따라 무지도 확장한다는 것을 마치 연못 수면 위에 물결이 동심원으로 퍼져 나가는 것에 비유하였다(Firestein, 2013). 암묵적 지식이 명료해지고 나면 다시 더 많은 질문이 생겨나고, 결국 암묵적인 지식과 명료한 지식 간에 균형은 다시 회복된다. 그래서 자연의 계층으로 들어오면, 매번 불확실한 상황에서 판단해야만 한다.

예보 판단은 처음 시작하는 것처럼 어렵다. 항상 마음을 닦지 않으면 예보에 실패하는 이유다. 한편 예보 정확도가 높아지면 사회는 기술 수준에 빠르게 적응하고, 고객의 기대치도 상승하면서 예보 전문가와 사회 환경 사이의 간극도 여전히 좁혀지지 않는다. 예보 기술은 날로 진보함에도 불구하고 매년 몇 차례씩 오보 소동은 이어지고, 언론의 주요 뉴스 테마가 된다.

일기예보를 넘어서 ”

학습 조직의 관점

의사결정 피라미드는 학습의 피라미드이자 조직 발전의 피라미드이다. 일기예보 전문가가 되기 위해서는 우선 대기과학의 일반 지식을 습득하고, 이를 기초로 구축한 각종 정보처리 기술을 구사하여 응용하는 능력을 갖추어야 한다. 국제 네트워크를 통해 교환하는 각종 상황정보를 활용하는 능력도 중요하다. 그래서 하위 계층에서 필요한 전문 능력을 확보하면 중간 계층으로 옮겨 가게 된다. 다른 전문가는 나와 생각이 다를 수 있고, 같은 자료라도 다르게 해석할 수 있으며, 같은 상황도 다른 각도에서 바라볼 수 있다는 점을 이해해야 한다. 또한 비슷한 과학적 배경과 경험을 가졌더라도, 성향과 기질에 따라 다른 결론에 도달할 수 있다는 점을 받아들여야 한다. 토론을 통해 합의에 도달하는 과정에 능동적으로 참여하고, 예보 결과의 책임을 분담할 수 있는 공감능력도 갖추어야 한다. 이것은 이론적 능력이라기보다는 실천적 능력이다. 전문가들과 함께 성과를 낼 수 있는 능력을 확보하면, 상위 계층으로 나아가게 된다.

이 계층에서는 정의상 나의 전문 지식으로 할 수 있는 일이 드물다.

하위 계층을 거치면서 전문 능력은 충분히 활용했기 때문이다. 여기서는 나의 지식도 경험도 무익하다. 오직 지혜만이 끼어들 수 있다. 대신 다른 분야의 지식이나 경험을 가진 전문가의 의견은 열려 있다. 이 계층에서 드러나는 세계는 여전히 절반이 닫혀 있다. 최종적으로 흑백의 선택이 남는다. 그 세계 앞에서 결단과 선택을 내려야 하는 자신과의 만남이다. 때로는 언론과 국민의 시선과 사회적 파급효과 때문에, 결정 과정에서 엄청난 스트레스를 감내해야 한다. 이 불확실성의 세계와 호흡하며 담력과 지혜를 키워야 비로소 진정한 전문가로 자리매김할 수 있다.

개인이 마음챙김을 통해서 불확실한 상황에 유연하게 대응하는 것과 마찬가지로, 조직도 환경 변화에 적응해 가려면 유사한 기능성과 학습능력을 확보해야 한다. 반데빌트 대학 경영학 교수 티모시 보거스와 미시간 대학 경영학 교수 캐서린 수크리페는 마음챙김에 대응하는 조직문화의 기능적 요소를 다음과 같이 제시하였다(Vogus and Sutcliffe, 2012). "첫째, 정기적으로 다양한 각도에서 조직의 안정성을 해치는 잠재 위험 요소를 검토한다. 실패할 경우에 미리 대비한다. 둘째, 가정의 타당성을 의심하면서 미세하면서도 현실적인 상황 이해 폭을 넓히고, 믿을 만한 대안을 모색한다. 단순한 해석을 경계한다. 셋째, 최신 상황 분석을 통해서 상황의 총체적 조망도를 보완한다. 행동전략에 따라 효과의 민감도를 고려한다. 넷째, 불가피한 손실을 받아들인다. 원인을 심층 분석하고, 실패로부터 배운다. 회복탄력성을 확보한다. 다섯째, 중요 결정을 내릴 때는 권위에 의지하는 대신 전문성을 충분히 발휘한다."

예보 생산조직도 피라미드 구조와 조화를 이루어야 한다. 공항 관제소, 야전 사령부, 종합병원과 같이 현장에서 위험을 관리하는 조직들도 사정은 크게 다르지 않다. 먼저 하부 계층에는 관측·분석·가공·표출하는 기술이 튼튼해야 한다. 또한 공정별로 산출한 자료를 유통하고 저장하고 관리하는 IT 네트워킹 기반이 건실해야 한다. 많은 신진 전문 인력을 이 계층에 투입하고, 한 분야에 집중하여 전문 역량을 갖추어 가도록 정책적 지원이 필요하다. 중간 계층에는 소수의 예보 전문가들이 집단적으로 팀을 구성하여 합의체로 일하게 된다. 중간 계층의 인력 규모는 하위계층보다는 작지만, 의견의 다양성을 확보할 만큼 넉넉해야 한다. 이 계층으로 유입하는 각종 고급 정보를 해석하고 토론해서 합리적인 결론에 도달하려면, 정보는 집중하되 아이디어와 상상력은 최대한 보장하는 방식으로 합의체를 운영할 필요가 있다. 상위 계층에는 예보 책임자가 있다. 고객과 언론과 방재 유관기관을 비롯한 다른 분야 전문가들과 소통하는 역할을 확장 할 수 있게끔 개방적인 업무 환경을 조성해야 한다.

피라미드가 여럿 모이면 더 큰 피라미드를 구성한다. 프랙털처럼 내부적으로 같은 구조를 반복한다. 국가 재난관리 차원에서 바라본다면, 이 피라미드의 중간계층에서 일기예보 조직은 하나의 요소에 불과하다. 수문·환경·토목·지질·안전 분야별로 정보 생산조직이 함께 모여 중간 계층을 형성한다. 상위 계층에는 예보전문가 대신 국가 안전 최고 책임자가 서게 된다. 기업의 관점에서 본다면, 피라미드의 중간계층은 시장 구매력·금융·재고·원자재·유동성을 비롯하여 다양한 부문의 분석전문가로 이루어진다. 상위계층에는 경영 책임자가 각 부문의 정보를 종합하고 최종 결정을 내린다.

의사결정 피라미드

한편 피라미드를 구성하는 3단계 계층구조에서, 서로 다른 계층에 소속한 전문가 간에 믿음과 신뢰의 관계가 굳건해야 피라미드가 제대로 작동할 수 있다. 각 계층의 전문가마다 맡고 있는 소임과 직무가치에 충실하지 않으면, 의사결정 단계별로 처리하는 중간 정보의 품질이 떨어지거나 편견이 개입할 소지가 늘어난다. 로버트 필데스는 외형적으로 잘 드러나지 않는 신뢰의 문제에 대해 다음과 같이 지적한다(Fildes, 2010). "기초자료의 수집체계가 부실해서 시장을 제대로 대변하지 못하거나 추세에 둔감해진다. 예보전문가는 직업적으로 타성에 젖어 무비판적으로 통계분석에 매달리거나, 정통 예보기법에 대한 지식이 부족하다. 의사결정자는 상부에서 좋아하는 취향의 분석 정보만을 찾는다. … 말로는 예보 정확도를 외치지만, 실제로는 예보 전문가나 의사결정자나 본래 예보를 자신의 프리즘을 통해 굴절시켜, 결국 과잉 예보나 과소 예보를 내보내 조직에 심각한 손실을 끼치기도 한다. … 의사결정자 입장에서는 예보 전문가가 지나치게 기술에 초점을 맞추고 경영의 관심사에 대한 이해가 부족하다고 느낀다. 편익 계산에도 둔감하다고 본다. 의사결정자가 예보의 기술적 측면에 대한 이해가 부족하다고 느낀다."

　신뢰는 해당 분야의 전문가가 자기의 역할에 충실하고, 최선의 정보를 다른 계층과 공유할 때 돈독해진다. 이를테면 하위 계층의 전문가는 관측과 수집한 자료의 품질을 점검하여 시장동향이나 조직 환경의 변화를 충실하게 파악하여 조직 내부에 공유해야 한다. 중간 계층의 전문가는 예보 기법을 숙지하되, 그 기법의 한계를 감안하여 통계 분석 결과나 수치 시뮬레이션 결과를 비판적으로 해석해야 한다. 상위 계층의 전문가는 자신의 의도나 가치에 치우치지 않도록 경계하면서도, 하위계층이나 중간계층에서 정보가 처리되는 기술적인 관점에 대해서도 충분히 이해할 수 있어야 한다.

지식 관리의 관점

버지니아대학 경영학 교수 케네스 칸과 경영컨설턴트 마조리 아담스는 예측과정을 지식경영으로 간주한다(Kahn and Adams, 2001). "이론적 관점에서 보나 실무적 관점에서 보나, 판매 예측은 근원적으로 지식 경영 과정이다. … 예보분석가가 추세를 분석하여 미래를 전망하고 여기에 타 생산라인의 유사경험을 참작하여 실행계획을 세우는 과정에서 지식은 만들어진다." 계획은 예측과정을 거치면서 그 의미가 뚜렷해진다. 기대하는 결과와 현실을 비교해 보면, 계획을 구체적으로 보완해 갈 수 있기 때문이다. 예측은 계획과 현실을 연결해 주는 매개자의 역할을 한다.

조직에서 지식을 다루는 과정은 크게 수집·처리·외면화·내면화 단계로 대별할 수 있다(Holsapple and Joshi, 2002). 수집 단계에서는 원시적인 자료를 확보하고 정돈한다. 처리 단계는 자료를 선별하고, 패턴이나 추세를 찾아내고, 의미 있는 정보를 산출한다. 외면화 단계에서는 정보를 고객의 요구에 맞추어 가공하여 의사결정에 보탬이 되는 지식으로 전환하게 된다. 내면화 단계에서는 체득한 경험·정보·노하우를 기존 지식체계에 끼워 넣고 지식 데이터베이스를 확장하게 된다.

일기예보도 과학적 지식 경영의 산물이다. 먼저 전 세계 관측 자료

의사결정 피라미드

를 수집한다. 컴퓨터를 활용하여 자료를 분석하고 예측자료를 계산하여 기상정보를 만들어 낸다. 예보 전문가가 국내외 자료를 종합적으로 검토하고 해석하여, 고객의 구미에 맞는 예보 지식을 제공한다. 자료로부터 정보를 거쳐 지식을 창출하는 것이다. 예보와 실황 간에 차이가 확인되면, 각 지식과정별로 예보 오차를 줄이는 방안을 찾아낸다. 관측망과 관측 품질을 개선하고, 컴퓨터의 계산 모델을 계량하고, 주관적 개념모델과 판단절차도 보완한다. 예보 실패의 경험과 새로 터득한 교훈을 조직 내부에 공유하고, 조직의 과학 지식 베이스를 갱신한다.

일기예보 과정에서는 특히 전 지구적 지식경영의 측면이 두드러진다(Pawlowski and Bick, 2012). 세계 전역에서 표준 절차에 따라 관측하고, 분석하고, 그 결과를 공유한다. 국제기구나 지역협력체에서 전문가들이 정기적으로 만나 정보와 지식과 서비스 업무 노하우를 함께 늘려 간다. 세계기상기구(WMO)가 추구하는 관측, 자료처리, 데이터베이스 분야의 국제 인프라는 한결같이 전 지구적 지식경영의 표준 모델로 볼 수 있다.

일기예보를 생산하는 과정은 기업이나 공공기관에서 조직의 지식을 경영하는 방식과 유사한 면이 있다.

첫째, 과학적 지식과 암묵적 지식을 모두 활용한다. 일기예보는 응용과학의 한 분야다. 일차적으로 대기과학이론과 여기서 파생한 각종 원리를 예측에 응용한다. 그러나 집중호우나 강한 폭풍우와 같이 돌발적이고 불확실한 기상상황에서는 합리적이고 분석적인 방법을 적용하는 데 한계가 있다. 직관과 경험을 비롯한 갖가지 임기응변의 방식도 함께 사용한다.

둘째, 컴퓨터와 IT 도구를 활용하여 기초 정보를 생산한다. 센서가 범용화 되고 사물 간 통신으로 인터넷이 확장되면서, 급증하는 빅데이터를 신속하게 처리하기 위해서는 예보 전문가와 컴퓨터의 협업이 필수적이다. 컴퓨터가 대용량의 자료를 신속하게 분석하면 예보전문가는 분석결과를 해석한다. 예보 전문가는 사이버 공간에서 컴퓨터가 계산한 예측자료를 수동적으로 해석하는 데 그치지 않고, 주관적인 판단에 따라 보정한 관측 자료를 다시 컴퓨터에 집어넣어 계산하게 하거나, 특정한 시나리오에 따른 상세한 계산을 컴퓨터에 요구하기도 한다.

셋째, 전문가 집단이 함께 사고하고 판단하여, 조직의 지식을 만들어 낸다. 날씨와 기후는 사회 변화만큼 복잡하고 가변적이다. 예측하고자 하는 시스템의 규모가 전 지구적이다. 또한 시스템의 구조가 매우 복잡해서, 여러 전문가들이 함께 머리를 맞대고 다양한 예측 시나리오를 검토해야 시스템의 불확실성에 대처할 수 있다.

넷째, 예측한 결과를 고객의 의사결정에 필요한 지식으로 전환한다. 예보가 현실과 맞아떨어질지 아니면 빗나갈지에 따라 다양한 경우의 수를 감안하여, 이해관계에 있는 고객에게 예보의 한계를 제시한다. 여러 개의 대안 중에서 예상되는·이득이 높은 대안을 찾는 것이 합리적이다. 그러나 복잡 시스템에서는 예측 불확실성이 크기 때문에 대안이 이상적이라고 해서 반드시 최적이라고 보기는 어렵다. 기상 전문가가 미래 예측을 통해 현실에 적응하는 과정은 흡사 로버트 렘퍼트가 소개한 "견실한 시나리오 방법"과 닮은 데가 있다(Lempert et al., 2003). 불확실한 미래에 대해서는 가장 가능성이 높은 대안을 찾기 보다는, 여러 가지 변화가 일어나더라도 무난하게 작동하는 대안을 찾으라는 것이다. 컴퓨터와 사람의 협업을 통해 가능한 한 많은 대안 시나리오를 발굴하고,

이 중 어떤 시나리오로 전개하더라도 변화에 빠르게 적응할 수 있도록 기획과정을 설계하는 데 초점을 맞춘 것이다.

다섯째, 일기예보는 공공 서비스의 일종으로, 서비스 조직이라면 응당 갖추어야할 기본적인 지식경영의 특성도 물론 보여 준다. 예보에 대한 고객의 수요를 조사한다. 조직의 과학 기술 수준, 물적 자원, 인적 역량 여건을 감안하여 수요 조사결과를 정돈하고, 서비스 대응 수위와 전략을 마련한다. 전략이 바뀌면, 앞서 과학 지식 생산과정에도 적절한 변경을 가한다. 새로운 서비스 상품을 고객에게 전달하고, 고객의 만족도를 평가하여 서비스 제품 개선에 환류 한다. 이 과정에서 고객의 신뢰관계를 확보하는 데 필요한 지식은 내재화된다. 방재 유관기관이나 언론과 협력과 소통도 이 부류에 속한다. 이를테면 호우 특보에 대해 언론이나 방재기관에서 과잉 대응하여 사회적으로 불편을 초래한다면, 다음에는 좀 더 톤을 낮추어 최소한의 대응을 유도하는 식이다.

시스템공학 전문가이자 사회비평가인 실비오 펀토익과 제롬 라베츠는 문제를 풀어 가는 과정을 시스템의 불확실성과 의사결정의 위험수위에 따라, 응용과학(applied science), 전문적 판단(professional consultancy), 포스트 정상과학(post-normal science)의 영역으로 각각 분류하였다(Funtowics and Ravetz, 1992; 2003). 응용과학의 영역에서는 통상적인 과학 문제(puzzle)를 풀어낸다. 시스템의 불확실성이 작고 의사결정의 위험도 작다. 기존 학문의 지식체계를 의심 없이 받아들이고, 이를 응용하면 당면한 문제를 효과적으로 풀 수 있다. 통제된 환경에서 실험 도구를 조작하고, 실험 결과를 통계적으로 분석하고, 수치 시뮬레이션을 통해 가설을 입증해 보이는 정상적인(normal) 과학 탐구 활동이 이 영역에 속한다. 의사결정 피라미드의 하위계층에서 일어나는 대부분의 활동도 이 영역에 해당한다.

전문적 판단의 영역에서는 여러 전문가들이 정상과학에서 일탈한 문제를 함께 고민한다. 의사결정 피라미드의 중간계층이 이 영역에 속한다. 시스템의 불확실성이 커지고 의사결정의 위험 수위도 높아져, 외과 의사나 선임기술자처럼, 전문가의 주관적 판단이 관여한다. 보험 수단을 병용하여 위험을 분산한다. 포스트 정상과학의 영역에서는 정의상 정상적인 과학적 방법으로는 풀 수 없는 사안에 봉착한다. 불확실성과 의사결정 실패의 위험도 더욱더 높아져, 다양한 이해관계 집단의 합의와 지혜를 모아야 한다. 이 국면에서는 불확실성을 줄이기 어렵기 때문에, 예측하는 데 에너지를 쏟는 대신 최선의 대처 방법을 찾는 데 집중한다(Marshall and Picou, 2008). 의사결정 피라미드의 상위 계층인 "자연의 계층"에 대비되는 영역이다.

자연과 조화롭게 공생하려면 지식보다는 지혜를 구해야 하는데, 이는 포스트 정상과학에서 지향하는 소통과 합의의 정신과 유사한 부분이 있다. "비전문가 집단으로 확장한 동료평가(extended peer review)란 사안에 이해관계에 놓인 모든 사람이나 조직의 구성원을 평가 위원으로 초대하는 것이다. … 이런 집단 평가 방식은 예전부터 해오던 관행이다. 예를 들면 시민 회합, 배심원 평결, 포커스 그룹토의, 합의 회의에서는 과학적 방법과 여타 수단을 활용하여 정책 제안의 품질을 평가한다."

고객 소통의 관점

고객의 입장에서 보면, 의사결정 피라미드는 예보 해석과 응용의 피라미드이기도 하다. 고객은 언론 매체를 통해서 기관의 공식예보를 구하게 된다. 피라미드 구조에서 보면, 상위 계층과 주로 소통하는 것이다. 한편 예보가 생산되는 과정에서 대부분의 자원과 시간은 하위계층에 투입되고 다음으로 중간 계층에 투입된다. 다시 말해, 정보 처리활동과 정보 흐름도 대부분 중간 이하의 계층에서 일어난다는 것이다. 그렇기 때문에 예보의 의미를 이해하려면 궁극적으로 고객 스스로 피라미드의 하위 계층과 중간계층에서 일어나는 비공식 정보에 관심을 가질 필요가 있다.

앞서 3장에서 5장까지 살펴본 바와 같이 예보과정에 개입하는 여러 가지 문제들과 대응방법도 궁극적으로 예보에 대한 고객의 이해도를 높이기 위한 것이었다. 3장에서 과학기술 환경을 다루었다면, 4장에서는 여러 전문가가 함께 일하는 업무 환경을 다루었다. 5장에서는 자연에 대한 전문가의 태도를 다루었다. 전문가가 몸담은 사회의 가치체계도 예보에 영향을 미친다. 특히 전문가가 주변 환경의 영향으로 어찌 할수 없이 안게 되는 성향이나 편견에도 관심을 가져야 한다. 앞서 논의한 바와 같이, 과소예보나 과장예보의 비율이 한쪽으로 치우치는 것도 사회적 맥락에서 이해할 필요가 있다.

고객 스스로 예보의 속성을 이해하고 비판적인 시각을 가져야 전문가의 도움을 제대로 받을 수 있다. 전문가의 의견을 내 것으로 받아들이려면, 메타 정보 즉 정보의 속성에 관한 정보에 대한 검토가 필요하고, 이를 뒷받침하는 자료를 미리 수집해야 한다. 그러나 정보가 부족하면 전문가를 믿을 수밖에 없고, 그만큼 전문가의 편견에도 취약하다. 특히 서로 다른 전문가나 정보원으로부터 상이한 예보를 듣게 되면 혼란에 빠진다. 경제학자인 노리나 허쯔는《전문가를 활용해야 할 때와 하지 말아야 할 때》라는 제하의 강연에서, 전문가의 의견을 무턱대고 따르지 말고 비판적으로 바라보도록 권유한다(Hertz, 2011). 전문가의 편견에서 벗어나려면, 전문가를 신비로운 신의 영역에서 끌어내려야 한다. 그들의 의견을 비판적으로 검토해 보아야 한다. 의견의 배후에 자리 잡은 가정과 의도를 비판적으로 따져 보아야 한다.

우리엘 로젠탈과 폴 하트는 긴급한 상황에서 충분한 검토 시간이 없는 경우에는, 비전문가의 의견이라도 의사결정자들이 무시하기 어렵다고 지적한다(Rosenthal and Hart, 1991). 전문가의 자문에 응하는 경우에도, 지식의 제약과 편견을 충분히 검토하지 못한다. 전문가들도 위기 상황에서는 충분히 분석적인 판단을 내릴 여유가 없으므로, 전문가가 제공하는 정보의 한계를 감안하여 기대수준을 낮추어야 한다. 불확실성이 높은 사안에 대해서는 다양한 전문가의 의견을 폭넓게 수렴하고, 특히 상반된 전문가 의견도 일정 수준으로 장려할 필요가 있다. 우리엘 로젠탈과 폴 하트도 효율성과 일원화를 고집하지 말고 중복성을 적정 수준으로 용인하고 복수의 전문가 의견을 청취하는 것이 바람직하다고 보았다.

예보뿐 아니라 예보를 제공한 전문가의 판단 근거를 이해한다면, 예보의 불확실성의 외연을 그려 보는 데 도움이 된다. 스캇 암스트롱이 "전문가의 예보뿐 아니라 예보를 내게 된 배경에 관심을 가져야 한다." 고 권고한 것도 같은 맥락이다(Armstrong, 2001a). 예보과정 또는 방법을 이해하고 지지하면 그만큼 예보에 대한 고객의 믿음도 커지기 마련이다. 하지만 하위 계층으로 갈수록 전문분야가 좁아지고 깊어지기 때문에 이러한 노력이 녹녹치 않다. 이러한 소통의 문제를 해결하기 위해서는 고객과 예보당국과 언론이 협력하여, 피라미드의 하위 계층에서 일어나는 정보를 고객이 쉽게 이해하고 해석할 수 있도록 소통과 학습의 기회를 넓혀 나가야 한다.

한편 고객도 예보전문가와 마찬가지로 편견에서 자유롭지 못하다. 고객도 예보자료를 비즈니스나 실생활에 응용하는 과정에서, 각자 자신의 프레임을 통해서 예보를 해석하는 경향이 있기 때문이다. 특정 현상에 대한 과거의 경험이나 인상이 뚜렷하거나, 예보를 판단할 나름의 지식이 부족하면 자신의 프레임에 갇히게 된다. 특히 기대하지 않은 방향으로 예보가 나오면, 이를 회피하려는 경향을 보이는 것은 극단적인 경우다.

스캇 암스트롱은 병원사업을 확장하려는 사업주가 진료수요가 줄어들 거라는 예보를 무시했던 사례를 들고 있다(Armstrong, 1983). 사업주 입장에서는 추진 중인 사업이 성공하기를 기대한 나머지, 부정적인 전망을 한 예보가 듣기 싫었을 것이다. 그러나 예보는 적중했고, 결국 사업주는 큰 손실을 입고 말았다. 미리 사업주에게 피라미드의 하위계층과 중간계층에서 일어나는 예보생산 과정을 설명해 주고, 예보의 불확실성을 다양한 시나리오의 형식을 빌려 각 시나리오 별로 예상되는 결과를 얘기해 주었다면, 이런 편견에서 벗어나는 데 도움이 되었을 것이다.

사회 시스템의 관점

예보 판단 피라미드의 하위 계층만 놓고 본다면, 자연현상과 사회현상의 예보 문제는 각각 다른 전문분야에 속한다고 볼 수도 있을 것이다. 예를 들면 사회의 X이벤트를 연구해 온 존 카스티는 기계론적 방법의 한계를 다음과 같이 지적했다(Casti et al., 2011). "사회를 기계론적 시각으로 바라보면, 사회변화를 일기패턴의 변화로 비유할 수 있겠다. 자료를 충분히 모으고, 모델을 설계하고, 컴퓨터를 구동하면 사회변화를 온전히 이해할 수도 있을 것이다. 문제는 도널드 럼스펠드가 제기한 '모른다는 것을 모르는' 무지의 수수께끼를 기계론적 방식으로 해결할 수 없다는 데 있다."

이 같은 논지의 배경에는 일기예보를 "안다는 것을 아는" 영역의 문제로 간주하는 단순한 이분법적 사고가 깔려 있다. 존 카스티의 논지는 다음과 같다. "일기예보는 훨씬 견고한 방법론적 토대 위에 서 있다. 예측하는 데 참고하는 모델의 성능은 충분히 입증된 바 있다. 그간 향상된 일기예보 정확도를 고려한다면 일기예보분야는 알고 있는 것을 아는 영역으로 분류해도 무방할 것이다." 그럼에도 불구하고 기후전망의 문제는 예외로 인정한다. "기상현상에 대해서는 오랜 기간의 방대한 과거 기록이 축적되어 있다. 그래서 확률과 통계적 방법을 예보에 응용할 수 있다. 하지만 과거기록이 매우 부족한 현상들은 대체 어떻게 예보할 것인가?"

하지만 일기예보의 영역조차도 기계론적 사고로는 해결할 수 없는 부분이 많다는 점은 이미 3장에서 5장에 이르기까지 누누이 밝혀 온 바 있다. 구름과 같이 복잡하고 변화무쌍한 현상만 생각해 보더라도,

의사결정 피라미드

대기운동이 단순하지 않다는 것은 자명하다. 예측 실패를 자주 경험해보면 단순히 하위계층의 판단만으로 기상현상을 이해하고 예측하는 데 한계가 있음을 깨닫게 된다. 앞서 도널드 럼스펠드가 분류한 "알고 있는 것을 아는" 문제는 하위계층의 평면에서 다룰 수 있겠다. 그러나 "모른다는 것을 모르는" 문제는 중간과 상위계층의 평면으로 확장해야 접근이 가능하다.

특히 코앞에 닥친 집중호우, 기습 폭설이나 폭우, 토네이도와 같이 돌발적이고 국지적인 기상 현상을 예측하거나, 몇 달에서 몇 백 년 후의 기후 변화를 전망하려면, 상위계층의 판단이 더욱 더 중요해진다. 전 지구적인 금융위기나 극단적인 사회변화를 직접 예측하지는 못하더라도, 변화의 실마리가 되는 게임 체인저를 찾아볼 수는 있다고 카스티는 기대한다. 마찬가지로 토네이도를 사전에 일찍 예측하기는 어렵지만, 기상레이더 영상을 정밀 분석한다면 발생가능성은 몇 분 전에 인지할 수 있는 것에 비유할 수 있겠다. 예측 불가한 변화라도, 그 실마리가 되는 단서나 게임 체인저를 찾아 나서려면, 예보 피라미드의 중간과 상위계층으로 나아가야 한다.

의사결정 피라미드의 중간계층과 상위계층으로 올라갈수록, 자연현상과 사회현상의 경계도 희미해진다.

첫째, 현상 자체를 자연과 사회로 단순하게 양분하기 쉽지 않다. 산업 활동의 폐기물은 직접 대기로 유입되거나, 물이나 식생에 섞여 장기간 잠복해 있다가 대기로 진입하기도 한다. 인공적인 구조물에 따라 바람 길이 바뀌고, 열섬이 생기기도 한다. 산업 활동의 영향이 지속적으로 누적되면, 장기적으로 기후에도 큰 변화가 일어난다. 다니엘 사례위자와 로저 필케도 언급한 것처럼, 최근 전 지구적으로 진행하는 기후변화와 도시 환경문제는 사회현상과 자연현상이 서로 맞물려서 복합적으로 상호 작용한 결과다(Sarewitza and Pielke, 1999). "자연과 사회과학의 경계는 희미해지거나 서로 중첩해 있다. 예를 들면, 지구 온난화와 자연재난을 생각해 보자. 지구온난화의 경우, 미래 기후영향은 부분적으로 사회과학의 영역인 인구 증가, 에너지 소비와 관련되어 있다. 자연 재난의 전망도 사람들이 어디에 살고 어떻게 시설 투자하느냐에 따라 영향을 받는다. 이것 역시 사회 정책과정의 영역에 속한다."

둘째, 나와 자연은 서로 독립적인 관계로 보기 어렵다. 나의 심리상태나 처한 사회적 맥락에 따라 현상을 바라보는 프레임이 달라진다. 당연히 프레임에 걸러지는 현상의 내용도 달라진다.

셋째, 현상에 대한 이해가 불완전하고 현상을 예측하는 데 불확실성이 따르기 때문에, 이 공백을 메우기 위해서는 여러 사람의 판단과 가치와 관점을 고려할 수밖에 없다. 도넬라 메도우도 눈에 보이지 않는 가치, 관점, 자연에 대한 태도와 같은 질적인 속성이 양적인 속성 못지않게 시스템의 유지에 중요하다고 보았다(Meadows, 2009).

기후와 환경에 적응하기 위한 정책 수단도 자연·사회의 복합시스템의 미래를 예측해야 가능한 일이다. 다시 말해, 자연현상과 사회현상의 예보 전문가들이 서로 얼굴을 맞대고 공조해야만 해법이 나올 수 있다. 이러한 입장에서 보면, 앞서 제시한 의사결정 피라미드도 사회적 현상을 예측하는 데 도움을 줄 수도 있고, 역으로 사회 이론의 도움을 받아 발전할 수도 있을 것이다. 경영학 교수 스캇 암스트롱이 예보의 표준과 실전 편에서 제시한 139개의 예보 원칙이 일기예보 생산현장에서 쓰이는 실무적 방법과 여러 면에서 상통하는 것도 우연이 아니다(Armstrong, 2001a).

사회현상은 자연에 '사람'이라는 요소가 더해져 있기 때문에, 자연현상보다 일견 더 복잡해 보일 수 있다. 유헌식 교수에 따르면, 오히려 자연 현상이 사회현상보다 복잡할 수 있다는 점을 상기한다(개인서신). 사회는 사람이 만든 규칙의 토대위에 서 있기 때문에, 우리와 전혀 상관이 없는 자연현상보다 오히려 이해하기 용이한 측면이 있다는 것이다. 사회현상을 자연현상과 대비하여 내세우는 주요 특징 중 하나는 구성원이 갖는 의지의 작용이다. 나의 선택과 결정은 어떤 식으로든지 내가 속한 공동체에 영향을 미친다는 것이다. 개인의 자율성 때문에, 사회현상의 예보는 자연 현상의 예보와는 다른 특성을 보이기도 한다.

네이트 실버는 예보에 맞추어 가거나(self fulfilling), 거슬러가는(self canceling) 행동 양식을 제시했다(Silver, 2012). "전자의 사례로는, 선거 여론조사에서 어느 한 후보의 우승을 점치면 자기 표가 사장되지 않도록 더 많은 유권자가 그 후보에게 몰리는 현상을 들 수 있다. 예방의학에서도 스완프루가 유행할 거라고 하면 더 많은 의사들이 이 병의 진단에 주력하고, 더 많은 잠재 환자들이 병원을 찾아 관련 보고건수가 늘어난다. 후자의 사례로는, 내비게이션에서 덜 번잡한 도로를 예측하면 많은 운전자들이 그 도로로 몰려 오히려 혼잡이 가중되는 현상이나, 스완프루가 유행한다고 경고하면 더 많은 주민들이 자기관리를 강화하여 환자가 줄어드는 현상을 들 수 있다."

이와 같이 예측 내용에 따라 개인의 판단과 행위가 달라지는 경우에는 예측에 한계가 따른다. 하지만 의지를 갖고 추진하는 기획 사업들은 어느 정도 예측성을 가진다. 또한 집단적인 현상 중에는 각 개인의 의지가 작용하더라도 어느 정도 예측이 가능한 부분이 있다고 보는 견해도 적지 않다. 경제학자인 언스트 프레드리히 슈마허는 이 점을 다음과 같이 설명한다(Schumacher, 1999). "원론적으로 천체의 운동과 같이 인간의 자유 의지가 개입하지 않는 현상은 예측 가능하지만, 그렇지 않은 현상은 예측 불가능하다. 그렇다고 모든 인간 행위가 예측 불가능하다고 속단할 수는 없다. 왜냐하면 대개 사람들은 대부분의 시간을 무작위적으로 보내기 때문이다. 대중의 행동 중에는 예측 가능한 부분이 있다는 경험적 조사 결과도 나와 있다. 어느 한 시점에서 보면, 많은 사람사이에서 극히 일부만 자유의지를 행사하므로, 이들 소수가 전체 대중의 집합적인 행동결과에 작용하는 영향은 미미하다." 구글에서 빅데이터를 분석하여 홈페이지를 검색하는 네티즌의 기호를 예측한다든지, 여론 설문조사를 통해 고객의 취향을 예측하는 것도 이 같은 논지를 뒷받침한다. 많은 사회 이론도 예측성을 확보할 수 없다면 실용적 가치가 제한될 것이다.

파이예트빌 주립대학 철학종교학 교수 조셉 오세이도 윌리엄 제임스(William James)의 부드러운 결정론(soft determinism)을 언급하면서 다원적 인과론을 내세운다(Osei, 2008). "미래가 완전히 닫혀 있지는 않지만 그렇다고 완전히 무작위로 열려 있는 것도 아니라는 것이다. 문제는 예측성이 높은 현상과 낮은 현상을 구분하는 능력이다." 양립가능주의(compatibilism)를 주장하는 부류는, 사람들이 자유의지로 움직이는 듯하지만 사실은 "의식하지는 못하지만 미리 결정된 운명"을 따르는 것으로 볼 수 있다는 입장에 서 있다. 그렇다면 자유의지에 대한 논란에도 불구하고, 자연현상에 대한 이론적 프레임을 사회현상에 대한 예측분야

의사결정 피라미드

에도 응용할 수 있는 근거가 될 수도 있다.

이를테면 일기예보의 이론은 연속성의 가정에 기반을 둔 유체 흐름과 보존원리 위에 서 있다. 유체 보존의 원리라는 프레임 안에서 질량·운동량·에너지와 같은 유체의 속성을 달리 해석할 수 있다면, 다른 분야의 현상을 설명하거나 예측하는 데 직접 응용할 수도 있을 것이다. 이를테면 전 지구적으로 자원·금융·정보가 거래되는 사회 경제적 현상에 대해서도 유체역학적 프레임이 도움이 될 수도 있을 것이다. 나아가 유체역학적 프레임에서 벗어나 신경망 네트워크나 시스템 이론에 입각한 프레임을 사용하더라도, 피라미드 계층에 입각한 일기예보의 방법론을 큰 틀에서 훼손하지 않으면서 사회 경제 분야에 응용해 볼 수 있을 것이다.

나아가 자연이나 사회의 변화를 미리 읽고 적절한 수단을 통해 의도한 방향으로 변화를 유도해 볼 수도 있다. 예를 들면 의료 보험료율을 변경했을 때 일어나게 될 대중의 반응을 미리 예측해 보고, 공공 보건 문제를 해결하기 유리한 방향으로 정책을 운용해 볼 수도 있다. 한편 복잡 시스템에서는 한 가지 가치에 집중하면 다른 것을 잃을 수 있다는 점에 시스템 전문가들은 주목한다. 대기운동과 같은 복잡 시스템에서도 어느 한 하부요소에 변형을 가하면 다른 하부요소의 특성에도 영향을 미쳐, 전혀 기대하지 않은 방향으로 모델의 결과가 나타날 수도 있다. 그래서 시스템 모델을 현실에 근접하게 보정할 때에는, 모든 하부요소들이 서로 균형을 이루도록 전체적인 관점에서 접근해야 한다. 마찬가지로 사회 시스템에서도 유연성과 효율성, 변화와 안정성, 중앙 통제와 자유 방임간의 균형추를 유지하면서, 전체를 포괄적으로 조망할 필요가 있다.

고영회, 2014: 전문가 자리를 비전문가가 차지할 때, [http://www.freecolumn. co.kr/news/articleView.html?idxno=2658].

김은영, 이정훈, 서동욱, 2013: 빅데이터 시스템의 수용의도에 영향을 미치는 수용조직의 환경요인에 관한 연구. *Journal of Information Technology Applications and Management*, **20**, 1-18.

김형태, 2014: 예술과 금융; 얼핏 보면 별로지만 실은 좋은 것. [http://m.biz. chosun.com/svc/article.html?contid=2014052301777].

김홍경, 2003: 노자 -삶의 기술- 늙은이의 노래, 도서출판 들녘.

로마클럽, 1972: 인류의 위기. 김승한 역, 삼성문화재단, 238 pp.

문용직, 2014: 반상의 향기. 최소 6개월 피말리는 나날. 배짱 두둑한 자가 웃는다. 중앙일보, 2014. 3. 23일자.

문태훈, 2002: 시스템다이나믹스의 발전과 방법론적 위상. *시스템다이내믹스 연구*, **3**, 1-16.

심준섭, 2006: 의사결정과 결정오차에 관한 정약용의 사상 연구-형사사건을 중심으로. *정부학연구*, 12, 133-159.

양미경, 2010: 집단지성의 특성 및 기제와 교육적 시사점의 탐색. *열린교육연구*, **18**, 1-29.

유헌식, 2014: *철학 한스푼*. 이숲, 221 pp.

이우진, 2006a: *일기도와 날씨 해석*. 광교이택스, 206 pp.

이우진, 2006b: *컴퓨터와 날씨 예측*. 광교이택스, 284 pp.

이한용, 2005: 메릴린치, 한증시 부정적 투자전망 오류 시인. 연합인포믹스, 2005.3.8일자.

장하석, 2014: 과학, 철학을 만나다-다원주의적 과학(12강), EBS 인문학 특강, [https://www.youtube.com/watch?v=qc4-Q6ZQzJE].

정병석, 2007: 주역의 치료적 함의. *새한철학회 논문집 철학논총*, **48**, 355-373.

정현수, 2015: 해마다 '뻥'예측, 정부 주택공급계획 발표 안해. 머니투데이, 2015.4.29일자.

한국원자력안전기술원, 2011: 컴퓨터 기반 운전환경에서의 인간 신뢰도 분석 규제 기준 및 지침 개발. KINS RR-889, 49 pp.

Aarons, J., H. Linger, and F. Burstein, 2006: Supporting organisational knowledge work: integrating thinking and doing in task-based support. *Proc. The International Conference on Organizational Learning, Knowledge and Capabilities,* OLKC, University of Warwick, Coventry, UK.

Alberdi, E., L. Strigini, A. Povyakalo, and P. Ayton, 2009: Why are people's decisions sometimes worse with computer support? *Proc. The 28th*

International Conference on Computer Safety, Reliability and Security 2009, B. Buth, G. Rabe, and T. Seyfarth, Eds., Springer, Lecture Notes in Computer Science 5775, Hamburg, Germany, 18-31.

Alistair, B., 2013: Fallibility and the making of good decisions: solving the right problem. [Available online at http://innovationrainforest. com/2013/04/30/fallibility_and_themaking_of_good_decisions_solving_the_right_problem_part_2/].

Allen, P. G., 2011: What (if anything) can econometric forecasters learn from meteorologists (and vice versa)? *31st Int'l Symposium on Forecasting,* Prague, Czech Republic.

Armstrong, J. S., 1983: Strategic planning and forecasting fundamentals. *The Strategic Management Handbook,* K. Albert, Ed., McGraw Hill, 1-32.

Armstrong, J. S., 1999: Forecasting for environmental decision making. *Tools to Aid Environmental Decision Making,* V. H. Dale, and M. E. English, Eds., Springer-Verlag, 192-225.

Armstrong, J. S., 2001a: Standards and practices for forecasting. *Principles of Forecasting - A Handbook for Researchers and Practitioners,* J. S. Armstrong, Ed., Kluwer Academic Publishers, 679-732.

Armstrong, J. S., 2001b: Combining forecasts. *Principles of Forecasting - A Handbook for Researchers and Practitioners,* J. S. Armstrong, Ed., Kluwer Academic Publishers, 417-440.

Ashton, A. H., and R. H. Ashton, 1985: Aggregating subjective forecasts: some empirical results. *Management Science,* **31**, 1499-1508.

Bańbura, M., Giannone, D., and L. Reichlin, 2010: Nowcasting. Centre for Economic Policy Research Discussion Paper No. 7883.

Batchelor, R., 2005: Forecast bias and forecast behavior. [Available online at http://www.staff.city.ac.uk/r.a.batchelor].

Beck, U., 1992: *Risk Society. Towards a New Modernity.* Sage Publications, London, 272 pp.

Bibby, K. S., F. Margulies, J. E. Rijnsdorp, and R. M. J. Withers, 1975: Man's role in control systems. *Proc. 6th IFAC Congress,* Boston.

Bilder, M., and Ed Johnson, 2012: State of the enterprice - national weather service. *Commission of the Weather and Climate Enterprices Summer Community Meeting.*

Bishop, P., A. Hines, and T. Collins, 2007: The current states of scenario development: an overview of techniques. *Foresight,* **9**, 5-25.

Bosman, R. A., 2006: Blink-what does intuition has to do with safety. *Safety and Reliability for Managing Risk,* G. Soares, and Zio, Eds., Taylor & Francis Group, 1265-1271.

Briton, W., 2010: 'If we got the weather forecast right every time, we'd be God', says Met. [Available online at http://www.westbriton.co.uk/got_weather_forecast_right_time_d_God/story_11431450_detail/story.html#ixzz3mwLsjulN].

Brunt, D., 1939: *Physical and Dynamical Meteorology.* Cambridge University Press, 454 pp.

Brynjolfsson, E., 2013: The key to growth : race with the machine. [Available online at http://www.ted.com/talks/erik_brynjolfsson_the_key_to_growth_race_em_with_em_the_machines/transcript].

Carr, L. E., III, and R. L. Elsberry, 2000: Dynamical tropical cyclone track forecast errors. Part II: midlatitude circulation influences. *Wea. Forecasting*, **15**, 662-681.

Castellano, C., S. Fortunato, and V. Loreto, 2009: Statistical physics of social dynamics. *Reviews of Modern Physics,* **81**, 591-646.

Casti, J., 2011: *Future Global Shocks: Four Faces of Tomorrow.* OECD, Paris, 49 pp.

Casti, J., L. Ilmola, P. Rouvinen, and M. Wilenius, 2011: Extreme events, 131 pp. [Available online at http:// Xevents.fi/Xevents.pdf].

Chancellor, E., 2012: Lessons from the weathermen. Financial Times, Dec. 2.

Chapman, J., 2002: *System Failure - Why Governments Must Learn to Think Differently.* DEMOS, 103 pp.

Clements, M. P., and D. Hendry, 2005: An overview of economic forecasting. *A Companion to Economic Forecasting*, Eds., Wiley-Blackwell, 1-18.

Croker, J. W., and L. J. Jennings, 2013: *The Croker Papers: The Correspondence and Diaries of the Late Right Honourable John Wilson Croker 1809 to 1830.* Facsimile editions, Pennington, NJ, 441 pp.

Cummings, M. L., 2007: Human supervisory control challenges in network centric operations. [Available online at http://web.mit.edu/aeroastro/labs/halab/papers/Cummings_UVS.pdf].

Cummings, M. L, S. Bruni, and P. J. Mitchell, 2010: Human supervisory control challenges in network-centric operations. *Reviews of Human Factors and Ergonomics*, **6**, 34-78.

Cummings, M. L., and D. Morales, 2005: UAVs as tactical wingmen: control methods and pilots' perceptions. *Unmanned Systems,* February.

Dane, E., and M. G. Pratt, 2007: Exploring intuition and its role in managerial decision making. *Academy of Management Review,* **32**, 33-54.

Das, T. K., and B. S. Teng, 1999: Cognitive biases and strategic decision processes: an integrative perspective. *Journal of Management Studies,* **36**, 757-778.

Davis, F. D., 1989: Perceived usefulness, perceived ease of use, and user acceptance of information technology. *MIS Quarterly,* **13**, 319-340.

Dewey, J., 1916: *Democracy and Education: An Introduction to the Philosophy of Education*. Macmillan, 434 pp.

Doswell, C. A., 2004: Weather forecasting by humans: heuristics and decision making. *Wea. Forecasting,* **19**, 1115-1126.

Doswell C. A., H. E. Brooks, and R.A. Maddox, 1996: Flash flood forecasting: an ingredients-based methodology. *Wea. Forecasting*, **11**, 560-581.

Doswell, C. A., and R. A. Maddox, 1986: The role of diagnosis in weather forecasting. *Preprints, 11th Conf. on Weather Forecasting and Analysis,* Kansas

City, MO, Amer. Meteor. Soc., 177-182.

Edwards, P. N., 2006: Meteorology as infrastructural globalism. *Global Power Knowledge: Science and Technology in International Affairs*. J. Krige, and K.-H. Barth, Eds., Osiris, **21**, 229-250.

Elsberry, R. L., L. Chen, J. Davidson, R.F. Rogers, Y. Wang, and L. Wu, 2013: Advances in understanding and forecasting rapidly changing phenomena in tropical cyclones. *Trop. Cyc. Res. Rev.*, **2**, 13-24.

Endicott, J., 2013: Forecasting for favorable miss. Futurist Philosophy Blog. [Available online at http://en.paperblog.com/forecasting-for-a-favorable-miss-443770/].

Eno, R., 2010: *The Dao De Jing. Early Chinese Thought.* Indiana University, 35 pp.

Erkkilä, T., 2009: About the nature of the forecaster profession and the human contribution to very short range forecasts. *The European Forecaster,* **14**, 6-11.

Fatas, A., and I. Mihov, 2009: The difficulty of forecasting around turning points. [Available online at http://fatasmihov.blogspot.kr/2009/04/difficulty_of_forecasting_around.html].

Fewell, M. P., and M. G. Hazen, 2005: *Cognitive Issues in Modelling Network-Centric Command and Control.* DSTO Systems Sciences Laboratory, 79 pp.

Fildes, R., 2010: Forecasting: the issues. *The Handbook of Forecasting*, Wiley, Chichester. [Available online at http://www.lancaster.ac.uk/media/lancaster-university/contentassets/documents/lums/forecasting/CourseMat.pdf].

Fine G. A., 2006: Ground truth: verification games in operational meteorology. *Journal of Contemporary Ethnography*, **35**, 3-23.

Fine, G. A. 2007: *Authors of the Storm: Meteorologists and the Culture of Prediction*. University of Chicago Press, 280 pp.

Firestein, S., 2013: The knowledge of ignorance. [Available online at https://www.ted.com/talks/stuart_firestein_the_pursuit_of_ignorance/transcript].

Flanagan, J. R., P. Vetter, R. S. Johansson, and D. M. Wolpert, 2003: Prediction precedes control in motor learning. *Current Biology*, **13**, 146-150.

Foo, C., and C. Foo, 2003: Forecastability, chaos and foresight. *Foresight,* **5**, 22-33.

Fraser, S., 2012: The problem with eyewitness testimony. [Available online at https://www.ted.com/talks/scott_fraser_the_problem_with_eyewitness_testimony/transcript].

Frigg, R., and J. Reiss, 2009: The philosophy of simulation: hot new issues or same old stew? *Synthese*, **169**, 593-613. DOI 10.1007/s11229-008-9438-z.

Funtowics, S. O., and J. R. Ravetz, 1992: Three types of risk assessment and emergence of post-normal science. *Social Theories of Risk*, S. Krimsky, and D. Golding, Eds., Westport, CT: Praeger, 251-274.

Funtowics, S. O., and J. R. Ravetz, 2003: Post-normal science. *International Society for Ecological Economics*, [Available online at http://leopold.asu.edu/sustainability/sites/default/files/Norton,%20Post%20Normal%20Science,%20Funtowicz_1.pdf].

Gaia, M., and L. Fontannaz, 2008: The human side of weather forecasting. *The European Forecaster*, **13**, 17-20.

Gentner, D., 2001: Psychology of mental models. *International encyclopedia of social and behavioral sciences*, N. J. Smelser, and P. B. Baltes, Eds., Elsevier Science, 9683-9687.

Glomb, T. M., M. K. Duffy, J. E. Bono, and T. Yang, 2011: Mindfulness at work. *Research in Personnel and Human Resources Management*, **30**, 115-157.

Goddard, K., A. Roudsari, and J. C. Wyatt, 2012: Automation bias: a systematic review of frequency, effect mediators, and mitigators. *J. Am. Med. Inform. Assoc.*, **19**, 121-127.

Goodwin P., 2010: Why hindsight can damage foresight. *Foresight*, **17**, 5-7.

Greenpeace, 2012: Lessons from Fukushima - executive summary, 12 pp. [Available online at http://www.greenpeace.org/international/Global/international/publications/nuclear/2012/Fukushima/Lessons_from_Fukushima_ExSum.pdf].

Gruber, T., 2008: Collective knowledge systems: where the social Web meets the semantic Web. *J. Web Sem.*, **6**, 4-13.

Hafenbrack, A. C., Z. Kinias, and S. G. Barsade, 2013: Debiasing the mind through meditation: mindfulness and the sunk-cost bias. *Psychological Science*, **20**, 1-8.

Hahn, B. B., E. Rall, and D. W. Klinger, 2002: Cognitive analysis of the warning forecaster task. Klein Associates, Inc., Final Rep. RA1330-02-

SE-0280, NOAA/NWS Office of Climate, Water, and Weather Services, 26 pp.

Hamm, R. M., 1988: Clinical intuition and clinical analysis: expertise and the cognitive continuum. *Professional Judgment: A Reader in Clinical Decision Making*, J. Dowie, and A. Elstein, Eds., Cambridge University Press, Cambridge, 78-105.

Hammond, K. R., 1988: Judgment and decision making in dynamic tasks. *Information and Decision Technologies*, **14**, 3-14.

Harper, K., L. W. Uccellini, E. Kalnay, K. Carey, and L. Morone, 2007: 50th anniversary of operational numerical weather prediction. *Bull. Amer. Meteorl. Soc.,* **88**, 639-650.

Hayes, R. E., 2004: Network centric operations today between the promise and the practice. RUSI Defence Systems, 82-85.

Heijden, K. V. D., 1997: Scenarios, strategies and the strategy process. *Nijenrode Research Paper Series,* Centre for Organisational Learning and Change, No. 1997-01, 33 pp.

Heijden, K. V. D, 2000: Scenarios and forecasting: two perspectives. *Technological Forecasting and Social Change,* **65**, 31-36.

Helbing, D., and S. Balietti, 2011: How to do agent-based simulations in the future: from modeling social mechanisms to emergent phenomena and interactive systems design. SFI working paper, 55 pp.

Herbig, B., and A. Glöckner, 2009: Experts and decision making: first steps towards a unifying theory of decision making in novices, intermediates and experts. Max Planck Institute for Research on Collective Goods, 29 pp.

Hertz, N., 2011: How to use experts and when not to. [Available online at https://www.ted.com/talks/noreena_hertz_how_to_use_experts_and_when_not_to/transcript].

Hill, I. I., R. S. J. Sparks, and J. C. Rougier, 2012: Risk assessment and uncertainty in natural hazards. *Risk and Uncertainty Assessment for Natural Hazards,* J. Rougier, S. Sparks, and L. Hill, Eds., Cambridge University Press, 1-18.

Holsapple, C. W., and K. D. Joshi, 2002: Knowledge management: a threefold framework. *The Information Society,* **18**, 47-64.

Hoskins, B. J, M.E. McIntyre, and A.W. Robertson, 1985: On the use and significance of isentropic potential vorticity. *Quart. J. R. Met. Soc.,* **111**, 877-946.

Hotz, R. L., 2015: Blizzard 2015: What went wrong with the forecasting? Weather experts trusted the model that had served better at predicting superstorm Sandy. Wallstreet Journal, Jan. 27, 2015.

Hove, S. V. D., 2007: Interfaces between science and policy. *Forthcoming Futures,* **39**, 807-826.

Hughes, P., 1988: Fitzroy the forecaster: prophet without honor. *Weatherwise,* Aug., 200-204.

Hunter, J., and M. Chaskalson, 2013: Making the mindful leader. *The Wiley-Blackwell Handbook of the Psychology of Leadership, Change, and*

Organizational Development, H. S. Leonard, R. Lewis, A. M. Freedman, and J. Passmore, Eds., 195-219.

Jasanoff, S., 2003: Technologies of humility: citizen participation in governing science. *Minerva,* **41**, 223-244.

Joslyn, S., 2014: Communicating, understanding and using uncertain information in everyday decisions, Part 1. [Available online at https://www.youtube.com/watch?v=aL7ybJrCKwk].

Kahn, B., and E. Adams, 2000: Sales forecasting as a knowledge management process. *The Journal of Business Forecasting*, **19**, 19-22.

Karaian, J., 2009: Top ten concerns of CFO's. *CFO Europe,* **12**, 10-11.

Kavanagh, S., and D. Williams, 2014: Making the best use of judgmental forecasting. *Government Finance Review,* Dec., 1-16.

Kebbell, M. R., D. A. Muller, and K. Martin, 2010: Understanding and managing bias. *Dealing with Uncertainties in Policing Serious Crime,* G. Bammer, Ed., ANU E Press, **16**, 87-97.

Kerr, E. G., 2011: Exploring project management by exploiting analogy with the game of Go. Ph.D thesis, SKEMA Business School, Lille, 384 pp.

Keynes, J. M., 1935: *The General Theory of Employment, Interest and Money.* Harcourt Brace, 403 pp.

Kiken, L. G., and N. J. Shook, 2011: Looking up: mindfulness increases positive judgments and reduces negativity bias. *Social Psychological and*

Personality Science, **2**, 425-431.

Klein, G., 1998: *Sources of Power: How People Make Decisions.* The MIT Press, 330pp.

Klein, G., 2008: Naturalistic decision making. *Human Factors,* **50**, 456-460.

Klein, G., 2014: Innovation in healthcare simulation. Lou Oberndorf Lecture, [Available online at https://www.youtube.com/watch?v=J_N9woWTHGA].

Klein, G., and B. Crandall, 1996: Recognition-primed decision strategies. DTIC. ADA309570, 55 pp.

Knaap, B. O. M., 2008: The role of intuition on CEO strategic decision making concerning internationalization. MSc thesis, RSM University, 72 pp.

Kroonenberg, F., 2010: The human factor in issuing severe weather forecasts. *The European Forecaster,* **15**, 7-11.

Kulyk, O., 2010: Do you know what I know? situational awareness of co-located teams in multidisplay environments. Ph.D thesis, University of Twent, 181 pp.

Kulyk, O., B. Dijk, P. Vet, A. Nijholt, and G. Veer, 2009: Situational awareness in collaborative work environments. *Handbook of Research on Socio-Technical Design and Social Networking Systems,* B. Whitworth, and A. Moor, Eds., Information Science Reference, 636-650.

Ladeinde, O., 2011: An empirical study on user acceptance of simulation techniques for business process. Ph.D thesis, Walden University, 177 pp.

Lee, W. J., 2011: *Weather Forecasting: a Practical Guide for Internet Users.* KwangGyo E-tax, 245 pp.

Leland, F., 2009: Critical decision making under pressure. *The Homeland Security Review,* **3**, 43-72.

Lempert, R. J., S. W. Popper, and S. C. Bankes, 2003: *Shaping the Next One Hundred Years: New Methods for Quantitative, Long-term Policy Analysis.* The RAND Pardee Center, 187 pp.

Lerner, J. S., Y. Li, P. Valdesolo, and K. Kassam, 2015: Emotion and decision making. *Annual Review of Psychology,* **66**, 799-823.

Levitin, D., 2015: How to stay calm when you know you'll be stressed. [Available online at https://www.ted.com/talks/daniel_levitin_how_to_stay_calm_when_you_know_you_ll_be_stressed/transcript].

Lewis, S., 2014: How to embrace the near-win. [Available online at https://www.ted.com/talks/sarah_lewis_embrace_the_near_win/transcript].

Lindsey, E., 2011: Curating humanity's heritage. [Available online at https://www.ted.com/talks/elizabeth_lindsey_curating_humanity_s_heritage/transcript].

Lipshitz, R., and O. Strauss, 1997: Coping with uncertainty: a naturalistic decision-making analysis. *Organizational Behavior and Human Decision Processes,* **69**, 149-163.

Lorenz, E., 1969: Atmospheric predictability as revealed by naturally occurring analogues. *J. Atmos. Sci.,* **26**, 636-646.

Makridakis, S., R. M. Hogarth, and A. Gaba, 2009: Forecasting and uncertainty in the economic and business world. *International Journal of Forecasting,* **25**, 794-812.

Makridakis, S., R. M. Hogarth, and A. Gaba, 2010: Why forecasts fail. What to do instead. *MIT Sloan Management Review,* Winter, [Available online at http://sloanreview.mit.edu/article/why_forecasts_fail_what_to_do_instead/].

Makridakis, S., and N. N. Taleb, 2009: Decision making and planning under low levels of predictability. *International Journal of Forecasting,* **25**, 716-733.

Marold J., R. Wagner, M. Schöbel, and D. Manzey, 2012: Decision-making in groups under uncertainty. Foundation for an Industrial Safety Culture, Toulouse, France (ISSN2100-3874), 36 pp. [Available online at http://www. FonCSI.org/].

Marshall, B. K., and J. S. Picou, 2008: Postnormal science, precautionary principle, and worst cases: the challenge of twenty-first century catastrophes. *Sociological Inquiry,* **78**, 230-247.

Maule, A. J., 2009: Can computer help overcome limitations in human decision making? *British Computer Society Proceedings of NDM9, the 9th International Conference on Naturalistic Decision Making,* London, 10-17.

McCallum, E., 2004: Forecast strategy at the Met office. *Proc. Int'l Seminar to Celebrate the Brussel's Maritime Conference of 1853: An Historical Perspective of Operational Marine Meteorology and Oceanography Under the High Patronage of HM King Albert II of Belgium,* 17-18 Nov. 2003, JCOMM Technical Report, **27**, 1-5. [Available online at http://www.westbriton. co.uk/got_weather_forecast_right_time_d_God/story_11431450_detail/story.

참고문헌

html#ixzz3RxgQvPtO].

MCCoE, 2015: Cognitive biases and decision making: a literature review and discussion of implications for the US Army, white paper, Human Dimension Capabilities Development Task Force, Capabilities Development Integration Directorate Mission Command Center of Excellence (MCCoE), 39 pp. [Available online at http://usacac.army.mil/sites/default/files/publications/ HDCDTF-WhitePaper-Cognitive%20Biases%20and%20Decision%20 Making_Final_2015_01_09_0.pdf].

McCown, N. R., 2010: Developing intuitive decision-making in modern military leadership. Naval War Collage, 20 pp.

McNees, S. K., 1987: Consensus forecasts: tyranny of the majority? *New Enghd Economic Review*, Nov/Dec, 15-21.

Meadows, D. H., 2004: Dancing with systems. *Timeline,* **74**, [Available online at http://www.globalcommunity.org/timeline/74/index.shtml#].

Meadows, D. H., 2009: *Thinking in Systems*. Earthscan, 218 pp.

Moller, A. R., C. A. Doswell III, M. P. Foster, and G. R. Woodall, 1994: The operational recognition of supercell thunderstorm environments and storm structures. *Wea. Forecasting,* **9**, 327-347.

Moore, A., and Peter Malinowski, 2009: Meditation, mindfulness and cognitive flexibility, *Consciousness and Cognition,* **18**, 176-186.

Morlidge S., and S. Player, 2010: Future Ready: *How to Master Business Forecasting.* John Wiley & Sons, 328 pp.

National Research Council, 2012: *Improving the Decision Making Abilities of Small Unit Leaders.* Washington, DC: The National Academies Press, [Available online at http://www.mccdc.marines.mil/Portals/172/Docs/ SWCIWID/COIN/Small%20Unit%20Leadership/Improving%20 Decisionmaking%20in%20Small%20Unit%20Leader's%20Nat'l%20 Academy%20of%20Science%20(2012).pdf].

Nicholls, R., 1999: Cognitive illusions, heuristics, and climate prediction. *Bull. Amer. Meteorol. Soc.,* **80**, 1385-1397.

Orrell, D., and P. McSharry, 2009: A systems approach to forecasting. *Foresight,* **14**, 25-30.

Osei, J., 2008: Karl Popper's proposed solution to the freewill-determinism paradox: freewill or compatibilism? *Thinking about Religion,* **8**, [Available online at http://organizations.uncfsu.edu/ncrsa/journal/v08/osei_popper. htm].

Parasuraman, R., and V. Riley, 1997: Humans and automation: use, misuse, disuse, abuse. *Human Factors,* **39**, 230-253.

Pace, D. K., 2004: Modeling and simulation verification and validation challenges. *Johns Hopkins APL Technical Digest,* **25**, 163-172.

Paté-Cornell, E. 2012: On "Black Swans" and "Perfect Storms": risk analysis and management when statistics are not enough. *Risk Analysis,* **32**, 1823-1833.

Pawlowski, J. M., and M. Bick, 2012: The global knowledge management framework: towards a theory for knowledge management in globally distributed settings. *Electronic Journal of Knowledge Management,* **10**, 92-108.

Petersen, A. C., 2000: Philosophy of climate science. *Bull. Amer. Meteorl. Soc.,* **81**, 265-271.

Pineau, T. R., C. R. Glass, and K. A. Kaufman, 2014: Mindfulness in sport performance. *The Wiley Blackwell Handbook of Mindfulness,* A. Ie, C. T. Ngnoumen, and E. J. Langer, Eds., John Wiley & Sons, Ltd, 1004-1033.

Pliske, R. M., D. Klinger, R. Hutton, B. Crandall, B. Knight, and G. Klein, 1997: Understanding skilled weather forecasting: Implications for training and the design of forecasting tools. Technical Report No. AL/HR-CR-1997-0003, Klein Associates Inc.

Plsek, P. E., and T. Greenhalgh, 2001: The challenge of complexity in health care. *British Medical Journal,* **323**, 625-628.

Popper, K. R., 1982: *The Open Universe.* Hutchinson, 185 pp.

Pourdehnad, J., B. Warren, M. Wright, and J. Mairano, 2006: Unlearning/learning organizations - the role of mindset. *Proc. the 50th Annual Meeting of the International Society for the Systems Sciences.* Sonoma State University, Sonoma, CA.

Randell, R., S. Wilson, P. Woodward, and J. Galliers, 2010: Beyond handover: supporting awareness for continuous coverage. *Cognition, Technology, and Work,* **12**, 271-283.

Richardson, L. F., 1922: *Weather Prediction by Numerical Process.* Cambridge University Press, 236 pp.

Roberts, C. F., 1969: On the problem of developing weather forecasting equations by statistical methods. *ESSA Technical Memorandum WBTM FCST,* **13**, 11 pp.

Rosenthal U., and P. Hart, 1991: Experts and decision makers in crisis situations. *Knowledge: Creation, Diffusion, Utilization,* **12**, 350-372.

Rosting, B., 2009: Use of potential vorticity in monitoring and improving numerical analyses and simulations of severe winter storms in Western Europe. Faculty of Mathematics and Natural Sciences, University of Oslo, No. 893, 26 pp.

Russo, J. and P. Schoemaker, 1992: Managing overconfidence. *Sloan Management Review,* **33**, 7-17.

Saffo, P., 2007: Six rules for accurate effective forecasting. *Harv. Bus. Rev.,* **85**, 122-131.

Salkin, A., 2015: Head of National Weather Service on Agency's 'historic' screw up-language on a forecast contributed to widespread overhype. Observer, 27 Jan. 2015, [Available online at http://observer.com/2015/01/head_of_national_weather_service_on_his_agencys_historic_screw_up/].

Sanders, T. I., 2009: From forecasting to foresight. [Available online at http://www.complexsys.org/downloads/essenceofforesight.pdf].

Sarewitza, D., and R. Pielke Jr, 1999: Prediction in science and policy. *Technology in Society,* **21**, 21-133.

Schön, D. A., 1971: *Beyond the Stable State. Temple Smith.*

Schumacher, E. F., 1999: *Small Is Beautiful: Economics As If People Mattered: 25 Years Later with Commentaries*. Hartley & Marks Publishers.

Sector, M., 1998: The Yin-Yang system of ancient China: the Yijing-book of changes as a pragamatic metaphor for change theory. *Paideusis-Journal for Interdisciplinary and Cross-Cultural Studies*, **1**, 85-106.

Senge, P. M., C. O. Scharmer, C. Otto, J. Jaworski, and B. S. Flowers, 2005: *Presence. Human Purpose and the Field of the Future.* Random House.

Shannon, R. E., 1998: Introduction to the art and science of simulation. *Proc. of the 1998 Winter Simulation Conference,* D. J. Medeiros, E. F. Watson, J. S. Carson, and M.S. Manivannan, Eds., 7-14.

Shmueli, G., and O. R. Koppius, 2011: Predictive analytics in information systems research. *MIS Quarterly*, **35**, 553-572.

Sills, D. M. L., 2009: On the MSC forecasters forums and the future role of the human forecaster. *Bull. Amer. Meteor. Soc.,* **90**, 619-627.

Silver, N., 2012: *The Signal and the Noise - Why So Many Predictions Fail But Some Don't.* The Penguin Press, 534 pp.

Simon, H. A., 1987: Making management decisions: the role of intuition and emotion, *Academy of Management Executive*, **1**, 57-63.

Simon, H. A., and W. G. Chase, 1973: Skill in chess. *American Scientist,* **61**, 393-403.

Siscoe, G., 2006: A Culture of improving forecasts: lessons from meteorology.

[Available online at http://solar_center.stanford.edu/solar_weather/Space%20 Weather%20lessons%20from%20meteorology.pdf].

Skitka, L. J., K. L. Mosier, and M. D. Burdick, 1999: Does automation bias decision-making? *International Journal of Human-Computer Studies,* **51**, 991-1006.

Smith, H., 1991: *The World's Religions: Our Great Wisdom Traditions.* HarperOne, 399 pp.

Smith, S., and E. Shefy, 2004: The intuitive executive: understanding and applying 'gut feeling' in decision-making. *The Academy of Management Executive,* **18**, 76-91.

Snellman, L. W., 1977: Operational forecasting using automated guidance. *Bull. Am. Meteor. Soc.,* **58**, 1036-1044.

Stewart, T. R., 2000: Uncertainty, judgement, and error in prediction. *Prediction: Science, Decision Making, and the Future of Nature.* D. Sarewitz, R. A. Pielke, and R. Byerly, Eds., Washington, DC: Island Press, 41-57.

Stewart, T. R., 2001: Improving reliability of judgmental forecasts. *Principles of Forecasting: A Handbook for Researchers and Practitioners,* J. S. Armstrong, Ed., Norwell, MA: Kluwer Academic Publishers.

Stuart, N. A., D. M. Schultz, and G. Klein, 2007: Maintaining the role of humans in the forecast process: analyzing the psyche of expert forecasters. *Bull. Amer. Meteor. Soc.,* **88**, 1893-1898.

Sullivan, K. D., and L. W. Uccellini, 2013: Service assessment: hurricane/

post-tropical cyclone Sandy, October 22-29 2012, NOAA, 46 pp.

Surowiecki, J., 2004: *The Wisdom of Crowds.* New York: Random House, 336 pp.

Taleb, N. N., 2007: *The Black Swan: the Impact of the Highly Improbable.* New York, NY: Random House, 444 pp.

Tennekes, H., 1988: Numerical weather prediction: Illusions of security, tales of imperfection. *Weather,* **43**, 165-170.

Tennekes, H., A. P. M. Baede, and J. I. Opsteegh, 1987: Forecasting forecast skill. *Proc. ECMWF Workshop on Predictability in the Medium and Extended Range,* 277-302.

Tetlock, P. E., 2005: *Expert Political Judgment: How good is it? How Can We Know?* Princeton University Press, 321 pp.

Trafton, J. G., 2004: Dynamic mental models in weather forecasting. *Proc. of the Human Factors and Ergonomics Society 48th Annual Meeting,* Sep. 20-24, 2004, New Orleans, LA.

Tran, V., 2004: The influence of emotions on decision-making processes in management teams. Ph.D thesis, University of Geneva, 368 pp.

Treasure, J., 2010: Shh! sound health in 8 steps. [Available online at http://www.ted.com/talks/julian_treasure_shh_sound_health_in_8_steps/transcript].

Vanston, J., 2012: Predicting the future with business forecasting. [Available online at http://opsmgt.edublogs.org/2012/12/17/predicting_the_future_with_business_forecasting/].

Vaughan, F. E., 1979: *Awakening Intuition.* Anchor Books: New York, 228 pp.

Vogus, T. J., and K. M. Sutcliff, 2012: Organizational mindfulness and mindful organizing: a reconciliation and path forward. *Academy of Management Learning and Education,* **11**, 722-735.

Wetzel, S. W., and J. E. Martin, 2001: An operational ingredients-based methodology for forecasting midlatitude winter season precipitation. *Wea. Forecasting,* **16**, 156-167.

Wheeler, N., 2002: The winning edge in sports. Wall Street Journal, [Available online at http://yourmentalgym.com/Mental_Fitness_Training_For_Athletes_Book. pdf].

Wilkinson, A., 2009: Scenarios practices: in search of theory. *Journal of Futures Studies,* **13**, 107-114.

Witt, S., and C. Witt, 1992, *Modeling and Forecasting Demand in Tourism.* Academic Press.

Wynne, B., 1992: Uncertainty and environmental learning - reconceiving science and policy in the preventive paradigm. *Global Environmental Change,* **6**, 111-27.

Yokum, J., and J. S. Armstrong, 1995: Beyond accuracy: comparison of criteria used to select forecasting methods. *International Journal of Forecasting,* **11**, 591-597.

미래는
절반만
열려있다

초판 1쇄 발행 2016년 01월 26일
초판 2쇄 발행 2016년 12월 07일

지은이 이우진
펴낸이 김양수
표지 본문 디자인 이정은   **교정교열** 조준경

펴낸곳 휴엔스토리   **출판등록** 제2016-000014
주소 (우 10387) 경기도 고양시 일산서구 중앙로 1456(주엽동) 서현프라자 604호
대표전화 031.906.5006   **팩스** 031.906.5079
이메일 okbook1234@naver.com   **홈페이지** www.booksam.co.kr

ⓒ 이우진, 2016

ISBN 979-11-957230-1-0 (03450)

*이 책의 국립중앙도서관 출판시도서목록은 서지정보유통지원시스템 홈페이지(http://seoji.
 nl.go.kr)와 국가자료공동목록시스템(http://www.nl.go.kr/kolisnet)에서 이용하실 수 있습니다.
 (CIP제어번호 : CIP2016001834)
*이 책은 저작권법에 의해 보호를 받는 저작물이므로 무단전재와 무단복제를 금지하며, 이 책
 내용의 전부 또는 일부를 이용하려면 반드시 저작권자와 휴엔스토리의 서면동의를 받아야 합
 니다.
*파손된 책은 구입처에서 교환해 드립니다.   *책값은 뒤표지에 있습니다.